대한민국을 지킨 영웅들

대한민국을 지킨 영웅들

2020년 10월 15일 초판인쇄
2020년 10월 20일 초판발행

공　　저 | 남정옥, 오동룡
펴낸이 | 신동설

펴낸곳 | 도서출판 청미디어
신고번호 | 제2020-000017호
신고연월일 | 2001년 8월 1일

주소 | 경기 하남시 조정대로 150, 508호 (덕풍동, 아이테코)
전화 | (031)792-6404, 6605
팩스 | (031)790-0775
E-mail | sds1557@hanmail.net

Editor | 고명석
Designer | 김경옥

정가 17,000원
ISBN : 979-11-87861-38-6 (03390)

대한민국을
지킨
영웅들

정신이 살아 있는 출판

청미디어
CHEONG MEDIA

머리말

인류기록의 역사 이후 3400년 동안 세계는 끊임없는 전쟁을 하고 있는 중이다. 강대국에 둘러싸인 한반도는 지정학적으로 매우 어려운 상황에 처해 있지만 단일 민족의 기개를 5천 년 동안 지켜왔다. 그렇게 되기까지는 국가를 수호하는 국민 개개인과 전쟁 영웅들의 살신성인(殺身成仁) 호국정신(護國精神)이 있었기 때문이다. 우리의 현대사는 일제강점기를 넘어 해방공간을 넘기고 자유민주국가 대한민국의 탄생의 기쁨에 젖기보다는 6·25전쟁의 깊은 상처를 보아야 했다.

이 전쟁은 우리 민족사에 큰 전환점을 준 사건이기도 하다. 첫째, 민주주의와 공산주의 이념전쟁의 늪에 대한민국이 고통을 감내야 했다. 둘째, 세계 유엔 연합군이 민주주의를 지키기 위해 엄청난 희생을 치르면서 대한민국을 지켜줬다는 것이다. 셋째, 가난과 허약의 상징 신생 대한민국이 5천 년 역사상 최초로 미국 선진국의 최신무기로 무장한 60만 대군의 국방력을 갖게 됐다는 것이다. 넷째, 전쟁을 치르면서 미국식 현대전 전술전략을 터득했고 훌륭한 명장들과 국군이 탄생 됐다는 것이다. 그 외에도 수많은 긍정과 부정의 영향 속에 대한민국이 존

4

재해오고 있는 중이다.

　이 같은 역사의 수레바퀴 속에서 더글라스 맥아더를 만나게 됐고 백선엽 장군을 위시해서 이 책에 등장하는 영웅들을 만나게 된 것이다. 특히, 올해로 100수를 살고 타계하신 백선엽 장군에 대한 평가가 극명하게 갈리고 있는 중이다. 이 책에 등장하는 '대한민국을 지킨 영웅들' 33명에 대한 글을 마감하면서 역사와 이념의 틀에서가 아니라 그분들이 대한민국의 생존에 어떤 역할을 하면서 나라를 지켰느냐에 대한 잘한 점을 말하려 쓴 것이다. 역사를 보는 관점은 시대 상황이나 집권세력의 눈높이에 따라 달라질 수 있지만 분명한 것은 이 책에 등장하는 인물들은 대한민국을 지킨 영웅이라는 점에는 이론의 여지가 없다.

　역사는 미래의 거울이다. 추하게 보이는 역사는 오히려 미래를 향한 보약이 될 것이고 아름다운 역사는 미래를 잘 가게 하는 길잡이가 될 것이다. 이 책을 읽는 독자는 젊은이, 노년층, 학생, 국방의 의무를 다하는 국군장병이 될 것이다. 모두 자신의 주관적 판단을 잠시 접어두고 국가와 민족을 위해 얼마나 많은 영웅들이 이 땅에 왔다가 사라졌는가를 반추해보며 미래를 가기 위한 거울로 쓰이기를 간곡하게 기대한다.

　끝으로 이 책에 실리지 않은 영웅들, 그리고 대한민국을 지키다 희생하신 호국영령 모두가 이 책의 주인공이라는 것을 밝히며 지면 관계상 33명만 수록하는 점을 양해해주시기 바란다. 이 책 출판을 위해 맥아더 장군의 일대기를 정리하여 주신 남시욱 언론 대선배님께 깊은 감사를 드리며 도서출판 청미디어 제작 스태프 여러분께 감사드린다.

2020년 10월 1일 제70주년 국군의 날에

남정옥, 오동룡

목차

영원한 해병대 상징
공정식 장군

공정식 장군

해병대 대표적 인물로 추앙받아…

공정식(孔正植, 1925~2019) 장군은 6·25전쟁의 영웅이자, 대한민국 해병대의 영원한 무인(武人)으로 뛰어난 전공(戰功)과 업적을 남겼다. 그는 장군으로서 갖추어야 될 자질과 풍모(風貌)를 6·25전쟁과 베트남 전쟁 그리고 국군 및 해병대 발전과정에서 톡톡히 보여줬다. 또 전투지휘관으로서의 탁월한 지휘능력과 부하들에 대한 무한사랑, 군인으로서 지녀야 될 확고한 사생관(死生觀), 국가 및 해병대에 대한 무한(無限) 충성심, 그리고 겸손함에서 묻어나오는 고매한 인품 등이 그를 더욱 훌륭한 군인 및 장군으로 거듭 태어나게 했다. 공정식 장군은 그런 해병대정신을 본인에게만 국한하지 않고 대(代)를 이어 해병대정신과 전통을 잇게 한 대한민국에서 드문 참 군인의 표상(表象)이기도 하다. 아들 3명과 손자 2명이 모두 해병대 출신이다. 이것 하나만 봐도 공정식 장군의 진정한 해병대 사랑과 무인으로서의 자존감을 확인할 수 있다. 그런 점에서 공정식 장군은 '영원한 해병'의 상징이며, 그의 가문은 '작은 해병대 병영'이라 칭할 수 있다. 이는 해병대를 뛰어넘어 국군사(國軍史)에 길이 빛날 병영명문(兵營名門)의 거족(巨族)으로 탄생했다. 해병병영의 대표적 명문가를 이룬 공정식 장군의 해병가계(家系)는 장남 공용우(해병224기·베트남전 참전), 차남 공용대(해간62기·해병1사단 정훈장교복무), 삼남 공용해(해병369기·해병1사단 복무), 손자 공원배(해병924기), 공현배(해병965기) 등이다. 이는 공정식 가문이 대한민국 최고의 병영명문가의 반열에 올라섰음을 의미한다. 뿐만 아니라 "한 번 해병은 영원한 해병"이라는 해병의 대표적 상징적 인물로 추앙받게 됐다.

공정식 장군은 '바다의 사나이'이라는 해군장교로 출발하여 '영원한 해병'으로 군문을 벗어날 때까지 한 치의 흐트러짐도 보이지 않는 올곧은 무인(武人)의 길을 걸었다. 해군장교와 해병장군으로서 공정식 장군은 그 누구보다 국군 및 해병사(海兵史)에 뛰어난 발자취를 남겼다. 해군장교로서 공정식은 여순10·19사건의 최초보고자, 재14연대 반란과정에서 해병대 창설을 최초로 제기한 장본인, 주한미군사고문단장 로버츠 장군의 전용보트를 되찾기 위한 몽금포 작전에서의 발군의 역할, 대한민국 해병과 해군의 상징적 작전으로 통용되는 통영상륙작전과 인천상륙작전 참전과 맹활약 등이 그것이다. 또 전쟁 이전 공정식 장군은 6·25전쟁에서 크게 활약한 전투함(701함과 704함)을 미국에서 인수했다. 공정식은 해상작전뿐만 아니라 해군무기와 장비 도입의 선구자적 역할도 수행했다. 그런 점에서 해군장교 공정식은 장차 해군참모총장감으로 전혀 손색이 없는 해군 엘리트 장교의 길을 걷고 있었다. 단연 그는 사관학교 동기생 중 선두그룹을 달렸다. 그럼에도 그는 해병을 택했다. 그의 인간됨이 엿보이는 대목이다. 나중에 그의 해군사관학교 1기 동기생들은 해군참모총장을 가장 많이 배출했다. 이맹기(李孟基, 6대총장)·함명수(咸明洙, 7대총장)·김영관(金榮寬, 8대총장)·장지수(張志洙, 9대

장단사천강 지구 전장에서. (왼쪽부터) 신현준 해병대사령관,
공정식 제1전투단 부단장, 김종식 제1대대장

총장) 제독이 바로 그들이다. 일명 '총장 및 사령관 기수'라고 할 수 있
을 정도다. 여기에 공정식 장군도 포함된다.

공정식 장군은 군 생활을 하면서 자신의 진로나 진출을 놓고 얄팍한
꾀를 부리거나 계산을 하고 거취를 결정하는 성격이 못되었다. 한 없이
소탈하면서도 대범했던 공정식은 김성은 장군이 "해병대 제1연대가
창설되니 같이 일하자"라는 말에 그냥 "알겠습니다!"라는 한 마디 말
을 던지고 해병대로 갔다. 그에게는 좌고우면(左顧右眄)할 것이 없었다.
옳은 일이면 그냥 실행에 옮기면 그만이었다. 아무조건 없이 장래가 보
장된 해군을 떠나 해병대를 선택한 것도 이런 까닭이다. 이처럼 공정식
은 이해타산을 할 줄 모르는 순수한 야전군인(野戰軍人)이었다. 솔직하
면서 꾸밈이 없는 것이 그의 장점이자 단점이었다. 대대장시절 지휘용
차량을 타지 않고 부하들과 같이 행군하고 같은 음식을 먹고 같은 텐트

에서 자면서 부하들과 함께 생사고락을 함으로써 존경을 받게 됐다. 또 전투 중에는 필요한 것을 말하라는 상관들에게 그저 사기를 올려 줄 막걸리만 보내달라며, 오히려 아무것도 지원해 줄 수 없는 상급자의 입장을 알고 배려함으로써 상관들은 그의 그런 넉넉한 마음을 이해하며 무한신뢰를 보냈다. 다른 대대장들은 무기와 장비가 부족하다며 상관에게 이것저것 요구했으나 당시 우리 군의 실정으로는 아무리 상관이라도 예하지휘관들의 요청을 해결해 줄 수 없었다. 공정식은 그런 상황을 이해하고 항상 상관의 체면을 살려주고 부하들의 사기도 올려줌으로써 전승을 거두었다. 이것이 공정식의 '유일한 출세배경'이다.

국군 및 해병대 발전 과정 중 위대한 업적

1950년 12월에 김성은 해병 제1연대장의 권유로 모군(母軍) 해군에서 해병으로 전과한 공정식 소령은 해병 제1연대 제1대대장으로 보직을 받아 '귀신 잡는 해병'에 머물고 있던 해병을 일약 '무적해병'으로 발돋움하게 했다. 공정식 대대장은 영월·정선·평창전투를 비롯하여 가리산전투, 화천전투를 통해 지상작전 전투지휘관으로서 능력을 최대한 발휘하면서 신현준 해병대사령관과 김성은 연대장의 신임을 톡톡히 얻었다. 공정식 대대장의 진가는 무적해병의 신화를 창조한 도솔산전투의 승리로 귀결된다. 천하무적 미군 해병대가 공격하다 포기한 도솔산전투를 공정식 대대장이 지휘하는 대한민국 해병대가 이를 깔끔히 처리함으로써 대한민국 해병대와 미 해병지휘부는 물론이고 급기야는 이승만 대통령으로부터 무한신뢰를 받게 했다.

대한민국의 자랑스런 해병대에 대한 이승만 대통령의 신뢰는 '무적해병'이라는 대통령 휘호를 하사하게 했고, 공정식 대대장에게는 국방사(國防史)에서 전무후무한 대통령 하사 생일케이크가 전달됐다. 공정식

장단사천강 지구 전투 중 작전 브리핑을 하고 있는 모습(오른쪽 둘째)

은 전시에 그것도 전선에서 미군 장성이 주문하여 헬기로 수송한 '대통령 생일 케이크'를 받는 영광을 누렸다. 이러한 예는 세계 전사에서 그 유례를 찾아보기 힘들 정도다. 미국 해병이 많은 희생을 내며 도저히 안 된다고 포기한 전투를 미군에 비해 열악한 무기와 장비로 싸운 대한민국 해병대와 지휘관들이 승리를 거두었으니 이승만 대통령의 입장에서는 기쁘기 한량없었을 것이다. 국가의 존엄과 국군의 자존심을 한껏 세워준 해병대에게 그 무엇을 준다한 들 아깝겠는가! 자존심이 강한 이승만 대통령의 입장에서는 그럴만한 가치가 충분히 있다고 여겼을 것이다. 그런 자랑스런 무적해병의 신화를 창조한 중심에 공정식 대대장이 있었다. 그것은 대한민국 해병대의 자랑이요 국군의 자존감을 높이는 일이었다.

흔히 육군의 백선엽(白善燁, 육군참모총장·합참의장 역임) 장군을 '6·25전쟁의 살아있는 전설'로 존경하고 있다. 그에 비해 공정식 장군도 백선엽 장군에 비견될 만큼 6·25전쟁(몽금포작전·통영상륙작전·인천상륙작전·도솔산전투·사천강전투 등)과 베트남 전쟁에서 대한민국 국군과 해병대의 발전에 커다란 공헌을 한 장군이라 할 수 있다. 그런 점에서 공정식 장군은 대한민국 해병대의 살아있는 전설로 평가받기에 전혀 손색이 없는 장군이다. 그만큼 공정식 장군이 6·25전쟁에서 쌓은 전공과 베트남 파병과정에서의 기여도, 그리고 국군 및 해병대의 발전에 끼친 공헌은 결코 무시할 수 없는 위대한 업적이다. 건군과 6·25전쟁 그리고 베트남 전쟁 등을 통해서 공정식 장군은 군의 원로로서 해병대 신화의 주역으로서 '대한민국 해병대의 살아있는 전설' 칭호는 당연한 것이라 여겨진다. 평생을 무인임을 자처하며 국가와 해병대를 생각하고 그것도 모자라 자식과 손자들을 해병대로 보낸 그의 해병대 정신은 국가 차원의 귀감(龜鑑)으로 삼아야 할 것이다. 대를 이은 해병대 전통수립과 나라사랑 정신은 공정식 장군이 어떤 인물인가를 단적으로 보여주는 좋은 예(例)라 할 수 있다.

'국가전략기동부대' 발전 최대 공로자

대한민국 해병대의 발전에는 3명의 위대한 선각자와 사령관이 있었다. 신현준(申鉉俊) 장군과 김성은(金聖恩) 장군 그리고 공정식(孔正植) 장군이 바로 그들이다. 초대 사령관 신현준 장군은 해병대 창설의 주역을 맡아 해병대의 초석을 놓았고, 제4대 사령관 김성은 장군은 초대 참모장을 지내면서 6·25전쟁시 전투지휘관으로 맹활약을 하며 '걸음마수준'의 해병을 일약 '귀신 잡는 해병'으로 격상시킴으로써 해병대의 전통수립에 기여했다. 그런 점에서 신현준 장군과 김성은 장군은 건군과정에서 대한민국 해병대 창설의 초석을 놓았을 뿐만 아니라 6·25전쟁을 통해 해병대 발전의 선구자적 역할을 수행했다고 할 수 있다. 이에 비해 공정식 장군은 대한민국 해병대 창설의 주동자 역할을 했을 뿐만 아니라 이후 6·25전쟁에서 해병대의 '제2대 정신(귀신 잡는 해병·무적해병)'의 신화를 창조한 통영상륙작전과 도솔산전투에 직접 참가하여 대한민국 해병대를 "싸워 이길 수 있는 해병대"로 탈바꿈시킨 주인공 역할을 했다. 전쟁 후에는 상륙전 교리를 발전시키고 대대급 상륙훈련부터 시작하여 연대급, 여단급, 사단급 상륙훈련을 체계적으로 정립시킴으로써 해병대를 명실공히 '국가전략기동부대'로 발전시킨 최대의 공로자이다.

어떻게 보면 대한민국 해병대 창설은 공정식 장군으로부터 시작됐다고 할 수 있을 것이다. 왜냐하면 공정식 장군은 여수 주둔 제14연대에 침투한 남로당 세력이 일으킨 '여순10·19사건'의 현장을 직접 몸으로 겪고 이 사실을 최초로 해군본부에 보고했을 뿐만 아니라 그 과정에서 반란군에 체포되어 생사가 오락가락 할 때 평소 안면이 있던 반란군에 가담한 육군하사로부터 구사일생으로 목숨을 건졌고, 이후 해상에서 함정을 지휘하며 반란을 진압하는 과정에서 해병대의 필요성을 그 누구보다 절감하고, 이를 해군지휘부에 보고하여 오늘날의 대한민국 해병대의 창설을 보게 되었기 때문이다.

그렇지만 해병대 창설을 최초로 제기했던 공정식 장군은 바로 해병대로 가지 않고, 해군에 몸을 담고 있으면서 해군장교로서 뛰어난 활약을 펼치게 된다. 이때 공정식은 해군지휘관으로서 뛰어난 함상 지휘능력을 발휘한다. 먼저 공정식 소령은 군에 침투한 남로당세력이 인천경비부에서 관리하고 있던 주한미군사고문단장의 전용보트를 북한의 몽금포로 끌고 간 것을 다시 찾아오기 위해 대한민국 해군에서 계획한 '몽금포작전'에 통영정(統營艇, 302정)의 정장(艇長)으로 참가하여 맹활약을 하게 된다. 몽금포작전 개시일은 1949년 8월 17일이었다. 작전에는 해군 정보감 함명수 소령이 지휘하는 특공대와 공정식 정장이 지휘하는 통영정 등 6척의 해상전력이었다. 몽금포로 들어간 특공대와 통영정 등으로 이루어진 해군편대는 적진(敵陣)인 몽금포에서 치열한 교전을 벌였고, 그 과정에서 몽금포 항으로 상륙작전을 벌이던 함명수 소령이 양쪽 넓적다리에 관통상을 입게 되자, 공정식 정장은 위험을 무릅쓰고 몽금포 항내로 진입하여 사관학교 동기생인 함명수 소령을 극적으로 구출해 치료를 받게 한다. 이때 공정식 소령은 부상당한 동기생 함명수 소령을 보고나니 울컥 화가 치밀어 다시 몽금포 항으로 돌진하여 북한 경비정 1척을 나포하여 인천으로 끌고 오는 전과를 올렸다. 이 작전을 통해 해군 작전부대는 로버츠 장군의 전용보트가 이미 평양의 대동강으로 옮겨져 찾아올 수는 없었지만, 몽금포 항에 정박 중이던 북한군 함정 4척을 파괴하고 1척을 나포해 오는 대승을 거두었다. 작전성공의 중심에는 302정장 공정식 소령이 있었다. 공정식은 지휘관으로서의 책임감과 임무완수 정신 그리고 동기생에 대한 '피보다 진한 의리'에 바탕을 둔 전우애를 발휘해 작전에 기여했다. 확고한 사생관과 투철한 책임의식 없이는 감히 할 수 없는 전투행동이었다.

사선(死線) 넘나드는 전투 수 없이 치러…

해군장교로서 공정식은 건국 이후 대한민국 해군의 염원이었던 전투함 인수단의 일원으로 참가했다. 공정식 소령은 해군참모총장 손원일 제독과 함께 전투함 인수대표단에 합류하면서 손원일 해군총장의 전속부관 역할도 수행한다. 그만큼 그는 해군 장교로서 능력뿐만 아니라 장교로서 갖추어야 될 기본소양도 갖추고 있었다. 6·25전쟁 이전 두 차례에 걸쳐 공정식이 미국으로부터 인수해 온 전투함은 대한민국 최초의 전투함인 제701함(백두산)이었고, 이후 그는 다시 미국으로 가서 704함을 인수하여 6·25전쟁에 참전한다. 704함의 부장 및 함장 대리임무를 수행하면서 공정식 소령은 통영상륙작전에서 해병대지휘관 김성은 대령과 합동작전을 수행하고, 인천상륙작전 때에는 미국·영국·프랑스·캐나다·오스트레일리아 해군 등과 함께 연합해상작전에 참가하여 미국 및 대한민국 해병대의 상륙작전을 해상에서 적극 지원하게 된다. 중공군 개입 이후 그는 동해안에서 전개된 홍남철수작전을 마지막으로 해군을 떠나 해병대에 합류한다. 그때가 바로 1950년 12월이었다.

그런 공정식은 과연 어떤 인물일까? 공정식은 1925년 경남 밀양에서 출생하여 그곳에서 밀양초등공립보통학교를 졸업하고 마산상업학교로 진학한다. 그가 학창시절을 보낸 경남 마산은 일제강점기 일본해군 및 육군부대가 주둔하고 있던 진해와 가까워 자주 일본해군 함정을 보면서 어릴 때부터 군인의 꿈을 꾸게 됐다. 8·15광복이후 부산에 있던 공정식은 해군병학교(해군사관학교) 제1기생 모집광고를 우연히 보고 응시, 합격하면서 해군과 인연을 맺게 된다. 어릴 때 군인이 되겠다는 꿈이 실현되는 순간이었다. 그것도 독립된 조국의 군인으로서 출발하게 된 것이다. 1946년 12월, 해군(당시 조선해안경비대) 소위로 임관한 공정식은 해군장교로서 갖추어야 될 전문지식과 장교로서 지녀야 될 소양을 익히며 장차 촉망되는 해군장교의 길을 걷게 된다. 6·25전쟁 중에는 해군장교로서 전투함인수, 해군의 주요작전(몽금포작전, 통영상륙작전, 인천상륙작전, 홍남철수작전)을 수행하고, 해병대로 전과해서는 영월·정선·평창전투를 비롯하여 가리산전투, 화천전투, 도솔산전투, 김일성·모택동고지전투, 사천강전투 등 미 해병대도 꺼려하는 가장 어렵고 힘든 전투를 지휘하며 사선(死線)을 넘나드는 전투를 수 없이 치렀다. 그 과정에서 공정식 장군은 대한민국 을지무공훈장과 충무무공훈장 그리고 미국 동성무공훈장을 수여받는다. 육군에 비해 '소군(小軍)' 취급을 받던 해병대 영관급 장교가 받기 어려운 무공훈장들이다. 이는 그만큼 그의 전공이 뛰어났음을 의미한다.

전쟁이 끝난 후에는 전쟁 중 전선을 넘나들며 체득한 풍부한 해상 및 상륙작전 경험과 미 상륙전 학교에서 배운 상륙전 이론을 바탕으로 유능한 참모 및 지휘관으로 급성장하게 된다. 해병대교육단 부단장 겸 교수부장, 해병대 제3연대장, 해병전투단장, 해병대사령부 참모부장을 거쳐 34세 되는 1959년에는 드디어 장군으로 진급하게 된다. 이후 공정식 장군은 해병 제1여단장, 해병 제1상륙사단장을 거쳐 1964년 7월, 대망의 제6대 해병대사령관에 임명된다. 그리고 1966년 7월 20년 동안 몸담았던 정든 군문을 떠난다.

박정희 대통령과 인연 깊어…

전역 후에도 공정식 장군의 나라사랑과 해병정신은 끝나지 않고 계속된다. 국회의원(전국 최다득표), 부산 무역진흥공사 회장, 국방부 정책자문위원, 대한민국재향군인회 고문, 성우회 고문, 해외참전해병전우회 명예회장, 그리고 현재는 노익장을 과시하며 해병대전략연구소 이사장으로 해병대와 국가발전에 도움을 주고자 왕성한 활동을 벌이고 있다.

공정식 장군은 군 생활을 통해 숱한 일화를 남겼다. 사단장 취임식 전날 해병1여단장 전통을 따른다며 '요강'에 갖가지 술을 가득 채워 몇 순배 하는 바람에 만취해 사단장 취임식에 참석하지 못해 이 사실이 대통령에게 보고될 정도로 확대됐으나, 박정희(朴正熙) 대통령은 이를 불문에 부쳤다. 2년 후 박정희 대통령은 오히려 그를 해병대사령관에 발탁하는 '지도력과 여유'를 보였다. 그만큼 공정식 장군의 지휘능력과 인간됨을 깊이 신뢰했던 것이다. 이런 인연으로 박정희 대통령은 공정식 장군을 자주 청와대로 불러 대작(對酌)했다. 박정희 대통령과 공정식 장군이 아니면 있을 수 없는 일이다. 이로써 공정식 장군은 해병대에 또 하나의 신화를 창조했다.

그런 점에서 공정식 장군은 군인으로서 훌륭한 통수권자를 만났다고 할 수 있다. 이승만 대통령으로부터는 헬기로 공수해온 생일케이크를 직접 받았고, 박정희 대통령으로부터는 흉금을 털어놓고 대작(對酌)을 할 정도의 융숭한 대접을 받았다. 무인(武人)에게 그만한 영광이 또 어디 있겠는가! 이는 공정식 장군의 지휘관으로써 뛰어난 전투지휘능력과 부하로서의 겸손함이 묻어난 인품 때문이 아니었는가 싶다. 그것은 평소 공정식 장군의 옛 전우와 부하 그리고 뭇사람들을 대하는 태도와 행동거지에서 알 수 있다. 항상 무엇인가 도와주려고 애쓰고, 도움을 주고자 노력하는 그의 진정에서 우러나온 마음씀씀이와 자나 깨나 나라 사랑과 해병대 사랑에서 벗어나지 않은 그의 해병대적 삶과 기질은 세인(世人)들의 귀감이 되고 있다.

흥남철수와 북진의 선봉
김백일 장군

김백일 장군

'백' 선엽, 정 '일' 권에서 따온 이름

김백일(金白一, 1917~1951) 장군의 본명은 찬규(燦圭)이다. 1917년 1월 30일 북간도 연길현 용정에서 출생한 김백일 장군은 길림고급중학교를 마치고 1937년 봉천군관학교에서 초급간부 양성 과정을 졸업한 후 만주군 장교가 됐다. 간도한국인특별부대의 창설요원으로 활동하면서 1944년 대위로 진급해 특별부대의 중대장으로 있던 중 일제가 무조건 항복을 하자 고향인 함경북도 명천군 서면으로 귀국했다.

김백일은 정일권(丁一權), 백선엽(白善燁)과 함께 봉천군관학교 출신이다. 그들은 북한이 소련군 점령 하에 들어가자 바로 월남해 국방경비대에 들어갔다. 김백일은 백선엽에서 백(白), 정일권에서 일(一)을 따온 것이라고 한다. 이들의 전우애는 이만큼 각별했다. 만주군에서 공산당을 상대해왔던 그들은 투철한 반공투사가 될 수밖에 없었다.

공산당의 불의와 압제로 인해 1945년 12월 자유를 찾아 월남한 그는 1946년 2월 26일 군사영어학교를 졸업하고 육군부위(중위)로 임관했다. 임관 직후 이리(裡里)에서 연대장 요원으로 제3연대를 창설하고 제3연대장과 국방경비사관학교장, 특별부사령관을 역임한 후 1948년 10월 19일 여·순10.19사건이 발생하자 제5여단장 대리로 임명돼 반란을 진압하고 순천과 여수를 탈환했다.

김백일 장군은 흥남 철수 때 북한 동포 10만 명을 구출한 인물로만 알려져 있고, 용장(勇將) 김백일은 일반인들에게는 알려져 있지 않다. 육군은 초대 육군보병학교장인 김백일의 이름을 따다 육군보병학교 내에 '백일사격장(白一射擊場)'을 만들 정도로 그의 무공은 탁월하다.

김백일 장군은 1951년 7월 26일 태극무공훈장을 받은 인물이다. 제1군단장 김백일 소장은 예하 수도사단과 제3사단을 이끌고 1950년 8월 9일부터 9월 22일까지의 기간 동안 기계·안강·영덕·포항 일대에서 제766유격대로 증강된 북한군 2개 사단의 침공을 격퇴했다. 이 전투의 승리를 통해 적의 낙동강전선 동부지역의 돌파를 좌절시키는 한편, 아군이 다음 단계의 반격작전으로 이행할 수 있는 기틀을 마련하면서 태극무공훈장을 수훈했다.

김백일 장군은 6·25전쟁 발발 직전인 1949년 6월 옹진지구전투사령관으로 혁혁한 전과를 올리기 시작했다. 1949년 5월 21일 옹진지역에서는 국군의 전술과 사기를 시위한 북한군의 공격이 전개돼 두락산과 5개 리를 점령했다. 6월 5일 육군본부는 피탈지역의 탈환을 위해 6여단장인 김백일 대령을 옹진지구전투사령관으로 임명했다. 임무를 부여받은 그는 6월 10일 두락산을 제외한 대부분의 피탈지역을 탈환하고 옹진지역전투를 일단락지었다.

그러나 북한군이 8월 4일 옹진지역에 대한 공격을 재개해 은파산을 점령하자, 그는 옹진지구전투사령관에 다시 임명됐다. 그는 예하 제2연대로 대대적인 반격을 감행해 원진지를 회복하는 전과를 거두었다.

이후 지리산지구전투사령관과 제3사단장을 거쳐 1950년 4월 육군본부 행정참모부장으로 영전한 김 장군은 6·25전쟁이 발발하자 부재중인 작전참모부장을 겸임해 초기 북한군의 공세를 막아내는 역할을 했다. 1950년 9월 김홍일(金弘壹) 장군의 뒤를 이어 제1군단장에 취임해 부산교두보의 동측면 방어를 담당해 안강 기계 및 포항전투를 치르게 된다.

김백일 장군이 싸운 안강·포항지구 전투는 북진의 기틀을 만든 전투다. 낙동강방어선에서 수도사단과 제3사단으로 구성된 제1군단은 1950년 8월 9일부터 9월 22일까지 기계(杞溪), 안강(安康), 영덕(盈德), 포항(浦項) 일대에서 766유격부대로 증강된 북한군 제5사단과 제12사단의 침공을 맞아 방어전을 전개했다. 당시 북한군은 12사단이 기계를 장악하고 17기갑여단의 전차 일부를 지원받고 있었다. 포항의 흥해(興海) 일대에서는 북한군 5사단이 전력증강을 시도하고 있었으나 식량·화기 등의 보급이 이루어지지 않아 사기는 저조한 상태였다.

반면 국군은 수도사단이 기계 남쪽고지 일대에 18연대와 17연대, 그리고 1연대를 배치하여 방어진지를 편성했다. 제3사단은 포항 북쪽 학천동-천마산 일대에 10연대, 22연대, 23연대로 진지를 편성해 포항을 방어하고 있었다. 그러나 전황이 급변하자 육군본부는 9월 1일부로 지휘조치를 단행해 김백일 준장을 1군단장에, 송요찬(宋堯讚) 대령을 수도사단장에, 그리고 3사단장에는 이종찬(李鐘贊) 대령을 임명했다.

39선 최초 돌파 성공 군단장

낙동강 방어전 동부전선인 기계, 안강전투에서 김백일 장군이 지휘하는 1군단의 전공은 전사학자들의 높은 평가를 받고 있다. 당시 북의 유격대, 5사단, 12사단 등이 포항, 대구, 부산까지 압박하기 위한 공

김백일 장군이 38선 돌파 직후 기념비를 세우고
'아아 감격(感激)의 삼팔(三八)선 돌파(突破)'를 적고 있다.

세를 강화해 전세가 너무나 급박했다. 그러한 상황에서 수도사단과
3사단으로 구성된 국군 1군단이 적의 경주 진출을 차단하고 낙동강 전
선 진출을 방어해 내는데 성공한 것이다.

당시 실전지휘 경험이 풍부한 김 장군이 국군 1군단장을 맡아 북한군
2개 사단을 격멸함으로써 낙동강 전선의 동부를 확고히 지켜 북진으로
전세를 반전시킬 수 있었다. 이 무렵 적의 공세가 치열할 때 수도사단
제1연대(연대장 한신 중령)는 적에게 완전 포위된 상태에서 3일간 진지
를 사수(死守)한 기록을 세웠다.

국군 제1군단은 이 전투를 통해 안강 남쪽 형산강 일대에서 적 2개 사
단을 격멸하고 적의 경주 진격 등 낙동강전선의 동부지역 돌파를 저지
했다. 아울러 기계와 포항 북방으로 후퇴한 적을 추격해 다음 단계의
반격작전으로 이행하게 됐다.

김백일 장군이 1군단장으로서 안강·기계 및 포항전투를 승리로 이
끌면서 북진의 기틀이 마련됐다. 총반격작전을 지휘하게 된 김백일 군
단장은 1950년 10월 1일 이승만 대통령의 북진명령을 받고 수도사단과

3사단을 동해안지구로 병진시켜 38선을 최초로 돌파하는데 성공함으로써 이 날이 '국군의 날'로 제정되는 계기를 만들었다! 이어서 원산-함흥-청진-혜산진을 점령했다.

10월 7일 원산 상륙을 위해 작전을 개시한 미 제10군단은 원산항 기뢰제거를 위한 소해작업 때문에 뒤늦게 10월 26일에야 원산에 상륙했다. 그러나 원산은 이미 10월 10일 국군에 의하여 탈환된 상태여 미 10군단은 싸울 일이 별로 없는 유군(遊軍)이 되고 말았다.

10월 10일 원산을 탈환한 수도사단은 10월 31일에는 함경남도 문천(文川), 11월 25일에는 청진(淸津), 11월 30일에는 함경북도 부령(富寧)으로 진출해 최종 목표인 회령-웅기를 향해 진격했다. 함북 북청 출신의 이병형(李秉衡) 장군의 저서 '대대장'은 이때 고향으로 귀환하는 장병의 감격을 생생하게 그려내고 있다.

김백일 장군을 떠올리면 생각나는 흥남철수는 사실 맥아더 원수가 초래한 것이었다. 인천상륙작전 후 10군단을 8군의 지휘 하에 넣지 않고 자신이 직접 지휘하여 또 한 번의 상륙전으로 극적 반전을 이루려던 맥아더의 결정적 판단착오의 결과였다. 더 큰 불행이 닥쳐왔다. 국군 3사단이 두만강을 향해 북진 중 10월 25일 수동(水洞) 부근에서 예기치 못한 적의 저항에 부딪쳤다. 중공군의 출현, '새로운 전쟁'의 시작이었다. 중공군의 개입에 의해 흥남으로부터 해상 철퇴가 불가피해졌다.

김백일 장군은 유엔군이 후퇴하자 "흥남철수 때 미군 LST에 피난민을 실어주지 않으면 국군 제1군단도 해상철수를 하지 않고, 피난민과 함께 육로로 남하하겠다"고 강력하게 버텼다. 그렇게 중공군의 침략으로 흥남에서 해상철수작전을 전개할 군 선박에 공산 치하에서 신음하게 될 10만여 명의 피란민을 부산과 거제도로 실어날랐다.

10만 명의 피난민을 군함으로 남하시킨 흥남철수, 이것 하나만으로도 유엔군은 도덕적인 면에서도 공산군을 압도했다. 그 후 대한민국의 경제적·정치적 성공에 의해 6·25전쟁은 미국 등 우방국들에게 '잊혀진 전쟁' 또는 '잊고 싶었던 전쟁'이 아니라 '승리한 전쟁'으로, 세계 속의 한국은 '자유민주세계의 자랑스런 쇼윈도'로 자리매김했다. 그때의 월남 피남민들은 그 '쇼윈도 속의 꽃'이 되었다. 이것은 거대한 휴먼 드라마였다. 이것은 영화 '국제시장'에 생생하게 그려져 있다.

전술능력 뛰어난 '군인 중의 군인'

이후 김백일 장군은 중공군의 정월공세로 삼척까지 밀렸다가 1951년 3월 하순 반격작전으로 38선을 회복했다. 김 장군은 중공군의 4월 공세에 대비하기 위한 군단장회의에 참석한 것이 마지막 길이 되고 말았다. 1951년 3월 28일 부대로 복귀하던 비행기가 악천후로 인하여 강원도 대관령 인근의 발왕산 중턱에 추락함으로써 전사했다.

당시 유엔군은 중공군에 밀려 후퇴를 거듭하다가 신임 리지웨이 8군 사령관의 단호한 지휘로 지평리 전투 등 반공(反攻)을 시작하던 시기여서 김백일 장군을 잃은 손실은 컸다. 1951년 7월 26일, 정부는 전쟁기간 중 김백일 장군이 보여준 공로를 기리고 그가 남긴 위국진충(爲國盡忠) 및 애민정신(愛民精神)을 함양하기 위해 태극무공훈장을 수여함과 동시에 육군중장으로 추서했다.

6척이 넘는 신장과 호방한 성격에 거칠 것 없는 사나이였던 김백일 장군은 매사가 시원시원하고 남아다운 기백을 지녔다. 그의 그러한 성정(性情) 때문에 동료나 고급 장성들 가운데 그를 싫어하는 사람이 없었다. 당시 육군참모총장 정일권 장군은 김백일 장군의 전사 소식을 듣고 그 자리에 주저앉아 눈물을 흘릴 정도로 존경했던 '군인 중의 군인'이었다.

김백일 장군이 미국 대통령 훈장
'레 존 오브 메리트'를 수여받고 있다.

　김백일 장군은 특히 전술능력이 뛰어 났다. 창군(創軍)에 참여한 분들
가운데는 대체로 일본군 출신보다 만주군 출신이 전술능력이 뛰어난
사람들이 많았다. 태평양 전쟁 말기 미군을 상대로 옥쇄작전을 벌이던
일본군에 비해 만주군은 공산당을 토벌하면서 대유격전 실전경험이
많았기 때문이다. 김백일이 미 육군보병학교에 유학을 가려하자 유엔
군사령관 맥아더 원수는 "귀관은 포트 베닝(Fort Bening)에서 더 이상
배울 것이 없다"고 격찬했다고 한다.
　백선엽 장군과 함께 김백일은 특히 공비 토벌에 공이 컸다. 전선 후
방에서 준동하던 공산 게릴라들이 섬멸적 타격을 받은 것은 이들의 분
전에 의해서다. 거제도 포로수용소 유적공원 흥남철수작전 기념비 앞
에 김백일 장군의 동상이 있다. 흥남 철수시 민간인 구출의 공로를 기
려 거제도에 세운 것이다.

흥남철수작전기념사업회는 "김백일 장군은 해방 후 6·25전쟁 당시 1군단을 이끌고 처음으로 38선을 돌파했다. 흥남 철수작전 때 10만여 명의 피난민을 해상 수송을 통해 구하는 등 나라를 위해 싸우다가 30대에 생을 마감한 영웅"이라고 추앙하고 있다.

김백일 장군은 5년간이란 짧은 기간 복무하면서 각급 지휘관과 최고위 야전군 사령관으로 활약하여 군 원로들의 회고록마다 고인(故人)을 회고하는 대목이 나올 정도로 단기간에 국군의 최고 경력을 거쳤고, 정규군·비정규군 전투도 고루 경험했다. 장군은 연대장에서부터 군단장까지 지휘관을 거쳤지만, 이보다 앞서 공비토벌사령관, 지리산지구 전투사령관, 옹진지구 전투사령관 등으로 비정규전, 게릴라전도 지휘했던 것이다.

또한 장군은 국군의 인재를 발굴, 양성하는데도 큰 공적을 남긴 것으로 평가된다. 초기 3연대장 시절에 소대장 요원으로 발탁한 김종오(金鍾五), 이한림(李翰林), 정래혁(丁來赫) 소위 등이 모두 국군의 고위 지휘관으로 큰 역할을 했다. 또 육사과장 시절에는 민기식(閔機植) 소령을 발탁했고, 옹진지구 전투사령관 때는 참모장 강영훈(姜英勳) 대령(전 국무총리), 임충식(任忠植) 중령(국방부장관) 등과 호흡을 같이 했다.

지리산지구 전투사령관 때는 공국진(孔國鎭) 소령을 참모장으로 발탁, 작전통으로 육성했다. 김 장군이 3사단장으로 가면서 공 중령을 참모장으로 데리고 갔고, 다시 육본 참모부장으로 전출할 때도 공 중령이 육본 군수국 차장으로 영전했다. 그 뒤 김백일 1군단장은 1951년 3월 30일자로 공 중령을 작전참모로 불렀다.

그러나 공 참모가 부임하기 이틀 전, 김백일 군단장은 비행기 사고로 순직하고 말았다. 김백일 장군이 인정했던 후배 장군들은 대다수가 육군대장에 참모총장, 국방부장관 등을 역임했다. 이를 보면 김 장군이

순직하지 않았다면, 4성장군에 육참총장을 역임하지 않았겠느냐고 예상할 수 있는 것이다.

'무적해병' 신화를 창조하다
김성은 장군

제4대 해병사령관 김성은 중장

최연소·최장수 국방부장관 역임

　김성은(金聖恩, 1924~2007) 장군은 대한민국 해병대 창설의 주역으로 오늘날의 해병대를 있게 한 일등공신이다. 김성은 장군은 83년의 삶을 살며 오로지 국가·해병대·하나님 이 세 가지만을 생각하고, 이를 위해 평생을 몸 바쳐 일했던 진정한 애국자이면서 참 군인이자 신앙심 깊은 장로(長老)로 일생을 마감한 장군이다. 김성은 장군의 군대생활은 처음부터 세인의 관심을 끌기에 충분했다. 김성은 장군은 육군·해군·해병대를 거친 대한민국 유일의 군인이다. 1946년 정일권(丁一權, 육군참모총장·합참의장·국무총리 역임) 장군의 권유에 의해 최초 육군소위로 임관했으나, 임관한 그날 손원일(孫元一, 해군참모총장·국방장관 역임) 제독의 요청에 못 이겨 다시 해군으로 전군(轉軍)하였고, 1949년 해병대가 창설될 때 신현준(申鉉俊, 초대해병대사령관 역임) 장군의 간청에 의해 다시 해병대로 옮겼던 장군이다. 해군장교로서 촉망을 받던 시기에 그는 신현준 장군의 권유에 어쩔 수 없이 해병대를 선택해 해병대를 오늘날 해병대로 가꾸고 발전시킨 주인공이기도 하다. 이러한 김성은 장군의 군 경력은 대한민국 국군사에서 그 유례를 찾아보기 힘들 정도로 특이한 경우다. 또한 김성은 장군은 6·25전쟁 3년 동안 단 한 번도 전선을 떠난 적이 없을 뿐만 아니라 6·25전쟁사에서 길이 빛나는 진동리전투를 비롯하여 통영상륙작전과 인천상륙작전 등 주요한 전투에 직간접적으로 참가하여 항상 이기는 해병대 정신을 불어넣어 준 지휘관으로서의 역할도 훌륭히 수행했다. 특히 김성은 장군은 1963년 39세라는 젊은 나이에 대한민국 역사상 최연소 국방부장관으로 임명되어 활동하다가 5년이라는 최장수 국방부장관으로 재직한 장군으로도 유명하다.

김성은 장군은 대한민국 해병대의 대부(代父)인 신현준 장군과 함께 6·25전쟁을 통해 '귀신 잡는 해병'과 '무적해병(無敵海兵)'이라는 '해병대 2대 정신'을 정립시키고 해병대 발전에 커다란 발자취를 남긴 장군이다. 김성은 장군은 해병대 창설에 있어서도 지대한 공을 세웠다. 그런 점에서 해병대 창설 초기 신현준 장군이 해병대의 아버지 역할을 했다면, 김성은 장군은 해병대의 내실을 다지고 발전시켜 나가는 어머니 역할을 했다고 볼 수 있다. 또 신현준 장군이 해병대 초석의 디딤돌을 놓았다면 김성은 장군은 어렵고 힘든 전투를 통해 해병혼의 전통을 수립하고 이를 지켜냈던 장군이었다. 이처럼 김성은 장군은 6·25전쟁 중 뛰어난 지휘관으로서 출중한 능력을 발휘하면서 해병대 발전의 개척자 및 기수로서의 역할을 수행했다. 그만큼 김성은 장군은 대한민국 해병대의 창설초기부터 6·25전쟁과 전후를 거치며 해병대 발전에 그 누구보다 그 공로가 컸던 장군이었다. 그렇기에 김성은 장군은 오늘날 6·25전쟁의 영웅이자 해병대의 자랑스러운 호국의 인물로 역사의 중심에 우뚝 서서 존경을 받고 있다.

대한민국 해병대 출범

　대한민국 해병대의 출범은 역사의 필연적 결과에 따른 것이었다. 대한민국 해병대는 1948년 10월 19일 한반도의 남단 여수에 주둔하고 있던 육군 제14연대에 침투한 남로당(南勞黨) 세력이 주도하여 일으킨 여순10·19사건을 진압하기 위해 출동한 해군지휘관들이 진압과정에서 해병대의 필요성을 절감하고, 작전이 끝난 다음 해군수뇌부에 해병대 창설을 건의하여 이루어지게 됐다. 이때 진압작전에 참가하여 해병대 창설을 건의했던 해군지휘관으로는 신현준 중령과 공정식(孔正植, 해병대사령관 역임) 대위 등이었다. 특히 여순사건 진압 차 함대를 이끌고 출동한 신현준 중령은 "상륙군 없이 반란군을 완전 진압할 수 없다"는 보고가 해병대 창설에 결정적 역할을 했다. 이들의 건의를 해군참모총장 손원일 제독과 이승만 대통령이 승인하여 1949년 4월 15일 진해 덕산 비행장에서 대한민국 해병대가 발족을 보게 됐다. 초대 해병대사령관에는 신현준 대령이 임명되었고, 신현준 사령관은 자신과 함께 해병대를 키워 나갈 참모장에 김성은 중령을 영입했다.

　하지만 김성은 중령이 처음부터 해병대에 들어오지 않겠다고 해서 신현준 사령관은 애를 태웠다. 김성은을 얻지 못하고서는 해병대의 발전을 기약할 수 없었던 신현준 사령관의 입장에서는 어떻게 해서든지 김성은의 마음을 돌리고자 노력했다. 이때 신현준 사령관은 삼국지에서 유비(劉備)가 제갈공명(諸葛孔明)을 얻었던 삼고초려(三顧草廬)를 생각해냈다. 신현준 사령관은 부인을 대동하고 김성은의 관사로 찾아가 해병대에 들어와 같이 일할 것을 간곡히 부탁했다. 신현준 사령관도 중국 삼국지에서 유비가 제갈공명을 얻기 위해 그의 초가집을 세 번이나 찾아갔던 것처럼 그 자신도 김성은 중령의 관사를 세 번이나 찾아가 겨우 김성은의 마음을 돌릴 수 있었다. 이때부터 두 사람은 의기투합해서 해

6·25전쟁 당시 김성은 장군(가운데)

병대 발전을 위해 노력을 아끼지 않았다. 그렇게 해서 오늘날의 대한민국 해병대가 탄생할 수 있게 되었다.

　김성은은 1924년 12월 20일 경남 창원군 상남면 가음정리에서 태어났다. 독실한 기독교 집안에서 태어난 그는 '하나님의 거룩한 은혜로 받은 선물'이라는 의미에서 이름도 '성은(聖恩)'으로 지어졌다. 그는 마을에서 가까운 상남초등학교를 다녔다. 초등학교를 그러나 중학교부터는 만주에서 다녔다. 그가 만주로 간 까닭은 여러 가지가 있으나 어렸을 때부터 김성은의 부친은 아들을 농사꾼으로 키우려고 했다. 일제 강점기하에서 식민지 한국인이 할 수 있는 직업으로 농사가 가장 좋은 직업이라고 판단했던 것이다. 그래서 김성은은 어린나이에 만주에서 여관업과 농장을 경영하고 있는 숙부를 따라 만주로 유학해서 대도관 중학교를 거쳐 하얼빈의 농업대학에 진학했다. 하지만 김성은의 어릴 때 꿈은 군인이었다. 고향 창원에서 일제강점기 군사도시인 진해에는 일본 해군과 육군부대가 있어 자주 그곳을 방문하여 군함도 보고 육군 부대시설을 보면서 군인이 되겠다는 꿈을 꾸었다.

　일본의 패전과 함께 찾아온 8·15광복은 김성은의 군인으로서 꿈을 실현시켜 주었다. 하얼빈농대 3학년 때 광복을 맞은 김성은은 그곳을 점령한 소련군과 중국인으로부터 교포들의 재산과 생명을 지켜주기 위해 중학교와 대학 동창생들을 중심으로 '고려자위단'을 결성하여 활동했다. 일본군이 물러간 만주지역은 소련군의 횡포와 치안부재 상태를 노린 중국인들의 노략질이 성행하면서 김성은이 조직한 고려자위단은 교포들에게 커다란 힘이 됐다. 김성은은 소련군과 협상하여 하얼빈지역의 교포들을 태우고 갈 기차를 협조하여 국내로 들어오던 중 중국공산군의 습격을 받고 위험에 처해졌으나 정일권 장군의 도움을 받아 이를 모면하게 되면서 서로 알게 됐다.

해병대를 용맹의 상징으로 부각시켜…

국내에 들어온 김성은은 어느 날 고려자위단(高麗自衛團) 동료로부터 정일권이 찾는 다는 소식을 듣고 찾아갔다가 국방경비대에 들어올 것을 권유받고, 그의 추천으로 1946년 육군소위로 임관하게 된다. 이때 손원일 제독이 나타나 정일권에게 해군에도 사람이 필요하다며 막 임관한 김성은에게 해군을 권했다. 이에 김성은은 고향에서 가까운 진해에 해군을 창설한다는 말과 손원일의 제독의 인품에 끌려 정일권에게 양해를 구하고 해군을 택하게 된다. 이후 해군소위로 임관한 김성은은 목포기지사령부, 부산기지사령부, 묵호기지사령부, 진해특설기지사령부에서 해군장교로서 갖추어야 될 주요 보직을 쌓게 됐다. 해군장교로서의 전도가 밝았다. 그러나 1948년 10월 19일 일어난 여수주둔 14연대에 침투한 남로당 세력의 반란은 그의 군대 운명을 다시 한 번 바꿔 놓았다. 여순 10·19사건을 진압하는 과정에서 해병대의 필요성이 제기되면서 해병대가 창설됐다. 해병대 초대사령관에 임명된 신현준은 진해통제부 교육부장으로 있던 김성은 중령을 해병대 참모장으로 영입하면서 김성은은 결국 해병대로 가게 됐다. 당시 해병대는 연대급에도 못미치는 규모였기 때문에 기껏해야 대령정도로 군대를 마칠 운명이라는 것을 알았다. 그럼에도 존경하는 신현준 사령관의 간절한 요청에 어쩔 수 없이 전도가 유망한 해군을 버리고 해병대를 선택했다. 김성은의 인간적 배려와 의리가 엿보이는 대목이다.

김성은과 해병대의 운명은 김일성이 일으킨 6·25전쟁으로 대반전을 이뤘다. 6·25전쟁은 해병대를 용맹의 상징으로 부각시켰다. 국군에서 미미한 존재였던 해병대는 전쟁 중 김성은이 지휘하는 김성은부대의 활약으로 군 수뇌부는 물론이고 해외언론으로부터 주목을 받게 됐다. 개전초기 해병대는 육군에 배속되어 지연작전을 수행했다. 처음에는 고길훈(高吉勳, 해병소장 예편) 부대가 이를 수행하다가 후에는 김성은 부대가 고길훈 부대를 통합해 수행했다. 고길훈 부대는 모슬포부대 1대대를 기간으로 편성돼 1950년 7월 15일 군산에 상륙하여 군산·장항·이리지구에서 호남으로 우회기동(迂廻機動)하는 북한군 제6사단과 교전했다. 이후 고길훈 부대는 7월 22일 여수에 상륙한 김성은 중령에게 지휘권을 인계하고, 부대명칭도 '김성은부대'로 개칭됐다.

이때부터 김성은부대의 활약이 시작됐다. 김성은부대는 지연작전과 낙동강 방어작전에 참전해 혁혁한 전공을 세웠다. 지연작전시 김성은부대는 민기식(육군참모총장 역임) 대령이 지휘하는 '민(閔)부대'에 배속돼 전북 남원과 경남 함양에서 적을 격퇴했고, 이후 미 제27연대에 배속돼 진주방어에 가담했다. 또한 낙동강 방어작전시 김성은부대는 마산 서쪽 진동리에서 북한군 제6사단의 정찰대대를 기습 공격하여 막대한 전과를 거두었고, 이후 미 제25사단의 반격작전 때는 진동리-마산간 보급로를 타개하고 서북산 일대의 적을 격퇴해 낙동강 서부방어선 구축에 크게 기여했다. 김성은부대가 해병대를 세계적인 군대로 만든 것은 통영상륙작전이었다.

'귀신 잡는 해병', '무적해병'

통영상륙작전은 북한군 제7사단이 전략적 요충지 마산과 진해를 해상봉쇄하기 위해 통영을 점령하자, 해군본부는 이의 탈환임무를 김성은부대에 부여했다. 김성은부대는 1950년 8월 17일 통영해안에 한국 최초의 상륙작전을 감행해 통영을 탈환하고, 적의 유일한 공격로인 원문고개를 조기 확보해 낙동강 서측방의 위협을 제거했다. 김성은부대의 신속한 작전을 본 외신기자들이 "귀신도 잡을 만큼 놀라운 일을 해냈다."고 보도함으로써 해병대는 일약 '귀신 잡는 해병'의 명성을 얻게 됐다. 이후 해병대는 세기의 작전으로 불러진 인천상륙작전에 참가하면서 그 명성을 떨치게 되면서 해병대는 급속한 발전을 이루게 됐다. 그렇게 해서 제1해병연대가 편성됐고, 초대 연대장에 김성은 대령이 임명되면서 그는 또 한 번 해병신화의 기록을 세우게 된다. 정선, 영월전투와 홍천전투 그리고 도솔산전투를 통해 해병대는 이승만(李承晚, 1875-1965) 대통령으로부터 '무적해병(無敵海兵)'이라는 애칭을 또 다시 받게 된다. 해병대가 군의 일원으로 굳건히 자리를 잡게 된 배경이다. 그 중심에는 물론 김성은이 있었다. 이러한 전공으로 김성은은 태극무공훈장을 비롯하여 숱한 무장훈장을 받게 된다.

대한민국 해병대는 이때부터 비약적인 발전을 보게 된다. 제1전투단으로 확장되고, 이어 해병여단에서 해병전투사단이 창설되면서 김성은도 장군으로 진급하면서 이들 부대의 지휘관을 맡아 전투에서는 혁혁한 전공을 세워 해병대를 더욱 발전시키게 된다. 김성은은 6·25전쟁 시 전투지휘관으로서 솔선수범과 창의적인 지휘기법을 발휘하여 항상 전투를 승리를 이끌었다. 모두가 불가능한 전투라고 꺼리고 상대하기

국방부장관 임명장

어려운 싸움이라며 피하는 전투를 도맡아 전투를 승리로 이끌었다. 일
례(一例)로 사천강전투 때 보여준 김성은의 창의적 지휘기법은 지금도
해병대에서는 전설로 회자되고 있다. 중공군과의 사선을 넘나드는 혈
투에서 김성은 전투단장은 중공군의 공격준비사격으로 이루어진 막대
한 포병사격에 대비하여 교통호속에 각개병사가 엄폐신할 수 있는 또
다른 개인호인 일명, '토끼굴(rabbit hole)'을 미리 구축해서 적의 포병사
격에 대비케 하는가하면, 적의 포병사격이 끝나고 적 보병이 공격해 오
면 지휘관들의 호루라기 소리에 안전한 토끼굴에서 일제히 나와 중공
군의 보병공격을 물리침으로써 미군 지휘관들의 혀를 내두르게 했다.
김성은 장군은 전투 때마다 전투상황을 면밀히 분석하여 이길 수 있는
대비책을 마련한 다음 침착하게 이에 대응함으로써 전투에서 승리를
거두었다.

해병대와 하나님만 믿고 섬기며 살았던 장군

원칙과 강직함 그리고 청렴결백함의 상징이었던 김성은 장군은 1960
년 4·19후 해병중장 진급과 동시에 제4대 해병대사령관에 취임한다.
이어 5·16이 일어나면서 해병대사령관으로서 군의 안정을 위해 노력

하다가 1962년 2년간의 사령관 임기를 마치고 16년간 몸담았던 군을 떠나게 된다. 하지만 박정희 대통령은 능력이 출중하면서 겸손하고 상대방을 배려할 줄 아는 김성은 장군을 국방부장관으로 전격발탁하게 된다. 국방부장관에 취임하게 된 당시 국내 상황은 제3공화국 출범 전후로 매우 어려운 시기였다. 이때 김성은 장군은 뛰어난 친화력과 업무 추진력을 발휘하여 군과 국가적으로 어렵고 힘든 상황에서 군 현대화와 베트남 파병 그리고 향토예비군 창설 등을 깔끔히 마무리하고 5년간의 장관직을 물러나게 된다. 이어 대통령 안보특별보좌관, 해병전우회중앙회 총재, 대한민국 재향군인회 고문, 해병대전략연구소 이사장 등을 역임하다 2007년 5월 15일 향년 83세의 나이로 별세했다.

한 평생을 오로지 국가와 민족 그리고 해병대와 하나님만을 믿고 섬기며 살았던 장군이었다. 장군은 죽음에 이르러서도 당시 국가적으로 가장 현안이었던 전시작전지휘권 반환에 결사반대하며 5월의 뜨거운 광화문 광장의 아스팔트 뙤약볕에서 노구를 이끌고 참전용사들의 선두에 서서 힘쓰시다가 운명을 맞게 된다. 살아생전에는 가장 존경하던 이승만 대통령과 박정희 대통령을 모시고 전투지휘관 및 국방장관으로 군과 국가안보를 위해 힘썼고, 그것도 모자라 퇴역 후까지 국가안보와 나라걱정을 하시다 돌아가셨다. 장군은 항상 따뜻하고 온화한 미소를 잃지 않았다. 차분한 음색에 자신감이 넘치는 목소리는 듣는 사람으로 하여금 신뢰감과 편안함을 심어줬다. 차가운 겨울날씨 탓인지 그런 장군의 따뜻한 음성과 훈훈한 미소가 그립다. 장군이 가신지도 어언 7년이라는 세월이 훌쩍 지나갔다. 그렇지만 장군을 기억하고 장군의 전공과 업적을 기리는 분들의 수는 세월의 흐름만큼 점차 많아지고 있다. 베풀고 이해하고 배려한 장군의 삶의 흔적이 자연스레 그런 결과를 낳았지 않나 싶다. 뛰어난 지모와 용맹으로 귀신잡는 해병의 전통과 짧은 시간에 세계 최강의 해병으로 발전시킨 김성은 장군의 공로는 국군 및 해병사에 길이 남을 것이다. 또 박정희 대통령을 도와 조국 근대화와 국군현대화 그리고 국가안보에 기여한 장군의 숨은 업적은 역사가 높이 평가하게 될 것이다. 장군이시여 부디 호국신(護國神)으로 거듭 태어나 자랑스러운 '통일한국'을 영원히 굽어보시길!

국군의 문무 겸비 지장(智將)
김점곤 장군

김점곤 장군

다부동전투의 영웅

김점곤(金點坤, 1923~2014) 장군은 6·25전쟁 최대의 위기였던 낙동강방어에서 북한군을 격퇴하고 대한민국을 위기에서 구한 다부동(多富洞) 전투의 영웅이다. 당시 그는 백선엽(白善燁, 1920~2020) 장군이 지휘하는 제1사단 제12연대장을 맡아 가장 치열했던 다부동의 유학산 전투와 수암산 전투에서 북한군을 저지함으로써 북한군의 전략목표인 대구(大邱)의 진출을 막아냈다.

김점곤 연대장의 활약은 여기서 그치지 않았다. 인천상륙작전 이후 유엔군이 낙동강에서 총반격을 할 때에는 최초로 돌파구를 마련함으로써 국군과 유엔군이 38도선을 향한 총진군을 하는데 기폭제 역할을 했다. 인천상륙작전에 성공한 맥아더 장군은 워커의 미제8군이 낙동강을 치고 올라오지 못하자, 워커의 지휘관으로서의 능력을 의심하며 군산지역에 대한 상륙작전을 고려하고 있을 때 김점곤의 제12연대가 북한군의 낙동강 저지선에 구멍을 냄으로써 북진의 기틀을 마련한 것이다. 이는 워커의 체면을 살렸을 뿐만 아니라 미군으로부터 국군의 전투력을 다시 한 번 인정받는 계기가 됐다. 이로 인해 사단장 백선엽 장군의 목에도 잔뜩 힘이 들어갔다. 모두가 김점곤 연대장의 탁월한 전투지휘능력 덕분이었다.

그런 김점곤 장군이 지난 2014년 9월 28일 91세의 일기로 타계했다. 6·25전쟁 영웅이 또 한 분 우리 곁을 떠나는 순간이었다. 김점곤 장군은 군에 있을 때는 줄곧 백선엽(육군대장 예편, 육군참모총장·합참의장 역임) 장군 밑에서 명(名) 지휘관 및 참모로서 6·25전쟁을 훌륭하게 수행했던 지략이 뛰어난 장군으로 정평이 났었다. 또한 그는 끊임없는 학문연구로 이른바 문무를 겸한 학자풍의 지장(智將)으로도 유명했다. 그런 탓인지 그를 잘고 있는 장성들은 그를 가리켜 '꾀주머니'라고 불렀다. 이와 연관해서 뭇사람들은 그를 백선엽 장군의 '장자방'으로 불렀다. 잘 알다시피 장자방(張子房)은 유방(劉邦)을 도와 중국 한(漢)나라를 세웠던 일등공신으로 지모가 뛰어났던 지략가였다. 장자방의 본명은 장량(張量)으로 자방은 그의 자이다. 유방은 장량을 나의 장자방이라며 매우 총애했다. 장량은 유방으로 하여금 대업을 이루게 한 개국공신이었기 때문이다.

군 시절 백선엽 장군은 김점곤 장군을 줄곧 밑에 두고 일을 맡겼다. 유방이 장자방을 그랬듯이 말이다. 백선엽은 그만큼 김점곤을 아끼고 신뢰했다. 예를 들면, 전쟁이전 백선엽 장군이 육본 정보국장시 김점곤은 그 밑에서 전투정보과장을 역임했고, 1948년 제14연대에 침투한 남로당 세력이 반란을 일으켰을 때 백선엽 대령이 토벌사령부 참모장을 할 때 김점곤은 그 밑에서 보좌관을 지냈다. 이후에도 이 두 사람의 인연은 계속 이어졌다. 6·25전쟁이 일어나자 제1사단장으로 있던 백선엽 대령은 육본 정보국차장이던 김점곤 중령을 육본에 요청하여 당시 공

38도선을 돌파하여 북진 중인 국군 제1사단 장병들

석이던 제12연대장에 임명함으로써 지연작전과 낙동강방어작전 그리고 이어진 평양탈환작전에 선봉을 서게 했다. 그뿐만 아니라 1951년 지리산 일대의 공비들을 토벌하기 위해 편성된 백야전사령부의 참모장으로 발탁된 것도 사령관이던 백선엽 장군에 의해서다. 그만큼 두 사람은 말이 필요 없을 정도로 서로를 잘 이해하고 헤아릴 줄 하는 전우로서 상하관계를 유지했다.

영원한 '백선엽맨'

1952년 백선엽 장군은 육군참모총장이 되자 김점곤 대령을 장군으로 진급시킴과 동시에 사단장으로 전격 발탁했다. 군인으로서 그리고 인간 김점곤의 성품과 능력을 그 누구보다 잘 알고 있었던 백선엽 총장은 과감히 그를 사단장으로 기용했던 것이다. 두 사람의 인연의 끈은 전쟁이 끝난 후에도 계속됐다. 백선엽 장군이 육군참모총장으로 있을 때 김점곤 장군은 육본인사국장을 지냈고, 제1군사령관을 지낼 때는 다시 참모장으로 백선엽 장군을 보좌했다. 백선엽 연합참모본부총장(현재의 합참의장)이 되었을 때는 합참본부장 등을 역임하며 군 생활 거의 모두

평양 시가로 진입하는 국군 제1사단 장병들

를 직접적인 상하관계로 함께 보냈다. 김점곤 장군은 마치 백선엽 장군
의 분신처럼 행동하며 보좌했다.

김점곤 장군은 1923년 4월 15일 전남 광주에서 출생했다. 그는 광주
서석초등학교를 거쳐 광주사범부속초등학교를 최종 졸업하고 광주사
범학교 진학했으나, 다시 일본 와세다 대학 문학부에 입학했다. 어려서
부터 플라톤 등 철학서적에 심취했던 그가 문학부에 들어간 것은 당연
했다. 그러난 일본이 태평양전쟁을 일으키면서 조선인 학생들에 대한
강제징집으로 학병으로 끌려가 중국에서 복무하던 중 일본이 패망하
자 귀국했다. 광복 후 그는 국방경비사관학교(육군사관학교 전신) 제1기
생으로 입교하여 1946년 6월 15일 육군참위(소위)로 임관했다.

임관 후, 김점곤은 통위부장(미 군정기 국방부장관 역할) 군사특별보좌
관, 춘천에 주둔하고 있던 제8연대 중대장을 역임했다. 그가 중대장으
로 있을 때 박정희 소위가 그 밑에서 소대장을 지냈다. 이때부터 박정
희와 김점곤은 오랜 인연을 맺게 됐다. 이후 김점곤은 제14연대 반란사
건 토벌사령부 참모장 보좌관으로 발탁되면서 백선엽과 인연을 맺게
된다. 이어 백선엽이 육군본부 정보국장으로 전보되자 정보과장, 그리

중공군 개입 후 제12연대장 김점곤 대령(오른쪽)에게
상황을 확인하는 백선엽 제1사단장('50.10.31. 운산)

고 백선엽 대령이 광주의 제5사단장에 보직되자 김점곤은 사단 교육대
대장으로 보좌했다.

김점곤은 전쟁이 발발했을 때 육군본부 정보국차장으로 있었다. 개
전 초기 제1사단 제12연대장 전성호 대령이 부상하자 백선엽 제1사단
장은 제12연대장으로 김점곤을 요청함으로써 두 사람은 누구보다 끈
끈하면서도 깊은 인연을 맺게 됐다. 김점곤은 제12연대장으로 재직하
는 동안 지연작전을 거쳐 낙동강 방어작전, 북진작전, 중공군 개입에
따른 37도선으로의 후퇴, 1951년 유엔군의 재반격시 백선엽 사단장을
도와 수많은 전공을 세웠다. 매 전투시마다 김점곤은 뛰어난 지모와 책
략으로 백선엽 장군을 보좌하여 제1사단의 승리에 크게 기여했다.

특히 김점곤은 낙동강 방어전시 유학산 및 수암산 전투로 용맹을 떨
쳤고, 평양탈환작전 때에는 제1사단의 주공연대로 사단에 배속 받은
미 전차부대와 함께 평양탈환의 선봉장 역할을 했다. 그 과정에서 그는
한국군 지휘관 중에서 미군 부대와의 연합 및 연결작전을 가장 많이 경
험하기도 했다. 평양탈환작전을 제외하고라도 숙천-순천 공수작전을
비롯하여 1951년 3월 15일 서울 탈환 후 실시한 문산 탈환 때에도 김점

곤의 연대는 미군의 공정부대와 연결 작전을 실시했다. 그만큼 그는 연합작전에 능했고 백선엽 장군이나 미군으로부터 두둑한 신뢰를 받은 지휘관이었다.

전역 후 국제정치학자로서 명성 얻어…

중공군 개입 이후 김점곤은 제1사단의 최선임 연대장의 역할을 수행했다. 그동안 어깨를 나란히 하고 싸웠던 제15연대장 최영희 대령은 장군으로 진급하여 사단장으로 영전했고, 제11연대장 김동빈 대령은 사단참모장으로 영전했기 때문이다. 이제 개전초기 연대장은 김점곤 대령이 유일했다. 1951년 중공군 4월 공세시 백선엽 장군의 후임으로 사단장으로 갓 전입해 온 강문봉(육군중장 예편·제2군사령관 역임) 장군이 전공을 세울 수 있던 것도 김점곤 대령 같은 유능한 연대장이 있었기 때문에 가능했던 일이었다.

1952년 10월 김점곤 대령은 육군준장으로 진급했고, 이후 제9사단장에 임명됐다. 이때 육군참모총장은 백선엽 중장이었다. 뛰어난 전투지휘능력과 개전 이후 전공을 고려한 백선엽 총장의 '선물'이었다. 이후 그는 육군본부 인사국장을 거쳐 제6사단장 재직 시 휴전을 맞게 됐다. 휴전 후, 김점곤은 제1군사령부(사령관 백선엽 대장)의 참모장, 육군보병학교장, 헌병사령관, 연합참모본부(현 합동참모본부) 본부장, 군사정전위 수석대표, 국방부 차관보를 차례로 역임했다. 하지만 그런 그도 역사의 격변기를 건너 뛸 수는 없었다. 1962년 3월, 김점곤은 16년간의 군 생활을 마감하고 육군소장으로 전역했다. 4·19와 5·16이라는 역사의 격동기를 통해 그는 후배들을 위해 군을 떠나기로 결심했다. 그 다운 용퇴(勇退)였다. 육군참모총장 감으로 손색이 없었던 김점곤 장군은 제2의 인생을 설계하고 군을 떠났다.

전역 후 김점곤은 국제정치학자로서 명성을 날렸다. 학계에 투신한 그는 국제정치와 군사학 분야에서 명망 있는 교수로 이름을 떨쳤다. 그는 경희대에서 교수와 부총장 그리고 평화대학원장을 역임하여 세계적 학자로 다시 태어났다. 그 과정에서 그는 온화하면서 인자한 품성으로 타인들을 배려하며 군에서 익힌 강인한 의지와 추진력을 학문에 그대로 접목했던 것이다. 그러면서도 청춘을 바쳤던 군에 대한 애정에도 남다른 관심을 가지며 군 발전에 조언을 아끼지 않았다.

　그런 김점곤 장군의 타계 소식이 마냥 안타깝기만 하다. 전쟁터에서나 전역 후 학문의 세계에 입문한 뒤에도 군과 국가를 위해 항상 최선을 다한 장군의 모습이 눈에 선하다. 학자풍의 장군으로서 항상 품위를 유지하며 당당한 장군으로서의 풍모를 잃지 않은 채 항상 남을 배려하는 삶을 신조로 살았던 장군의 모습이 새삼 그리워진다. 장군이시여 이제 모든 것을 떨쳐 버리고, 부디 조국의 밝은 미래와 함께 영면(永眠)에 드시기를!

대한민국 공군의 아버지
김정렬 장군

김정렬 장군

건국 전후 김정렬 장군의 공군 창설 과정

김정렬(金貞烈, 1917~1992) 장군은 대한민국 공군의 아버지로 통한다. 그는 8·15광복 이후 공군창설의 7인의 주역들과 같이 공군창설에 크게 기여했다. 정부 수립 후 공군이 육군에서 독립한 후, 김정렬 장군은 초대 공군참모총장으로서 대한민국 공군의 기초를 다지고 전력증강 및 현대화를 통해 오늘날의 공군을 육성하는데 노력했다. 대한민국 공군의 창설은 한마디로 무(無)에서 유(有)를 창조한 것만큼이나 어렵고 힘든 과정이었다. 그럼에도 대한민국 공군은 6·25전쟁을 통해 어렵게 전투기를 도입하고, 조국 대한민국의 영공을 수호하는 보라매로 급성장하게 됐다. 그 중심에는 초대 및 3대 공군참모총장을 역임하며, 공군 전력 증강과 공군 현대화에 노력했던 김정렬 장군이 있었다.

8·15광복 후 우리나라에 공군을 창설한다는 것은 여러 가지 면에서 참으로 어려운 시기였다. 당시 남한을 점령하여 통치하던 미 군정(軍政)은 미국에서도 공군이 아직 육군으로부터 독립되지 않은 때에, 군정지

역인 남한에 독립된 공군을 창설한다는 것을 정책적으로 받아들이기가 어려웠다. 더욱이 남한지역에 정부가 수립되지 않은 때에 공군의 창설을 허용한다는 것은 소련을 비롯한 국제사회에 괜한 오해를 불러일으킬 소지가 있다고 미국은 판단했다. 그 당시는 잘 알다시피 38도선을 경계로 미국과 소련이 함께 군정을 실시하고 있을 때였다. 그런데 미국이 점령지역인 남한에서 군사력을 확충하고, 거기에다 공군까지 창설하는 것을 소련이 알게 되면 괜한 오해를 불러일으킬 것으로 판단했던 것이다. 그것은 미국의 지나친 기우(杞憂)가 아니라 실제로 그렇게 인식했다. 예컨대, 정부수립 후에도, 미 군사고문단장인 로버츠(William Roberts) 준장은 한국의 공군창설을 강력히 반대했다. 그런 점에서 정부 수립 이전, 공군의 창설은 미 군정에게는 일고(一考)의 가치도 없는 일이었다.

그렇지만 김정렬 장군을 비롯한 공군창설의 주역들은 공군을 창설하는 일을 결코 포기하지 않았다. 파도가 계속해서 해안의 바위를 두드려 깎아내리듯, 공군 창설의 주역들은 이를 포기하지 않고 미 군정측을 끈질기게 설득해 나갔다. 일제강점기 중국군과 일본군 그리고 민간항공업계에 종사했던 공군창설의 주역들이 8·15광복 후, 속속 국내에 들어오면서 공군 창설에 박차를 가하기 시작했다. 하지만 미 군정은 여전히 공군창설에 부정적인 입장을 피력하며, 요지부동(搖之不動)의 자세를 취했다.

당시 미 군정은 육군에 해당하는 국방경비대(國防警備隊, 나중에 조선경비대)와 해군에 해당하는 해방병단(海防兵團, 나중에 조선해안경비대) 창설을 일찌감치 용인했지만, 공군의 창설만큼은 '시기상조'와 '불용론(不用論)'을 주장하며 허용하지 않았다. 제2차 세계대전에서 승리를 한 초강대국 미국의 공군도 제2차 세계대전 당시에는 독립된 병종(兵種)이 아니라 미 육군 및 해군의 항공대로 싸웠고, 전쟁이 끝난 뒤에도 그러한 관계는 지속됐다. 그러다 미 공군이 하나의 군으로 독립된 것은 1947년 미 국가안보법이 제정되면서였다. 초강대국 미국의 공군도 그러했거늘 하물며, 미국의 관점에서 볼 때 점령지 남한에서 독립된 공군은 말도 되지 않은 '어불성설(語不成說)'이었다. 또한 대한민국 정부수립 이후에도 신생국에 공군이 그렇게 필요하다고는 생각하지 않았다. 미국이 판단할 때 대한민국에 정말로 시급한 것은 경제적 독립이라고 여겼다.

김정렬 장군을 비롯한 공군 창설의 7인의 주역들은 끝까지 포기하지 않았고, 투쟁에 가까운 설득을 벌였다. 그들은 미 군정과의 오랜 투쟁 끝에 간신히 공군창설의 허가를 받아냈다. 하지만 미 군정은 조건을 달았다. 그것은 독립된 공군이 아니라 육군내의 항공대로 발족한다는 것이었다. 여기에다 공군 창설 요원들은 한 명도 예외 없이 기초훈련부터 받으라고 했다. 이때가 1948년 초순의 일이었다. 미 군정이 이만큼 양보한 것도 대단한 것이었다. 그만큼 김정렬 장군을 비롯한 공군 창설의 주역들이 끈질기게 미 군정을 설득했다는 증거다.

공군 창설의 주역들은 미 군정의 이러한 처사에 처음에는 대부분 분개했지만, 8·15광복 후 한국항공건설협회 회장으로서 항공관계의 좌장(座長)역할을 수행했던 최용덕(崔用德) 장군이 나섰다. 그는 임진왜란시 이순신(李舜臣) 장군의 백의종군(白衣從軍)을 들먹이며 참여를 독려했다.

공군 간부 양성 시작

이에 공군창설의 주역들이 이를 받아들임으로써 수색에 있는 육군보병학교에서 신병들이 받는 기초 군사훈련을 1948년 4월 1일부터 한 달 동안 받은 다음, 다시 2주간의 장교훈련을 받기 위해 태릉(泰陵)의 육군사관학교에서 간부교육훈련을 받고 육군소위로 임관했다.

이때 육군에서 교육을 받은 7인의 항공간부들은 김정렬, 최용덕(崔用德), 이영무(李永茂), 박범집(朴範集), 장덕창(張德昌), 김영환(金英煥), 이근석(李根晳)이었다. 그때가 1948년 5월 14일이었다. 일제강점기 베테랑 조종사들이었던 김정렬을 비롯하여 최용덕, 장덕창, 이근석 등이 육군 항공소위로 임관한 것이다.

이때 최용덕 장군은 중국 공군의 장군출신에다 광복군 참모처장을 역임했으며 연령도 50세에 달했다. 김정렬도 31세였다. 이들은 오로지 공군창설을 위해 모든 과거의 계급과 직책을 버리고 소위로 임관한 것이다. 이때 군사영어학교를 나온 김정렬과 동년배의 정일권(丁一權)은 대령 계급장을 달고 있었다. 공군 출신들이 계급적으로 홀대를 받았던 시기이다.

공군 창설요원들은 그런 홀대를 견디며 오로지 공군 창설이라는 집념 하나로 어려운 시련을 견뎌냈다. 그 당시 공군 창설요원들이 그런 '수모에 가까운 홀대'를 감내하지 못했다면 6·25전쟁 때 공군은 아예 존재조차 없었거나, 전쟁이 끝난 훨씬 뒤에야 창설됐을 것이다. 그렇게 해서 조선경비대에 육군항공사령부가 창설됐다.

이어 1949년 1월에는 공군사관학교의 전신인 육군항공사관학교가 경기도 김포에서 창설되어 공군 간부들을 양성하기 시작했다. 이때 김정렬을 비롯한 항공 창설요원들은 미래의 독립된 공군을 위한 준비를 하나씩 착실히 해 나갔다.

대한민국 공군이 육군에서 독립한 것은 정부 수립 후, 1년이 훨씬 지난 1949년 10월 1일이었다. 해병대가 1948년 여순 10·19사건의 진압과정에서 그 필요성에 따라 1949년 4월에 창설되었으니, 공군이 우리 군에서는 가장 늦게 창설되었다고 할 수 있다. 이로써 우리 군은 육·해·

서울 상공을 최초 비행하는 L-4 연락기(1948년)

공군의 3군 체제로 정립됐다. 이때 해병대는 해군에 속했다. 공군이 이렇게 뒤늦게 출발하다보니, 해야 할 일도 많을 수밖에 없었다.

　그중의 하나가 연락기가 아닌 보다 성능이 좋은 연습기의 도입이었다. 하지만 미국은 이를 공급해 주지 않았다. 이에 김정렬 장군은 연습기를 도입하기 위해 백방으로 노력했다. 마침내 김정렬 장군은 이제까지 뜻을 같이 했던 공군창설의 주역들과 함께 국내 유지들의 도움을 얻기 위해 개인비용을 들여, 1949년 4월에 《항공의 경종(警鐘)》이라는 책자를 발간하여, 국내 각 주요인사 및 기관에 배부했다. 그의 생각으로는 여론을 형성하여 국민들의 지지를 받아 연습기를 도입할 생각이었다. 그는 자주정신과 애국심에 호소했다. 그는 《항공의 경종》에서, "우리 조국을 제일 사랑하는 것은 우리 백의민족이라는 것을 잘 알아야 한다. 타에 의존하지 말고 타에 이용당하지 말라. 남북통일도 우리의 예지(叡智)에서 나오는 것이요. 작전계획도 자주적으로 입책(立策)되어야 한다."고 강조했다. 결국 김정렬 장군의 이런 노력이 헛되지 않아 전국적으로 건국기(建國機) 헌납운동이 대대적으로 전개되어, T-6 연습기 10대를 캐나다로부터 도입하게 됐다. 김정렬 총장은 이에 대한 보답으로 1950년 5월 15일, 여의도비행장에서 건국기 헌납식과 함께 서울 상공에서 축하비행을 실시함으로써 공군이 대한민국 국민의 공군으로 사랑을 받게 했다.

그럼에도 6·25이전까지 대한민국 공군은 전투기를 보유하지 못하고 있었다. 당시 보유한 것이라고는 연락기와 연습기뿐이었다. 그것도 공군이 주동이 되어 국민성금으로 모금해서 구입한 것들이었다. 이에 김정렬 총장을 비롯한 대한민국 정부와 공군은 6·25전쟁 이전 미국에게 전투기를 달라고 끈질기게 요구했으나, 미국은 전차와 항공기는 공격용 무기라며 전쟁 이전까지는 단 한 대도 공급해 주지 않았다. 그렇게 해서 대한민국 국군은 단 한 대의 전투기도 없이 6·25전쟁을 맞게 됐다.

6·25전쟁 시 김정렬 총장의 활약

6·25전쟁이 발발하자 공군참모총장 김정렬 준장은 전쟁 당일인 6월 25일, 이승만(李承晚) 대통령에게 전투기의 필요성을 건의했다. 이에 이승만 대통령은 무초(John J. Muccio) 주한미국대사를 통해 맥아더(Douglas MacArthur)의 극동군사령부에 요청함으로써, 1950년 7월 2일 미 극동공군으로부터 F-51 무스탕 전투기 10대를 인수받게 됐다. 이때부터 한국 공군은 김정렬 총장의 지휘하에 근접지원 및 후방차단작전을 감행하여 국군의 지상 작전을 지원하게 됐다.

대한민국 공군은 10대의 F-51전투기를 갖고 지연작전은 물론이고 6·25전쟁의 최대 분수령인 낙동강 전투에서 적의 후방차단을 수행함으로써 많은 전과를 거두게 된다. 즉, 대한민국 공군은 1950년 7월 2일, F-51 전투기가 도입되자 육군의 지상 작전은 물론이고, 후방차단작전을 수행했다. 7월 26일까지 김정렬이 지휘하는 공군은 서울, 문산, 평택, 천안 등 경부선과 영덕, 영주, 신녕 등 경북지구에 출격하여 적 보급품집적소, 진지, 전차, 차량, 건물 등을 폭격하고 적의 병력을 다수 사살하는 커다란 전과를 거뒀다.

특히 김정렬 장군은 전쟁 중 1951년 8월 17일부터 9월 18일까지 지리산지구전투경찰사령부의 요청에 따라 F-51 전투기들을 지리산공비토벌작전에 투입하여 지상작전에 크게 기여했다. 1951년 7월말, 남한 각지에는 유엔군의 총반격작전 때 미처 북한으로 도망가지 못하고 지리산 등 산악지대로 도주한 9,500여 명의 게릴라들이 이들 인근지역에서 살인, 방화, 약탈, 납치 등 온갖 수단을 동원하여 대한민국의 후방지역 치안을 교란시키고 있었다. 특히 지리산을 중심으로 준동하는 약 4,000명의 공비들은 산청경찰서 관내의 각 지서와 마산, 진주 등지의 공공건물을 습격했고, 공군기지가 있는 사천기지까지 위협하게 됐다. 이들지역에서는 이른바, 낮에는 대한민국, 밤에는 인민공화국이라는 말이 나올 정도였다. 이때 공군은 지리산지구전투경찰사령부의 요청으로, F-51전투기와 정찰기를 출격시켜 공비 558명을 사살하고, 아지트 192개소와 건물 39개 동 그리고 포진지 10개소 등을 완전히 파괴하는 전과를 거두었다.

김정렬 공군참모총장은 이러한 전공으로 두 차례의 태극무공훈장을 비롯하여 충무무공훈장과 화랑무공훈장, 미 금성무공훈장, 은성무공훈장 그리고 공로훈장을 받았다. 또한 정부에서는 김정렬 장군에게 6·25종군기장과 공비토벌기장을 수여했다. 김정렬 장군은 전쟁을 통해 그만큼 많은 전과와 전공을 세운 전쟁영웅이었던 것이다.

김정렬의 공군 전력증강 및 현대화를 위한 노력

김정렬 장군은 1917년 9월 29일, 서울의 종로에서 출생했다. 그의 집안은 무인가문(武人家門)이었다. 백부인 김기원(金基元)은 일본 육사 제15기로 졸업한 후 대한제국 시절 중좌(中佐, 중령계급에 해당)까지 올라갔고, 부친인 김준원(金俊元)도 대한제국 무관학교(武官學校) 2학년에 재학 중 일본으로 건너가 도쿄(東京)의 중앙유년학교 예과(豫科) 3학년으로 편입되었다가, 일본육사 제26기로 졸업 후 대위로 전역했다. 그는 8·15광복 후 다시 군에 입대하여 육군 준장까지 진출했다. 김정렬의 동생은 공군창설의 주역의 한 사람이던 김영환 장군이다. 그는 공군조종사의 상징인 된 '빨간 마후라'의 주인공이자, 6·25전쟁시 합천 해인사(海印寺)를 공중폭격으로부터 막아낸 문화수호자로서도 높이 평가를 받고 있다.

이처럼 무인가문에서 태어난 김정렬은 1936년 경성공립중학교를 졸업한 후, 다음해인 1937년 12월 일본 육군예과사관학교에 입교하여 1940년 9월 일본 육군항공사관학교 전투기과(戰鬪機課)를 졸업하고 육군항공소위로 임관했다. 이후 그는 일본 아끼노(明野) 비행학교를 거쳐 남방전선 항공전에 참전했고, 베트남의 사이공에서 8·15광복을 맞았다. 일본이 패망하자 그는 일본 구축함 편으로 뒤늦게 부산항으로 귀환했다. 그때가 1946년 5월이었다. 그때부터 그는 한국항공건설협회를 창설하여 국내의 여러 항공단체들 통합했다. 그리고 회장에는 중국 공군의 장군 출신인 최용덕을 추대하고 그를 중심으로 공군창설을 추진해 나갔다.

그렇게 해서 1948년 5월 5일, 조선경비대 내에 항공부대를 창설하게 된 것이다. 그리고 이들 공군 창설의 7인 간부들은 1948년 5월 14일, 육군항공사관후보 제1기생으로 입교하여 교육을 받고 육군 항공소위로 임관했다. 이때는 아직 공군이 독립되지 않고 육군에 속했기 때문에 육군 장교로 임관던 것이다. 1948년 9월 13일, 김정렬은 조선경비대 항공기지사령부 초대 비행대장에 임명됐다. 이후 얼마 안 돼 여순 10·19 사건이 발생하자 연락기를 조종하여 반란군 진압작전을 공중에서 지원하게 됐다.

1949년 2월에는 중령으로 진급해 육군항공사관학교(공군사관학교 전신) 초대 교장에 취임했고, 이후 제주도 지역의 공비토벌 임무와 옹진지구 전투를 지원하는 임무를 수행하기 위해 출격했다. 정부 수립 이후, 김정렬은 국군조직법(國軍組織法)에 의해 공군이 육군으로부터 독립되자, 1949년 10월 1일 김정렬 대령은 초대 공군총참모장에 임명됐다. 공군이 독립할 때까지 공군에는 아직 장군이 없을 때였다. 육해공군 중에서 장군도 가장 늦게 나왔던 병종(兵種)이 바로 공군이었다. 1950년 5월에야 바로서 공군에도 장군이 나왔다. 김정렬 공군참모총장과 최용덕이 공군 준장으로 진급했다. 육군과 해군에서는 1948년 12월 1일 장성들을 이미 배출했고, 1949년 2월에는 채병덕(蔡秉德, 육군중장 추서, 육군참모총장 역임) 준장과 이응준(李應俊, 육군중장 예편, 초대 육군참모총장 역임) 준장이 육군소장으로, 손원일(孫元一, 해군중장 예편, 국방부장관 역임) 해군준장이 해군소장으로 진급했다. 그 뒤로 한참 지난 뒤에야 공군에서는 장군이 배출된 것이다. 이승만 대통령은 전쟁 중 각군 참모총장이 소장인 점을 고려하여 1950년 10월, 준장으로 진급한 지 불과 5개월 만에 김정렬 준장을 공군소장으로 진급시키면서 3군 참모총장들은 모두 소장 계급장을 달고 각 군을 지휘하게 됐다. 이로써 비로소 육해공군이 대등한 위치에 서게 됐다.

국군현대화에 박차 가해…

김정렬 장군은 1949년 1952년까지 3년간 참모총장을 역임한 후, 스스로 총장직에서 물러났다. 공군의 대선배인 최용덕 장군에게 총장직

1988년 공군회관에서 열린 공군신년교례회에 참석해
역대 공군참모총장들과 인사하는 김정렬 장군(중앙).

을 양보하기 위해서다. 그 당시 최용덕 장군은 초대 국방부차관을 그만
두고 공군본부 작전참모부장으로 있었다. 공군의 대선배인 최용덕 장
군을 언제까지 자신의 부하로 둘 수는 없었다. 그래서 과감히 참모총
장 직에서 물러난 것이다. 그리고 자신은 유엔군사령부의 한국군사사
절단(韓國軍事使節團)의 초대 단장을 맡게 된다. 이때가 1952년 12월 1일
이다. 도쿄의 유엔군사령부로 날라 간 김정렬 사절단장은 이때 클라크
(Mark W. Clark) 유엔군사령관 등 미군의 고위 장성들과 두터운 친분을
쌓게 됨으로써 훗날 다시 공군참모총장과 국방부장관이 되었을 때, 국
군현대화 작업을 하는데 있어 많은 도움을 받게 된다. 김정렬이 아니면
도저히 할 수 없는 일들을 하게 된 것이다.

  그러한 것을 지켜 본 이승만 대통령은 1953년 김정렬 장군을 공군중
장으로 진급시켰고, 유엔군사령부 한국군사절단장 임무를 훌륭히 마
치자 국방부장관 특별보좌관으로 잠시 있게 한 후, 1954년 다시 공군참
모총장에 기용했다. 전쟁 초기 정일권 육군총장, 손원일 해군총장 그리
고 김정렬 공군총장은 서로 의형제를 맺었다고 한다. 그런데 김정렬 장
군과 정일권 장군이 1954년에 다시 총장이 되면서 손원일 국방부장관

과 다시 만나게 됐다. 전쟁 초기 육해공군을 지휘했던 3형제가 전후(戰後) 다시 국방부장관과 육군참모총장과 공군참모총장이 되어 다시 만나게 된 것이다. 이들에 의해 국군은 전력증강과 함께 국군현대화에 박차를 가하기 시작했다.

김정렬 장군은 자신의 두 번째 참모총장이자 제3대 공군참모총장을 1954년 12월에 맡게 된다. 참모총장 시절 김정렬 장군은 공군 현대화를 위해 정열적으로 일했다. F-86 세이버 제트전투기와 T-33제트훈련기를 도입함으로써 대한민국 공군에 제트전투기 시대를 열게 한 장본인이다. 그리고 지금은 없어졌지만 서울 대방동에 공군본부 신청사를 마련했다. 이때 이승만 대통령은 신청사 낙성식에 참석하여 '화랑정신(花郞精神)'이라는 휘호를 써주어 공군장병들의 사기를 진작시켰다.

1957년 7월, 공군중장으로 예편한 김정렬 장군은 곧바로 국방부장관에 임명됐다. 공군 출신의 최초 국방부장관이었다. 그는 1960년 4월, 국방부장관을 마칠 때까지 육해공군의 전력증강 및 현대화를 위해 매진했다. 그 결과 육군은 고사포여단을 창설하여 대공방어능력을 강화했고, 해군은 구축함을 도입하여 해군력을 증강시켰으며, 공군은 본격적인 제트전투기 시대의 개막을 열게 했다. 여기에 로켓발사를 통해 미사일 시대의 첫 발을 내딛게 했다.

이후에도 김정렬 장군은 정치에 입문해 국가 및 군 발전을 위해 노력했다. 1963년 민주공화당이 창당되자 초대 의장을 맡았고, 이어 제7대 국회의원, 국정자문위원 그리고 평화통일자문회의 수석부의장 등을 역임하고, 1987년 7월에는 제20대 국무총리에 임명되어 국사에 전념하다가 1988년 2월에 퇴임했다. 그리고 1992년 9월 7일, 김정렬 장군은 75세의 일기로 타계했다. 공군의 주역으로서 그리고 6·25전쟁의 영웅으로서 군과 국가발전에 헌신했던 김정렬 장군의 장례식은 대한민국 공군장으로 거행됐고, 장군의 유해는 서울 동작동의 국립현충원의 장군묘역에 안장됐다. 조국의 푸른 하늘에서 공군의 기상을 펼치던 장군의 기개가 새삼 돋보이는 계절이 왔다. 장군이시여, 조국의 영공을 수호하는 호국신으로 거듭 태어나 조국의 무궁한 발전과 함께 남북통일을 하루빨리 이루어지도록 보살펴 주시기를!

백마고지 전투 영웅
김종오 장군

육군참모총장 시절
김종오 장군

6·25전쟁에서 발군의 실력

김종오(金鍾五, 1921~1966) 장군은 대한민국 건군사상 5번째의 대장(大將) 계급을 달았다. 백선엽, 정일권, 이형근, 박정희에 이어 5번째의 4성 장군이 되었다. 그는 건군과정뿐만 아니라 6·25전쟁, 그리고 전후 국군의 현대화에 크게 기여했던 인물이다. 소위 임관이후 소대장을 거쳐 연대장, 사단장, 군단장, 육군참모총장, 합참의장 등 군 주요 요직을 두루 거친 역전의 용사이기도 하다. 그러면서 누구보다 대한민국을 사랑하며 통일을 원했던 장군이기도 했다.

특히 김종오 장군은 전쟁에서 발군의 실력을 발휘했다. 그는 6·25전쟁발발 당시 29세의 청년장군으로 명성을 떨쳤다. 개전 초기 중동부전선(춘천-인제)을 담당하는 제6사단장으로서 춘천-홍천전투의 승리를 비롯하여 지연작전의 암울한 시기에 국군 최초의 승전보를 있게 했던 동락리 전투의 대승, 그리고 낙동강의 신녕전투, 북진작전 시 압록강변 국경도시 초산에 제일 먼저 도달하는 전공을 세웠다. 이처럼 그는 전쟁

동안 혁혁한 전공을 세웠던 명장(名將)이었다.

특히 1952년 10월 제9사단장으로 있을 때 승리한 백마고지 전투는 한미 양국은 물론이고 세계 언론의 주목을 받았다. 그는 뛰어난 책임감과 주도면밀한 작전계획아래 험준한 지형과 불순한 기후 등 제반 악조건을 극복하고 백마고지에서 중공군의 강력한 포화를 무릅쓰고 진두지휘하여 중공군 2개 사단을 완전 궤멸시킴으로써 전투를 승리로 이끌었다. 백마고지 전투는 그 처절한 전투로 인해 '한국지상전 최대의 꽃'으로 불리웠다. 이 전공으로 그는 태극무공훈장을 수여받았다.

북한군 군단장 "김종오 잡아오라"

김종오는 1921년 5월 22일 충북 청원에서 출생했다. 일본 쥬오(中央) 대학에 재학 중 일제 강압에 의해 학병으로 끌려가 육군소위로 임관하여 복무 중 8·15광복을 맞았다. 귀국 후 군사영어학교에 입교하여 1946년 1월 28일 졸업과 동시 육군참위(소위)로 임관, 건군의 주역으로 활동했다. 임관 후 그는 전북 이리에서 중대장 김백일 부위(중위·육군중장 추서·군단장 역임)를 비롯하여 이한림(李翰林·육군중장 예편·군사령관 역임), 정래혁(丁來赫·육군소장 예편·육본 작전국장 역임)과 함께 3연대 창설에 참여했다.

이후 그는 1연대장(1949년 1월), 대령 진급(1949년 3월)에 이어 전쟁 불과 2주전인 1950년 6월 10일 춘천-인제 지역의 38도선 경비임무를 수행하는 6사단장에 보직됐다.

6·25전쟁이 발발하자 그는 사단작전 지역 내 천연장애물인 소양강과 북한강 그리고 홍천 말고개 등을 적극 활용하여 적에게 막대한 피해를 주며 남진을 저지함으로써 국군 주력부대들이 한강방어선을 구축하고 유엔군이 참전할 수 있는 귀중한 시간을 확보했다. 이로써 적의 최초

피아간의 치열한 전투 후 마치 백마가 누워 있는 듯한 모습의 백마고지(395) 전경

작전기도를 분쇄하고 향후 전쟁의 양상을 반전시키는 결정적인 역할
을 하게 됐다. 6사단의 활약으로 북한군 2군단장 김광협이 군단참모장
으로 강등되고, 2사단장 이청송이 보직 해임됐다.

　이후 김종오 장군이 지휘하는 6사단은 동락리전투, 수안보전투, 이
화령 전투 등에서 적에게 막대한 피해를 주며 남진을 저지함으로써 적
의 작전에 커다란 타격을 주게 됐다. 이러한 전공으로 그는 1950년 7월
15일 육군준장으로 진급했다. 그러나 춘천전투 이후 새로 북한군 2군
단장이 된 김무정(金武亭)은 "6사단을 박살내야 한다. 국군사단 중에 쓸
만한 사단은 그것 하나다. 그것만 잡아 족치면 우린 중부 이남을 확 쓸
어버릴 수 있다. 6사단을 격멸하고 사단장을 포로로 잡아오라"며 부하
들을 다그쳤다.

　낙동강 방어선이 형성되자 그는 신녕(新寧)지구에서 북한군 8사단을
재기불능 상태가 될 정도로 큰 타격을 줌으로써 반격작전의 기틀을 마
련하게 됐다. 북진단계에서는 전쟁 초기 후퇴했던 지역을 거슬러 올라
감으로써 10월 26일에는 사단예하의 7연대 1대대가 최초로 압록강변
인 초산을 점령했다. 이후 그는 교통사고를 당해 후송을 가게 됨으로써

생사고락을 같이했던 청성(靑星)부대, 6사단을 눈물을 머금은 채 떠나게 됐다.

"꼭 통일 성취해달라" 유언

휴전회담이 진행되면서 공산군측과 유엔군측이 휴전이후 유리한 고지를 획득하기 위해 치열한 고지쟁탈전을 전개할 무렵인 1952년 5월, 김종오 장군은 중부전선의 전략적 요충지로 철원지역을 담당하고 있는 9사단장에 임명됐다. 그는 이곳에서 6·25전쟁 중 가장 치열한 진지전이었던 백마고지전투를 진두지휘했다. 1952년 10월 철원 북방 395고지(백마고지)를 확보하고 있던 9사단은 중공군 3개 사단의 공격을 받고 12회에 걸친 뺐고 빼앗기는 처절한 사투를 벌여 10월 15일 최종적으로 적을 격퇴하고 이 고지를 사수함으로써 백마고지 전투의 신화를 창조하였다.

김종오 장군은 적시적절한 예비대 투입과 부대 교대, 강력한 포병 및 항공을 동원한 화력지원, 그리고 필승의 신념을 고취시킨 정신교육 등으로 장병들의 사기를 북돋아 줌으로써 철의 삼각지를 점령하려는 중공군의 전략적 기도를 분쇄하고 이 고지를 확보하게 됐다.

백마고지 전투 후 그는 휴전 때까지 육군사관학교 교장에 보직되어 정예 초급간부 육성에 매진했다. 휴전 후 그는 1군단장에 임명됐고, 1954년 2월 육군중장으로 진급했다. 이후 그는 교육총본부 총장(현재 교육사령관), 합참의장, 참모총장 등을 차례로 역임했다.

김종오 장군은 육군참모총장 재직시인 1962년 1월, 국군 사상 다섯 번째의 대장으로 진급했다. 하지만 그는 지병으로 1965년 4월 19년간의 군 생활을 마감하고 전역했으나, 1년 후인 1966년 3월 애석하게도 병마를 이기지 못하고 눈을 감았다. 그는 눈을 감으면서도 조국의 통일을 걱정했다. 그는 임종하면서도 조국의 통일과 군을 생각했던 진정한 군인이었다. 죽음을 앞둔 병상에서 문병 온 옛 부하들에게 "더 일할 나이에 조국통일도 못해보고 눈을 감으니 한스럽고 죄송할 뿐이다. 모름지기 평생의 소원인 통일 성업을 꼭 이루어 주기를 바란다"고 당부했고, 김정렬 장군에게는 "박정희 대통령에게 남북통일을 이루지 못하고 먼저 가서 죄송하다. 꼭 통일을 성취해 달라는 말을 전해 달라"는 유언을 남기고 45세의 젊은 나이로 타계했다.

김종오 장군은 6·25전쟁을 통해 진정한 무인으로서 한국군 장성의 자존심과 위엄을 보인 기개 높은 장군으로 정평이 나 있다. 그는 군대 생활동안 오로지 군인의 길만 걸었던 장군으로 군인의 본분을 끝까지 지킨 몇 안 되는 장군중의 한 사람으로 지금도 뭇사람의 높은 평가를 받고 있다. 지금도 참전했던 많은 분들이 "김종오 장군이 6·25전쟁 초기전투 당시 보다 중요한 지역의 지휘관이었다면 전쟁의 양상이 달라질 수 있었다"며 아쉬움을 토로하는 것도 이런 까닭일 것이다.

5성(五星) 장군
김홍일 장군

중국군 만주접수군사령부
한국교민처장 시절
김홍일 장군(1948.)

이승만 대통령의 공로 위로

김홍일(金弘壹, 1898~1980) 장군은 별 다섯 개를 의미하는 오성(五星)장군으로 통한다. 5성 장군은 군 계급으로 보면 원수(元帥)에 해당된다. 그렇다면 김홍일 장군은 과연 대한민국의 정식 원수였을까? 그렇지는 않다. 아직까지 대한민국 국군사에는 아직 원수로 진급한 장군은 단 한 명도 없다. 그런데 왜 김홍일이 5성장군으로 불리게 됐을까? 여기에는 재미있는 일화가 있다.

김홍일 장군은 일제강점기 중국군 소장까지 올라갔었다. 그러다 광복 후 대한민국 군에 들어와 육군중장으로 전역했다. 김홍일 장군이 육군 중장으로 전역할 때, 우리 군에서 가장 높은 계급은 중장이었다. 정일권 육군참모총장 겸 육해공군총사령관이 당시 중장이었다. 당시 중장은 두 사람뿐이었다. 최초의 대장으로 진급한 백선엽 장군도 당시 육군소장이었다. 김홍일 장군은 국군 최고의 계급으로 전역한 것이다. 5성 장군이란 말은 김홍일이 중장으로 전역하면서 대만의 자유중국대사로 임명될 때 일어난 일이다.

6·25전쟁을 전후하여 우리나라의 최대 우방국은 미국과 대만의 장제스 정부였다. 당시 대만의 장제스 정부는 비록 모택동 군대에 쫓겨 대만으로 물러났다고 하나 여전히 유엔안보리 상임이사국의 지위에 있었다. 미국, 영국, 소련, 프랑스와 함께 강대국의 지위를 누리고 있었다. 장제스 장부는 6·25전쟁 때 직간접적으로 유엔 및 국제사회에서 우리나라에 많은 도움을 줬던 반공 우방국이었다. 그래서 정부의 입장에서는 대만과의 외교관계가 중요했다.

그런 관계로 대만의 주중한국대사의 역할과 비중이 컸다. 그래서 신임할만한 인물을 대사로 보냈다. 이에 이승만 대통령은 1951년 9월 김홍일 장군을 군에서 전역시키면서 바로 자유중국 대사에 임명했다. 이때 이승만 대통령은 김홍일 장군에게, "장군이 군인으로서 나라에 기여한 공로를 생각하면 오성장군으로 제대시켜야 하는데, 우리 군에 그런 제도가 없다고 해서 그렇게 하지 못했습니다. 하지만 장군은 우리나라의 별 세 개에다 중국의 별 두 개를 보태면 오성장군과 마찬가지"라며 위로했다. 그렇게 해서 김홍일 장군은 두 나라의 장군 계급을 합쳐 '오성장군'이 된 것이다.

전무후무한 장군 임관

그렇다면 김홍일 장군은 어떤 사람이었을까? 그는 1898년 9월 중국 단동(丹東)과 가까운 평북 용천군 양하면 오송리에서 태어났다. 그가 태어난 시기는 한반도가 열강세력에 휩쌓여 있을 때였다. 밖으로는 영국·러시아 등 서구 열강세력들이 중국진출을 기도하고 있었고, 안으로는 청일전쟁(淸日戰爭)에서 승리한 일본세력을 몰아내고자 독일·프랑스·러시아가 일본을 견제하고 있었다. 이른바 한반도를 사이에 두고 열강사이에 각축전이 벌어진 것이다. 당시 조선은 명성황후(일명 민비)가 친 러시아정책을 펴자, 일본은 그에 대한 앙갚음으로 명성황후를 무참히 살해하고 친일내각을 수립하는 등 정국(政局)이 혼미를 거듭하고 있었다.

김홍일의 어린 시절은 바로 그런 암울한 시기였다. 그럼에도 불구하고 그는 어려서부터 사서(四書)를 독파하며, 부친이 세운 풍곡제라는 학교에서 신학문을 익히기를 게을리 하지 않았다. 그는 만주 봉천(奉天) 소재의 소학교에서 공부를 하기도하고 이승훈 선생이 세운 오산학교(五山學校)에서 공부를 했다. 이때 오산학교 교장이 민족지도자로 유명한 조만식(曺晚植) 선생이었다. 그는 이 학교를 수석으로 졸업했다. 졸업 후 김홍일은 이승훈의 추천으로 황해도 신천의 경신학교 교사로 있다가 큰 뜻을 품고 중국으로 건너가 귀주강무학교(貴州講武學校)에 들어가 중국군 장교가 되었다. 그때 나의 22세였다. 이때부터 김홍일은 중국군 장교로서 소대장, 중대장, 연대장, 사단장 등 지휘관과 군단 및 군사령부에서 참모를 거치며 승승장구했다. 그는 드디어 1939년 중국군 장군이 되었다. 그의 나이 41세였다.

김홍일은 중국군 장교시절부터 신분을 숨겨가며 독립운동을 지원했다. 이봉창 의사와 윤봉길 의사에게 폭탄을 제공해 준 사람이 바로 김홍일이었다. 이봉창 의사는 1932년 1월 8일, 일본 동경에서 일왕(日王) 히로히토가 탄 마차에 수류탄을 던져 죽이려고 했으나 실패했다. 윤봉길 의사는 1932년 4월 29일, 중국 상해의 홍구공원에서 기념행사를 할 때 귀빈석에 도시락 폭탄을 투척하여 일본군 상해파견군총사령관 시라카와 대장과 가와바타 거류민단장을 죽였고, 3함대사령관 노무라·9사단장 우에다·일본공사 시게미쓰 등 일본인 주요인사 10여명에게 중경상을 입혔다. 김홍일 당시 상해의 중국군 대령으로 있었다.

서독을 방문중인 한국의 국회의원 6인 중 김홍일(오른쪽에서 두번째) 장군(1970.11.10.)

　또한 김홍일은 광복 후 만주에 있는 우리 교민들의 안전을 위해 귀국을 늦출 정도로 동포들을 사랑했다. 그는 만주지역 한인교민의 안전을 위해 광복군 참모장에서 중국군 소장으로 다시 복귀해 만주접수군사령부 한국교민처장으로 일하다가 1948년 8월 28일 대한민국 정부가 수립된 뒤에야 귀국했다. 그만큼 그는 자신의 출세와 안전보다는 교민들을 위해 희생하고 봉사했다. 그래서 군에도 늦게 들어왔다.

　김홍일은 귀국하자마자 당시 국무총리 겸 국방부장관 이범석의 권유로 군에 들어와 1948년 12월 10일, 바로 육군준장으로 임관했다. 대한민국 국군사상 전무후무하게 최초로 장군으로 임관됐다. 그때 김홍일 장군과 함께 이응준·채병덕·송호성·손원일은 대령에서 준장으로 각각 진급했다. 김홍일만 유일하게 장군으로 임관했다.

　그것도 모자라 김홍일 장군은 장군 진급 2개월도 채 안된 1949년 2월 4일, 육군소장으로 진급했다. 그때 그의 나이 51세였다. 조국은 그의 공로를 잊지 않았다. 진급 후 그는 호국간성의 요람인 육군사관학교장과 육군참모학교장을 역임하며 앞으로 이 나라를 짊어지고 나갈 후배 장교들을 위한 훈육과 교육을 담당했다.

6·25전쟁 발발했을 때, 김홍일 장군은 군의 원로로서 또 중국대륙에서의 대부대 지휘경험을 살려 육본전략지도반장 역할을 맡아 수행했다. 그는 채병덕 육군참모총장을 대신해 서부전선에 대한 작전지도를 했다. 채병덕 총장은 의정부지역에 대한 작전지도를 하였다. 그렇지만 전차를 앞세운 북한군을 막기에는 역부족이었다.

6월 28일 새벽, 서울방어의 최후 보루인 미아리 전선이 무너지자 채병덕 총장은 이 난국을 타개할 적임자로 김홍일 장군을 지목하고 한강방어선을 맡을 시흥지구전투사령관에 김홍일 장군을 임명했다. 그는 국운이 달린 절체절명의 시기에 막중한 직책을 맡아 한강방어를 성공적으로 수행했다. 당시 미군에서는 한강방어를 3일만 지탱해 주면 장차 작전에 도움이 줄 것으로 판단했으나 그는 6월 28일부터 7월 3일까지 6일간 북한군의 한강도하를 저지했다. 그의 한강방어는 북한군의 작전계획에 크게 차질을 가져왔을 뿐만 아니라 미군에게는 한국을 지원할 시간을 얻게 되었다. 한강방어작전 동안 맥아더는 한강방어선을 시찰하고 한국에서의 전쟁상황을 극복하기 위해서는 미 지상군 파병이 요청된다는 보고서를 워싱턴에 보내 트루먼 대통령의 지상군 파병 결심을 얻어냈다. 결국 김홍일 장군의 한강방어는 미 지상군의 지원을 있게 했고 이후 유엔군의 파병도 가능하게 했다.

만약 그때 한강방어선을 지탱하지 못했다면 맥아더 원수의 한강방어선 시찰도 없었을 것이고, 그렇게 되었다면 미 지상군의 파병도 이루어지지 않았을 것이다. 특히 미국이 지상군을 파병한다 하더라도 북한군의 그들의 남침계획대로 1개월 내에 전쟁을 끝냈다면 미군은 한국을 도와주고 싶어도 도울 수 없는 상황이 되었을 것이다. 그런데 그 모든 것을 가능했던 것이 바로 한강방어작전의 성공이었고, 그 중심에 김홍일 장군이 있었다.

퇴역 후 자유중국 대사로…

이후 김홍일 장군은 전쟁초기 8개 사단을 직접 지휘해야 되는 육군본부의 지휘부담을 줄이고, 사단을 효율적으로 지휘하기 위해 1군단이 창설되자 군단장에 임명되었다. 그는 한국군 최초의 군단장으로서 지연작전과 낙동강 방어작전을 치르며 북한군의 남진을 막아냈다. 그는 대한민국이 가장 어려운 시기에 가장 힘든 직책을 맡아 그것을 성공리에 완수했다. 하지만 김홍일은 건강문제로 더 이상 군단장 직을 수행할 수 없었다. 그는 1950년 9월 1일, 1군단장 직을 김백일 장군에게 물려주고 일선에서 물러났다. 전쟁 초기부터 밤낮없이 지휘한 탓에 그의 몸은 많이 쇠약해져 있었다. 휴식이 필요했다. 그러나 그가 군단장에서 물러난 가장 큰 이유는 유능한 후배들에게 길을 터주기 위한 선배의 따뜻한 배려였다. 그는 일선 지휘관에서 물러나 후진양성에 노력했다. 그는 부산에 설치된 육군종합학교 교장으로 가서 초급 장교 양성에 매진했다. 종합학교는 육군사관학교와 보병학교를 합쳐 만든 학교이다.

하지만 국가는 김홍일을 가만두지 않았다. 그는 이승만 대통령의 특명으로 1951년 3월 중장으로 진급한 후 얼마 되지 않아 대만의 자유중국대사로 부임했다. 대사로 가기 전 그는 군문을 떠났다. 20세의 젊은 나이에 중국군 장교가 되기 위해 들어간 이후 33년의 세월이 흘렀다. 대한민국 군대에서도 그는 3년을 보냈다. 얼마 안 된 굵고 짧은 군 복무를 통해 국가가 가장 어렵고 힘든 시기에 김홍일 장군은 애국심과 투혼을 발휘하여 위기에 처한 조국, 대한민국을 구해냈다. 그가 아니면 도저히 할 수 없는 일들을 어려운 시기에 그는 해냈다. 대한민국 최초의 '오성장군'답게 김홍일 장군은 군과 국가를 위해 위국헌신(爲國獻身)했다. 그런 점에서 대한민국 역사는 그를 높이 평가할 것이다.

한미연합사령부 창설의 주역
류병현 장군

류병현 장군

이승만 대통령 앞에서 "No"

류병현(柳炳賢, 1924~2020) 장군은 충북 청원 출신으로 동경이과대학 유학 중 학도병으로 징집당했다. 육사 특7기로 임관했는데, 이때 중대장이 박정희(朴正熙 대통령)이었다. 휴전 후 류병현은 기갑병과의 창설과 육성에 공(功)이 많았다. 베트남전에서는 주월사령관을 지낸 채명신(蔡命新) 장군 후임으로 맹호사단장이 됐다. 류병현 전 합참의장은 5·16 후 군정(軍政) 시절 39세에 잠시 농림부 장관을 지낸 적이 있지만, 1948년부터 1981년까지 33년간 줄곧 군의 요직을 거치면서 많은 업적을 남겼다.

류병현 장군과 이승만 대통령의 에피소드다. 1956년 11월 류병현은 미 육군대학 유학을 다녀와 곧 창설될 국방대학교의 초대 교수부장으로 부임할 예정이었다. 그런데 이승만 대통령이 강영훈(姜英勳) 당시 육군 연합참모본부장과 류병현을 불러 "전쟁을 치르다 보니 역시 애국자는 군인이더라. 자네들 외무부에 가줄 수 없느냐"고 했다. 류병현은 "저는 지금 국방대학원을 창설하고 있습니다. 그러나 저는 그대로 군복을 입도록 해주십시오. 이 사업을 완성하는 것이 저의 사명이라고 생각합니다"라고 했더니, 이 대통령은 안면이 일그러지면서 안고 있던 강아지를 툭 내던졌다는 일화가 있다. 이 대통령의 말을 면전에서 'No'라고 한 것은 류병현이 처음이었다고 한다.

한국군의 대표적 작전통인 류병현 장군이 그때 외무부로 갔더라면, 한미연합사령부 창설과 같은 국가 프로젝트가 태어나지 않았을 수도 있었을 것이다. 유 장군이 이런 역할을 할 수 있었던 것은, 그가 중일전쟁, 한국전, 베트남전을 거치면서 익힌 군사적 안목과 애국심 덕분일 것이다.

류병현은 영관장교 시절엔 육군본부 작전국 교육과장으로 근무하면서 한국군의 교육체계를 잡았다. 1966년엔 수도사단장으로서 월남에 파병됐다. 수도사단은 '맹호부대'로 불렸다. 귀국한 뒤엔 북한군의 대남도발 극성기에 합참 전략기획국장, 육군본부 작전참모부장을 지내면서 예비군 창설과 대간첩 작전을 주도했다.

1974년엔 5군단장으로서 6사단 지역에서 북한군이 파들어 오고 있던 땅굴을 지하에서 '요격'하는 작전을 지휘했다. 철원의 제2땅굴이었다. 류병현 장군이 병마(病魔)와 싸우면서 2013년 출간한 회고록엔 이 '지하전쟁' 이야기가 추리소설처럼 전개된다. 이미 파놓은 땅굴을 발견한 적은 전후(前後) 세 차례 있었지만, 파고 있는 땅굴의 방향과 깊이를 예측하여 미사일을 격추하듯이 대응 땅굴을 파서 요격에 성공한 예는 한국은 물론 세계 전사상(戰史上) 처음이다.

류 장군은 1974년 말 합참본부장 겸 대간첩대책본부장으로 옮겨 현대사의 중요한 사건으로 기록될 '한미연합사령부' 창설을 주도한다. 한미연합사 창설은, 그때까지 미군의 통제를 받던 한국군의 위치를 대등한 동맹군 수준으로 끌어올리고, 전시에 미군의 대규모 지원을 제도화한 것이다.

그 뒤 한반도에서 평화가 유지되고 북한의 핵개발에도 불구하고 한국이 대응 핵개발을 하지 않고 버틸 수 있는 것은 한미연합사의 '안전판' 역할 덕분이다. 한미연합사 창설은 한미 양국의 국가 지도부가 동의함으로써 만들어졌지만, 시종일관 이 협상을 주도적으로 이끌어간 사람은 한미연합사 창설준비위원장으로 일한 한국 측 대표 류병현 장군이었다.

한미동맹은 1953년에 성립되었지만, 한미연합사는 1978년에야 창설됐다. 박정희 대통령도 연합사 창설이 필요하다는 생각은 하면서도 그것이 가능할는지에 대해서는 자신하지 못하고 있었다. 현역시절 미 고문관과 별로 좋은 관계를 유지하지 못했던 박정희 대통령은 한미 양국이 작전통제권을 연합으로 행사하는 초유의 실험에 미군이 과연 응할지 확신이 가지 않았기 때문이다.

더욱이 류병현 장군은 한미연합사가 북대서양조약기구(NATO)와 같은 기능을 하여야 한다고 생각했다. 즉, NATO 가맹국이 침공을 당하면 차출에 합의한 전력으로 나토군을 구성해 공동으로 침략군을 격퇴하고, 작전통제를 받는 병력은 회원국의 국력 등을 감안·합의해 결정한다는 것이다. 또한 회원국들의 연합된 통수권을 보좌하기 위해서 연합군사력의 운용지침을 협의·조정하기 위해 나토 이사회를 두고 군사령부에 운용지침을 하달하는 것이었다. 류병현은 이러한 모델을 제시했고, 결국 미국이 따라온 것이다.

"국군을 위해 내가 해야 할 일"

작전권을 한미연합으로 행사한다는 것은 당시 미군들도 거의 생각지 못했던 방법이었다. 이 어려운 과제를 추진해 1978년 한미연합사를 창설하는 대역사(大役事)를 이루어낸 것은 류병현 장군의 공이 크다. 한미연합사체제는 한미 양국군을 '2인3각 관계'로 묶어 놓은 것인데, 다른 무엇보다도 한미동맹을 확고하게 증거한다. 그는 6·25전쟁 참전용사인 리처드 스틸웰(Richard G. Stilwell) 유엔군사령관 겸 주한미군사령관, 후임 존 베시(John W. Vessey) 사령관과 수없는 토론을 거쳐 공감에 이르렀다.

한미연합사가 창설되기 전 한국군을 작전지휘하는 유엔군사령부나 미 8군사령부에는 한국군 참모가 한 명도 없었다. 1971년에 창설된 한미1군단에 소수의 한국군 장교가 보직되어 있어 이재전(李在田) 합참본부장(중장)을 비롯해 그 후 국군의 수뇌부로 성장하게 되는 엘리트가 포진하고 있었다.

한미연합사의 창설에는 베시 주한미군사령관의 이해와 협조가 컸다. 베시 장군은 사병 출신으로 현지 임관한 입지전적 인물이다. 그는 전화도 없는 시골에서 제2차 세계대전이 일어났음을 알고 어린 나이에 자원입대해 이탈리아 전선에서 전공을 세워 소위로 현지 임관했다. 카터 대통령의 주한미군철수계획을 반대, 보류시키도록 한 장본인이었다. 그는 류병현 장군의 세 차례에 걸친 전쟁 경력을 존중하면서 토론의 여지없이 유엔군의 작전통제는 한미 연합으로 이뤄져야 한다는 데 동의했다.

한미연합사령부 창설이 무르익을 무렵, 후임자에게 넘겨주고 군 사령관으로 진출을 희망했던 류병현을 박정희 대통령이 잡았다. 그를 연합사 창설준비위원장으로 임명한 것이다. 그는 '국군을 위해 내가 해야 할 일'이라며 기꺼이 받아들였다.

연합사를 창설해나가는 초기단계에 미군도 그 기능과 위상을 정확하

1978년 11월 한미연합사령부(CFC) 창설식에서 브라운 미 국방장관이 미 대통령의 축사를 전달했다. 맨 왼쪽은 박정희 대통령, 오른쪽에서 둘째가 류병현 장군.

게 잡지 못하고 있었다. 대장으로 승진한 류병현이 정식으로 창설준비 위원장으로 발령받아 유엔군 겸 주한미군사령부에 통보하고 첫 출근했을 때다. 류병현이 창설준비위원장 방을 방문해 보니, 미군이 연합사 부사령관의 집무실을 유엔군 사령부 주임상사 방으로 잡았던 것이다. 류병현은 연합사 창설에 관한 미측의 군수행정상의 문제를 예견했다고 한다.

류병현은 그 방 입구에 서서 유엔군 참모장 찰스 가브리엘(Charles A. Gabriel) 중장(미 공군참모총장 역임)을 불러냈다. 류병현의 첫 마디는 "당신 방은 어디에 있으며, 이 방을 사령관이 나에게 배당했느냐"였다. 류병현은 "한미연합사 창설을 그토록 강력하게 건의해 온 한국군 대장을 미군의 주임상사 정도의 격으로 예우하는 것이 올바른 미국의 군사예절이냐"며 "나는 박정희 대통령에게 잘못된 연합사 창설 건의를 사죄하고, 즉각 예편 지원서를 낼 것"이라고 단호하게 말했다. 류병현 대장은 사령관실에 들르지 않고 곧바로 돌아왔고, 미측의 사과가 있기 전에 그 건물에 다시 들어가지 않았다. 이 사건으로 미측은 한국측의 강력한 연합사 창설 의지를 알게 됐다고 한다.

이러한 가운데서 연합사가 한미연합군 군령(軍令) 최고사령부라는 위상을 확립한 것은 류병현의 치밀한 노력이 컸다. 류병현은 우선 한미동맹의 새 역사를 쓰는 한미연합사 건물부터 과거 일본군이 사용하던 용산의 병영막사에서 시작하는 것을 반대했다. 신청사를 크게 짓는 것이 아니라 수뇌부와 중요 참모부서를 수용하는 본청만 한국측이 짓고 나머지 더 넓은 수용공간은 미 측에 담당케 하자는 것이 류병현의 구상이었다.

청와대에 건의해 국방부의 지원금 17억 원을 받았으나 턱없는 금액이었다. 류병현은 한진그룹 조중훈 회장을 찾아갔다. 조 회장은 "한미안보동맹에 기여하는 길"이라며 기꺼이 산하 한일건설에 지원을 지시했다. 한진은 베트남 맹호사단 지역에서 항만하역과 육로수송으로 성장해 대한항공과 한진해운 등을 키웠다.

조 회장의 결심은 베트남의 포연(砲煙) 속에서 류병현이 지휘한 맹호사단으로부터 받은 지원에 보답하려는 것이었다. 손익(損益)을 초월해 한미군사동맹에 기여하고자 한 조중훈 회장은 이 공사로 얼마나 손해를 보았는지 끝내 밝히지 않았다고 한다. 사령부 건물은 6개월만에 용산에 건평 2,700평의 기와를 얹은 전통적인 한국식 건물로 세워졌다.

한미연합사의 산파(産婆)

연합사 창설식 때 마침내 박정희 대통령과 해롤드 브라운(Harald Brown) 미 국방장관을 비롯한 내빈들이 다과회를 열었다. 브라운 장관은 창설식 축사에서 박 대통령에게 "훌륭한 사령부 건물을 선사해 주시고 연합사의 탄탄한 앞날을 축복해 주셔서 감사하다"는 말을 잊지 않았다. 영어와 한국어가 같이 한미연합사의 공용어(公用語)가 된 것도 쉽게 이루어진 것이 아니다.

한미연합사창설은 1978년 7월에 열린 제11차 한미안보협의에서 양국이 전격적으로 합의했다. 같은 해 10월 한미 양국의 군사위원회는 한미연합군사령부의 창설명령을 발령하게 됐다. 류병현 장군의 10년 동안의 숙원사업이 마침내 성취된 것이다.

류 장군은 1979년 10·26 사건 때는 한미연합사 부사령관이었다. 존 위컴(John Adams Wickham, Jr) 사령관이 미국에 가 있었으므로, 류 장군이 연합사를 대표해 미국과 협의하면서 위기를 관리했다. 12·12 사건 직후 합동참모의장이 된 그는 1980년 5월의 광주민주화운동 때는 미군과 공조, 북한군이 개입하지 못하도록 했다고 한다. 합참의장 시절이던 1981년 초, 그는 방미 길에 오르면서, 레이건 신임 대통령(당시 당선자 시절)과 정상회담을 성사시켜달라는 전두환(全斗煥) 대통령의 밀명(密名)을 받는다. 오랫동안 미군 고위층과 좋은 관계를 가지면서 안보협력을 해왔던 류병현 장군의 진가(眞價)가 외교전선에서도 발휘됐다.

그는 전 유엔군 사령관 베시 대장 등의 도움을 받아 로널드 레이건 당선자의 측근인 리처드 알렌(Richard Allen·얼마 후 국가안보보좌관)을 만나 사형선고를 받은 김대중(金大中) 대통령의 감형을 조건으로 전-레이건 정상회담에 합의했다.

1981년 6월 전역한 그는 주미대사를 거쳐 1986년에 공직(公職)에서 물러났다. 류 장군은 5·16 직후 국가재건최고회의에 참여하고 군정의 농림부 장관으로 근무하였음에도 정치엔 관심이 적었다. 1952년 육군본부 작전국에서 과장으로 근무할 때 작전국장 이용문(李龍文), 차장 박정희 대령이 미군과 교감하면서 이승만 대통령 제거 계획을 구상하고 있었던 사실도 전혀 눈치 채지 못하였다고 한다. 류병현 장군은 군 내외의 정치적 격변엔 관심을 두지 않고 오로지 국군의 발전과 동맹국인 미

군과의 협조에 전력(專力)했다.

　류병현 장군은 20대에 중일전쟁과 6·25전쟁을 겪고, 30대에 농림부 장관을 거쳐, 40대에 맹호사단장으로 베트남전에 참전했으며, 50대에 5군단장으로 북한군의 땅굴작전을 저지했으며, 합참본부장으로 옮겨서는 대간첩작전을 지휘하는 한편, 한미연합사 창설의 실무주역을 맡았다.

　1968년 1·21사태로부터 경계·방위태세의 전반적 쇄신, 1974년의 율곡계획의 시작, 다시 1978년의 한미연합사의 창설로 박정희의 자주국방은 골격을 갖추게 됐다. 1979년 박정희 대통령의 서거라는 미증유(未曾有)의 참사를 당해서도 군이 흔들리지 않고 대북억제태세를 유지하였던 것은 한미연합사가 확고하게 기능하고 있었고, 특히 중일전쟁, 6·25전쟁, 베트남전쟁에 참전해 위기관리에 익숙한 류병현이 지키고 있었던 덕분이었다.

　박정희의 자주국방은 한미연합사 창설로서 대미(大尾)를 장식했다. 한미연합사 창설은 중화학공업 건설에 견줄 만큼 역사적으로 중요한 업적이다. 류 장군은 그런 일을 하도록 단련되고 준비된 사람이었다는 생각이 든다. 류병현 장군은 '한미연합사의 산파(産婆)'라는 평가를 받아 마땅하다.

　로버트 에이브럼스 한·미연합사령관은 2020년 5월 21일 "한·미연합사령부를 대표해 오늘(5월 21일) 별세한 류병현 장군의 가족과 지인에게 진심 어린 위로와 애도의 마음을 전한다"며 "류 장군은 1978년 초대 연합사 부사령관을 지냈고, 오늘날의 연합사를 있게 한 기반을 다졌다"고 했다. 그는 "합참의장과 주미 한국대사를 역임하며 동북아 안보의 주역으로 한·미동맹을 굳건히 하는 데 기여했다"면서 "우리는 모두 류병현 장군을 진정으로 잊지 못할 것"이라고 애도했다.

'민부대장(閔部隊長)'으로 용명 떨치다
민기식 장군

민기식 장군

위험 지역 투입, '구원부대' 역할 수행

민기식(閔機植, 1921~1998) 장군은 6·25전쟁 초기 민부대(閔部隊)를 편성하여 북한군의 서남부지역 돌파를 저지하여 국난을 극복하게 했던 전쟁영웅이다. 북한군의 남침 당시 육군보병학교 교장으로 있던 민기식 대령은 서울이 함락된 후 재편(再編)되는 제7사단장에 임명되어 전북지역에서 활동하던 중 경부국도를 타고 내려오다가 충남 천안이남에서 호남지역으로 우회하여 경남서부지역을 거쳐 그들의 최종목표인 부산을 진출하려던 북한군 제6사단을 맞아 민부대를 편성하여 적의 남진을 성공적으로 저지함으로써 북한군의 기도를 좌절시킨 뛰어난 지휘관이었다.

이후 민기식 대령은 낙동강 전선에서는 위험에 처한 지역에 투입되어 국군과 유엔군의 구원부대 역할을 해냈다. 그 중 민부대는 낙동강 서부지역인 거창에서 북한군의 낙동강 진출을 저지하기도 하였고, 또 동해안의 전략적 거점인 포항이 위험에 처하게 되자 육군본부 지시에

전쟁 당시의 포항시가 모습

의해 포항전선으로 달려가 이를 구하기도 했다. 이는 마치 낙동강 전선에서 워커(Walton H. Walker) 미제8군사령관의 소방부대였던 마이켈리스 대령이 지휘하는 미 제27연대의 역할을 했던 것처럼 국군에서는 민기식 대령이 지휘하는 민부대가 이런 역할을 하였다. 민부대는 가장 어려운 전선에서 가장 힘든 적을 맞아 이를 해결하며 낙동강의 위기를 극복하는데 결정적 역할을 했다.

민기식 장군은 1921년 5월 21일 충청북도 청원군 북면에서 출생했다. 그는 1943년 만주의 신경(新京, 현재 장춘)에 있는 건국대학(建國大學)을 졸업하고 일제 말기 학병으로 강제 징집되어 일본군 소위가 됐다. 만주 건국대학 동창생으로는 국무총리를 역임한 강영훈 장군 등이 있다. 육군소위로 임관된 후에는 일본 큐수의 후쿠오카에서 근무하다가 그곳에서 광복을 맞았다.

8·15광복 후 고향으로 돌아온 민기식은 고향친구인 김종오 장군과 함께 청주에서 청년 100여 명을 규합하여 치안유지를 위한 무장자위대를 조직했다. 그 후 그는 학병 출신의 모임인 '학병동맹(學兵同盟)'에 가입했으나 그것이 점차 좌경화되자 김종오·최영희 등과 함께 우익단체

인 '학병단(學兵團)' 결성에 참여했다. 이때 서울에서 장차 국군 창설을 염두에 두고 설치된 군사영어학교에 들어가기로 결심했다.

1945년 12월 민기식은 군사영어학교가 문을 열자 입교하여 이듬해인 1946년 1월에 육군 참위(현재 소위)로 임관했다. 임관 후 민기식은 고향인 청주에 제7연대가 창설되자 창설요원으로 내려가 주도적으로 활동했다. 1947년 1월 15일 민기식은 마침내 연대편성을 완료하고 초대 연대장에 취임했다. 그리고 얼마 후인 1947년 5월 21일 이병주 소령에게 연대장을 인계하고 조선경비대 총사령부로 전출했다. 이후 대전에서 창설된 제2여단 참모장으로 있다가 국군 최초로 미국 군사학교에 유학을 가게 되었다. 유학을 마친 그는 1949년 8월 1일 대령으로 진급한 후 육군보병학교 부교장을 거쳐 3개월 후 교장으로 임명됐다.

6·25전쟁 발발 후 민기식은 김홍일(육군중장 예편, 군단장 역임) 장군과 함께 전략지도반에 편성되어 제1사단이 전투를 벌이고 있는 서부전선으로 달려가 작전을 지도했다. 그 후 민기식 대령은 재편되는 제7사단장에 보직되어 전북 전주에서 학도병 500명을 보충 받고, 제3연대와 제9연대를 기간으로 사단 재편작업에 들어갔다. 1950년 7월 14일 민기식 대령은 재편된 제7사단을 '민부대(閔部隊)'로 개칭하여 호남지역으로 진출하는 북한군 제6사단에 맞서며 저지하였다. 민부대는 전주, 임실, 남원, 운봉, 함양 등으로 강요에 의한 철수를 하면서 북한군 제6사단의 호남 우회진출을 지연시켰다. 이로써 국군과 미군은 낙동강 방어선을 구축할 수 있는 시간을 벌게 되었다.

가장 어려운 전선에서 가장 힘든 임무 맡아…

낙동강 방어시 민부대를 지휘했던 민기식 대령은 포항이 적의 위협에 빠지게 되자 그곳으로 달려가 포항지구전투 등에 참가하여 전공을 세웠다. 이후 낙동강 전선이 안정되자 민기식 대령은 정들었던 민부대를 떠나 육본전시특명검열단(단장 김석원 준장) 보좌관, 대구방위사령관, 경인지구계엄사령부(사령관 이준식 준장) 부사령관을 수행하면서 전시 수도권지역에 대한 치안유지 및 계엄업무 등을 수행했다.

그러나 1950년 10월 8일, 민기식 대령은 다시 전투지휘관으로 복귀했다. 이때 그가 부여받은 보직은 제5사단장이었다. 사단장에 보직 된지 얼마되지 않아 민기식 대령은 드디어 장군으로 진급했다. 제5사단장 민기식 준장은 새로 창설된 제3군단(군단장 이형근 소장)에 배속되어 인천상륙작전 후 미처 북한지역으로 후퇴하지 못하고 38도선 이남에 남아있던 북한군 패잔병 및 공비들에 대한 소탕작전을 실시했다. 당시 국군과 유엔군은 압록강과 두만강을 향해 북진을 거듭하고 있었다.

그러나 1950년 10월 25일 중공군의 개입으로 통일을 목전에 두었던 국군 및 유엔군에게는 전쟁은 새로운 양상을 띠게 되었다. 국군과 유엔군은 중공군의 기습공격을 받고 현 진지에서 후퇴를 하지 않을 수 없었다. 국군 및 유엔군이 38도선으로 철수할 무렵 민기식이 지휘하는 제5사단은 가평-청평-춘천지역에서 북한군과 일대 격전을 벌이게 됐다. 당시 이곳이 뚫리게 되면 수도 서울이 다시 위험에 처하게 되는 위급한 상황이었다. 그곳에 준동하고 있던 적은 낙동강 반격작전시 철원, 연천, 화천, 양구 일대에 집결한 북한군 패잔병과 공비들을 모체로 급히 편성된 북한군 제2군단이 중공군의 남진에 맞춰 수도 서울을 점령하기 위해 청평까지 진출한 상태였다.

중공군의 남진을 저지해 수도서울을 지켜야 되는 민기식 장군의 제5사단은 1950년 11월 24일 사단지휘소를 청평으로 추진하고, 가평 부근에 침입한 적 게릴라부대를 격퇴한데 이어 춘천을 탈환하기까지 했다. 이를 주시하고 있던 이승만 대통령은 민기식 부대의 승전소식을 보

미 제8군사령관 워커 중장(오른쪽)과 미 제24사단장 처치 소장(왼쪽)

고받자 신성모 국방부장관을 대동하고 몸소 사단지휘소와 전투현장을 방문하고 사단 장병들을 격려했다. 정부에서는 민기식 장군의 이때 전공을 잊지 않고 있다가 대한민국 최고무공훈장인 태극무공훈장을 1953년에 수여했다.

하지만 중공군의 신정공세(新正攻勢)에 밀린 민기식 장군의 제5사단은 철수도중에 미 제10군단으로 배속되어 경북 영주에서 2주간 부대정비에 들어갔다. 그 후 제5사단은 강원도 횡성으로 이동하여 전선에 복귀했다. 제5사단은 횡성 및 홍천일대에서 중공군의 2월 공세와 춘계공세를 맞서 전투를 치른 후 강원도의 원통-서화 축선으로 이동하여 피의 능선 전투를 치렀다. 민기식 장군은 항상 가장 어려운 축선에서 가장 어려운 임무를 맡아 싸워 이겼다. 여기에는 민기식 장군의 대범한 지휘 스타일과 부하들을 진심에서 사랑하고 보살피는 전우애가 있었다. 전투 간 민기식 장군은 언제나 솔선수범한 가운데 뛰어난 지휘력을 발휘했다. 전세를 잘 일고 있다가 승기를 잡으면 부하들의 희생을 최대로 줄이면서 전투에서 승리를 거두었다. 그의 상관과 부하들이 그를 깊이 신뢰하고 존경하는 까닭이다.

전역 후에도 국방외교 위해 노력

민기식 장군은 옳은 일이면 한 치의 망설임도 없이 해낸 뚝심의 장군이자 지휘관이었다. 그 중 현역 군의관을 말다툼 끝에 권총으로 살해한 서민호(徐珉濠) 국회의원에 대한 재판장을 맡아 처리한 일화는 유명하다. 민기식 장군은 서민호 의원 사건에 대한 재판장을 맡아 사형선고를 바라는 정치권의 '은근한 압력'을 무시하고 유기형을 선고함으로써 군에서 파면까지 당했으나 이를 개의치 않게 생각했다. 민기식 장군은 재판결과가 미칠 후폭풍을 짐작하고 재판을 공정하게 마치자마자 피신했다. 결국 그는 군에서 파면 당했으나 민기식 장군의 인간됨과 지휘관으로서의 역량을 익히 알고 있던 육군참모총장 백선엽 장군이 이승만 대통령에게 "민 장군만한 장군을 얻기 힘들다"라는 진언(進言)에 이 대통령도 그 뜻을 꺾고 파면을 취소함으로써 다시 군대 생활을 하게 됐다. 그렇지만 그 후 군 생활은 순탄치 않았다.

이후 민기식 장군은 한직으로 여겨졌던 육군대학 부총장을 거쳐 제2교육여단장과 초대 제21사단장(1953년 2월)을 역임했다. 그러나 6·25전쟁시 수많은 전공과 지휘관으로서 뛰어난 능력을 인정받아 1953년 5월 육군소장으로 진급했다. 휴전 무렵에는 제11사단장에 보직되어 강원도 건봉산 방어임무를 수행하다가 휴전을 맞게 되었다.

휴전 후 민기식 장군은 다양한 직책을 경험하며 고급지휘관으로서 역량을 키워 나갔다. 먼저 아이젠하워 장군과 리지웨이 장군이 나온 미국 최고의 군사교육기관인 지휘참모대학을 수료한 후 육군본부 작전교육국장, 연합참모본부(현 합동참모본부) 제1부장, 육군본부 행정참모부장, 제3군관구사령관, 제2군관구사령관, 제1군 부사령관을 거쳐 1960년 9월 제2군단장에 임명됐다. 4·19후 서민호 재판에 대한 '정치적 족쇄'가 풀리면서 1군부사령관 시절 예편서를 냈던 민기식 장군은 군에 남게 되었다. 이때 서민호 의원도 감옥에서 풀려났다.

5·16 후 민기식 장군은 군인으로서 능력을 발휘하게 되었다. 민기식 장군은 1962년 5월 7일 제1군사령관을 거쳐 그 다음해인 1963년 6월에는 드디어 육군총수인 참모총장에 임명되었다. 육군총장 시절에는 군 현대화 및 대한민국 건국 후 최초의 해외파병인 국군의 베트남파병 준비에 심혈을 기울였다. 국가적으로나 군으로 봤을 때 가장 중요한 시기에 가장 중요한 임무를 맡았던 것이다. 그는 약 2년간의 총장직을 그 누구보다 훌륭하게 수행한 후 후임 총장인 김용배(金容培) 육군대장에게 총장직을 인계하고, 1965년 3월 31일 19년간의 군대생활을 마감하고 육군대장으로 전역했다.

전역 후 민기식 장군은 박정희(朴正熙) 대통령의 요청으로 고향인 청주에서 국회의원으로 출마하여 당선되어 국방위와 외무위에서 국가안보와 국방외교를 위해 노력했다. 육군총장까지 역임한 민기식 장군은 군대의 경험과 굳건한 안보관을 바탕으로 국가안보에 국방발전에 도움이 되는 일을 자청해서 했다. 1970년대 말 정계에서 물러난 장군은 군 시절부터 관심을 두었던 개인농장 일에 여생을 보냈다. 시골농장에서 젖소와 돼지 등을 키우며 유유자적한 생활을 보내다가 1998년 77세의 일기로 타계했다. 민기식 장군다운 군대생활과 전역 후 목가적인 삶이었다. 욕심 부리지 않고 베푸는 그의 삶이 그의 일생을 더욱 알차게 만들었다. 많은 부하들이 그를 존경하며 흠모하는 까닭이 여기에 있다.

민기식 장군은 자기 주장이 강하고 모든 일을 확신에 의해 처리하는 성격의 소유자로 널리 인정을 받았다. 특히 민기식 장군은 전쟁터에서는 솔선수범으로 장병들의 사기를 진작시키고, 평시에는 자신에 찬 행동으로 부하들을 안심시키는 뛰어난 지휘관이었다. 자기가 하기 싫은 일은 아무리 부하라고 해도 시키지 않았고, 꼭 해야 될 일은 아무리 목에 칼이 들어와도 반드시 해야 되는 뚝심과 패기가 넘친 장군이었다. 그런 장군의 모습이 새삼 그리워진다. 국가와 민족을 위해 헌신하다 돌아가신 장군의 넋을 국민의 이름으로 기원해 본다. 장군이시여 부디 영면하시길!

대한민국 최고의 작전지휘관
백선엽 장군

국군 최초로 大將 진급한
백선엽 장군(1953.1.31.)

'한국의 아이젠하워' 칭송

백선엽(白善燁, 1920~2020) 장군은 국내외 언론 및 학계, 그리고 미군 장성들로부터 "6·25전쟁 영웅" 또는 "살아있는 전설적인 전쟁영웅"으로 널리 회자(膾炙)되고 있다. 백선엽은 6·25전쟁시 가장 위기였던 낙동강 방어선에서 임시수도 대구의 관문인 다부동(多富洞)을 사수하여 백척간두(百尺竿頭)에 선 대한민국을 살린 구국(救國)의 영웅, 북한의 수도 평양을 기동력이 월등한 미군 부대와의 경쟁에서 이긴 북진작전의 선봉장, 1951년 3월 15일 1·4후퇴 때 공산군에게 빼앗겼던 수도 서울을 재탈환한 역전의 명장이다. 그는 그런 전공으로 한국군 최초로 대장(大將)으로 진급했고, 나아가 이승만 대통령으로부터 "한국의 아이젠하워"라는 칭송을 받았던 장군이었다.

그렇다면 백선엽 장군은 어떻게 그러한 위업을 이룩했고, 그와 같은 평가는 어떻게 나온 것일까? 이는 초대 2군사령관을 지낸 강문봉 장군의 박사학위논문에서 나왔다. 강문봉 장군은 박사논문 주제를 6·25전쟁시 육군참모총장의 리더십에 대해 썼다. 그는 이 논문을 위해 6·25전쟁에 참전한 육군 장성 200명에게 설문지를 보내, 누가 전쟁시 최고의 참모총장인가를 가려냈다. 조사에서 백선엽 장군이 6·25전쟁시 한국군 지휘관 중 최고의 지휘관으로 뽑혔다.

사필귀정 자세의 삶

강문봉은 자신의 박사학위논문에서 백선엽을 군인 중의 군인으로 평가하면서, 백선엽의 장점은 자기변명을 하지 않은 채 사필귀정(事必歸正)의 자세로 살아왔고, 자신의 밝고 깨끗한 마음만 믿고 행동했으며, 평생을 고독과 싸우며 살았던 장군으로 평가했다. 그러면서 강문봉은 계속해서, 백선엽은 만사에 정력적이며 열성적인 자세로 최선을 다하는가 하면, 인내심과 겸허함, 부하에 대한 기억력, 필승의 신념, 매사에 철저하게 확인을 하는 지휘관으로 평가했다. 특히 강문봉은 백선엽이 대인과의 협조에 전력을 기울이고, 한미양국 간의 긴밀한 관계 확립에 매달리는 것을 보고, 일부 사람들이 백선엽의 그런 대미협조를 지나치다고 생각했으나 그것은 국익을 고려한 행동으로 분석했다. 이러한 분석결과, 강문봉 장군은 백선엽을 한국군 장성 중 최고의 작전지휘관일 뿐만 아니라 가장 훈련을 잘 시키는 지휘관이라는 평가를 내렸다.

이승만 대통령 "나의 어금니"

백선엽의 이러한 능력과 장점이 결국 그를 대한민국 최초의 대장으로 올려놓게 했다. 이승만 대통령도 그런 백선엽 장군을 '나의 어금니'라고 부르며 아꼈다. 그런 점에서 이승만 대통령의 백선엽 장군에 대한 신뢰는 대단했다고 볼 수 있다. 이승만 대통령은 백 장군을 두고, "나는 백 장군이 있으므로 조금도 걱정하지 않습니다. 백 장군은 나라를 위해서라면 장병과 더불어 불속이나 물속이라도 기꺼이 뛰어들 훌륭한 지휘관입니다"라며 격찬했다. 군 최고통수권자인 대통령으로부터 이런 찬사를 받기는 고금동서를 막론하고 매우 드문 일일 것이다.

백선엽 장군에 대한 높은 평가는 여기서 그치지 않는다. 전쟁 초기 육해공군총사령관 겸 육군참모총장을 지냈던 정일권(육군대장 예편·국무총리 역임) 장군도 백선엽 장군에 대해서는 남다른 평가를 하고 있다. 두 사람은 군 경력 상 공통점도 많다. 만주봉천군관학교 동문이라는 것, 광복 후 이북에서 월남했다는 것, 두 번씩 육군총장을 역임했다는 것, 합참의장을 끝으로 군을 떠났다는 것 등이다. 그렇게 보면 두 사람은 다정한 군의 선배이며 후배관계처럼 보인다. 그렇지만 군에서의 두 사람의 관계는 자의든 타의든 간에 늘 경쟁관계였다. 처음에는 백선엽이 정일권의 경력을 도저히 따라갈 수 없었다. 정일권의 지위와 경력은 백선엽을 압도했다. 정일권이 총장일 때 백선엽은 사단장이었고, 중장 계급도도 정일권이 1년 앞서 달았다. 정일권은 선두를 놓치지 않았다. 그렇지만 마지막 관문인 대장 진급에서 정일권은 백선엽에게 밀렸다. 다 이겨놓고 마지막에 진 셈이다. 자존심 강한 정일권의 입장에서는 엄청 기분이 언짢았을 것이다. 오죽했으면 백선엽 장군이 대장 계급장을 단 날 밤잠을 설쳤을까!

그럼에도 불구하고 정일권 장군은 백 장군을 긍정적인 측면에서 높이 평가하고 있다. 정일권은 1980년 중반에, "백장군은 1953년 1월 국군 최초의 대장으로 승진한 것을 비롯하여 휴전회담 한국군 대표, 백야전사령관, 2군단장, 육군대학 창설총장, 1야전군사령관, 7대 및 9대 참모총장 등 누구보다도 화려하고 중추 요직을 두루 거친 군력(軍歷)은 그대로 장군의 탁월한 장재(將才)를 입증해 주는 것입니다. 이처럼 우월한 경력을 거치면서도 백 장군은 항상 겸손하고 아량과 도량이 넓은 인정 어린 수많은 가화(佳話)를 남기고 있습니다. 백 장군은 선후배의 서열에 대한 예절이 근엄하여 서로 노경(老境)에 접어든 지금도 나를 언제나 형님으로 대해 주곤 합니다. 내가 자기보다 3년 먼저 태어나서입니다. 그리고 나의 흠을 따뜻이 감싸주는 참으로 고마운 성우(星友)입니다"라고 말했다. 정일권은 백장군에게 가슴속 깊이 묻어둔 감정을 그대로 토로했던 것이다.

명예 미8군사령관 임명

백선엽에 대해서는 미군 지휘관들도 칭찬을 아끼지 않는다. 6·25전쟁 때 백선엽을 가장 가까이서 지켜보았던 리지웨이 유엔군사령관과 밴플리트 미8군사령관도 백선엽에 대해서 높이 평가했다. 미군의 두 장군은 백선엽에 대해, "그는 미군의 가혹한 시험을 통과한 한국육군에서 가장 뛰어난 작전지휘관"이라고 호평(好評)했다. 한미연합군사령관을 역임한 라포트 장군도 백선엽을 가장 존경한 군인이자 스승이라고 했고, 벨 장군도 백선엽을 세계 각국의 자유를 사랑하는 영웅이자 참 군인으로 칭송했다. 결국 백선엽에 대한 미군 지휘관들의 이러한 평가가 백선엽을 2013년 '명예 미8군사령관'으로 선정하게 했다. 그런 점에서 '백선엽한미동맹상'도 그런 맥락에서 보아야 할 것이다. 학계와 언론계에서도 백선엽에 대한 평가에는 인색하지 않음을 알 수 있다. 백선엽은 1995년 학계와 언론계가 뽑은 '광복 50년 한국을 바꾼 100인' 속에 선정됐다. 여기에서 백선엽은 한국군 제1의 야전지휘관으로 선정됐다. 이로써 백선엽은 한국 최고의 작전지휘관이라는 입지를 굳혔다.

그러면 무엇이 그를 최고의 작전지휘관이 되게 했을까? 이는 그의 천부적 자질, 사려 깊은 배려와 겸허함, 뼈를 깎는 노력과 성실성, 사선(死線)에서 터득한 전쟁원리를 응용한 결과였다. 백선엽 장군은 전임 참모총장인 정일권 장군이나 이종찬 장군의 학력이나 경력에 비해 결코 화려하지 않다. 그는 이들 총장들이 일본육사와 미 지휘참모대학을 나온 것과는 달리 만주군관학교 학력이 전부였다. 백선엽 장군은 학벌에 대해 별로 신경 쓰지 않았다. 그는 "전장에서 학벌은 필요 없다. 전장에서는 오직 작전을 잘하는 지휘관만이 중요할 뿐이다. 유능한 지휘관은 지형을 얼핏 보고도 공격에 유리한지, 방어에 유리한지 직관으로 판단할 줄 알아야 한다"며 과거의 경력보다는 현재의 능력을 중요시한다. 그럼에도 백선엽 장군은 미군의 신뢰를 받으며 누구보다 잘 싸웠다. 이는 평양사범학교의 교련, 군관학교의 전술학과 전사교육, 미 고문관에게서 습득한 전술과 영어가 바탕이 됐다.

대게릴라전에도 뛰어나…

6·25전쟁 때 국군과 유엔군이 치른 전투는 약 233개이다. 군사전문가들은 이들 전투 중에서 10대전투를 선정했다. 이의 기준은 승패에 관계없이 전쟁에 결정적 영향을 준 전투, 피·아 주력(主力)이 지향된 결전 성격의 전투, 전투능력과 생존성 등이었다. 그 중 백선엽 장군은 6·25전쟁의 백미(白眉)라고 할 수 있는 다부동 전투와 평양탈환작전에서 승리했다. 다부동 전투는 피의 혈전인 낙동강에서 북한군 3개 사단에 맞서 국군1사단을 주축으로 한미연합군이 엄청난 희생을 바탕으로 일궈낸 값진 승리였다. 백선엽 장군의 평양선봉입성은 경쟁부대인 미1기병사단에 비해 기동력이 떨어진 국군1사단이 밤낮으로 발이 부르트도록 걸으며 싸운 피나는 결과였다. 이때부터 미군은 국군을 신뢰했다.

강원도 양구 펀치볼에서 기념촬영하고 있는 한미 양국의 군 수뇌부.
왼쪽으로부터 미 육군참모총장 콜린스 대장, 유엔군사령관 리지웨이 대장,
미8군사령관 밴플리트 대장, 미 제10군단장 바이어스 소장, 제1군단장 백선엽 소장.

　또한 백선엽 장군은 중공군 침공으로 유엔군이 철수할 때 국군사단 중 유일하게 1사단을 온전히 철수시켰고, 유엔군의 재반격시 서울을 재탈환한 1사단을 지휘했다. 이로써 그는 적도(敵都) 평양과 서울을 탈환한 유일한 지휘관이 됐다. 최고의 사단장의 진가를 유감없이 보여줬다. 이어 동부전선의 1군단장시 그는 고성 남방까지 진격해 동해안의 휴전선을 북으로 올리는데 기여했다. 그의 전공은 멈출줄을 몰랐다. 전선에서의 정규작전뿐만 아니라 후방에서의 대게릴라전에도 뛰어난 지휘력을 발휘했다. 1951년 말 그는 지리산 일대에서 준동하는 공비들을 소탕하라는 임무를 받고 백야전전투사령관에 임명됐다. 미8군사령관 밴플리트 장군이 백장군을 공비토벌사령관으로 임명했던 것이다. 군인으로서 뛰어난 능력을 인정받은 셈이다. 백선엽은 자신을 믿고 있는 사람들에게 실망을 주지 않았다. 작전은 대성공이었다. 백선엽은 지리산일대의 공비를 단기간에 섬멸하여 후방을 안정시켰다. 이른바 낮에는 대한민국 밤에는 인민공화국이라는 지리산일대의 공비들을 소탕하

여 대한민국의 안전한 땅으로 돌려놓았다. 이승만 대통령은 그런 백선엽을 군단장에 이어 육군참모총장에 임명했고, 그것도 부족하여 다음 해 국군 최초의 대장(大將)으로 진급시켰다.

자신에게는 '엄격', 남에게는 '관대'

백선엽 장군은 패배를 모르는 장군이었다. 그의 작전지도의 요체(要諦)는 먼저 승리할 여건을 만든 후에 전투하는 것과 상황을 재빨리 판단하고 확신이 서면 신속히 결행하는 것이었다. 이는 역대 명장들의 승리 비결과 상통한다. 또한 백장군이 승리할 수 있는 이면에는 뜨거운 부하 사랑이 있었다. 그는 전쟁 중 모두 한 두 번씩 갔다 온 미국 유학을 한 번도 가지 않은 유일무이한 지휘관이었다. 또 유일하게 전쟁 초기부터 최장수 전투사단장, 군단장, 공비토벌사령관, 군단장을 거쳐 육군총수인 참모총장에 오른 입지전적인 장군이었다. 그는 오로지 한 계단씩 묵묵히 밟고 올라가는 군인의 길로 여기고 행동했다. 나아가 그는 미국이 낳은 최고의 영웅들인 맥아더, 리지웨이, 워커, 밴플리트, 테일러 장군으로부터 직간접적인 지도를 받으며 한국군 최고의 야전지휘관으로 성장했다.

백선엽은 결코 운이 좋았던 것이 아니다. 그는 기회가 왔을 때 평소 치밀하게 준비했던 것을 빈틈없이 그대로 수행했을 뿐이었다. 다른 사람들은 기회가 왔을 때 이를 적극 활용하지 못하고 그대로 주저앉거나 실패했기 때문에 성장하지 못했다. 여기서 기회라는 것은 다른 말로 위기였다. 6·25전쟁 중 그에게는 많은 위기가 찾아왔다. 개전 초기부터, 지연전, 낙동강 방어선에서 사단장 진두지휘, 미군과의 연합작전, 평양탈환작전, 1군단장시 대관령 견부 학보, 지리산 공비토벌작전, 2군단의 재편성, 육군참모총장시 금성전투 지휘, 휴전 후 1야전군 창설,

한국군 현대화 추진 등은 처음에는 그에게 위기였으나, 그는 이 모든 것을 슬기롭게 극복하고 군과 자신의 발전에 보탬이 되는 좋은 기회로 만들었다.

백선엽의 장점은 다른 곳에 있지 않았다. 그는 평시 나폴레옹이 그랬던 것처럼 앞일을 미리 예측하고 이에 대한 대비를 철저히 해 놓았다가 실제 상황에 부딪쳤을 때 그대로 실행했을 뿐이었다. 그는 오로지 군을 위해 한 시도 쉬지 않고 꾸준히 노력했던 것이 결국은 본인에게 이익이 되어 돌아왔을 뿐이다. 그러한 결과가 6·25전쟁을 통해서 뛰어난 전공과 업적으로 나타났다. 이렇게 되기까지에는 그의 곧고 올바른 마음가짐과 타인에 대한 넉넉한 배려가 숨어 있었다. 그는 자신에게는 더 없이 엄격하면서도 남에게는 관대했다. 이런 백선엽을 두고 세인들은 덕장(德將)으로 평가한다.

군 생활 14년 중 '대장 7년'

백선엽은 1960년 연합참모본부총장(현 합참의장)을 끝으로 14년간의 군 생활을 마감하고 육군대장으로 전역했다. 14년 중 10년을 장군으로 활약했고, 절반에 해당하는 7년을 대장계급장을 달고 활동했다. 그후 그는 자유중국 대사, 프랑스 대사 겸 유럽 및 아프리카 13개국 대사, 캐나다 대사, 교통부 장관, 국영기업체 사장, 성우회 회장, 한미안보연구회장, 6·25전쟁50주년기념사업회장, 육군협회 회장을 지냈다. 2013년에는 명예 미8군사령관에 임명됐다. 한국 사람으로서는 최초의 일이다. 미군 역사에서 외국군이 어떤 형태로든 미군의 지휘관이 된 적이 없었다. 매우 이례적인 일이다. 그만큼 그의 역할과 능력이 뛰어났다는 것을 의미한다. 나아가 미국이 이를 인정했다는 것을 뜻한다. 한미동맹을 위해서 잘된 일임에 틀림없다. 국위선양에 크게 기여했다. 높이 평

가하지 않을 수 없다. 그런 점에서 그의 나라사랑과 군에 대한 끊임없
는 애정에 대해 무한한 경의와 감사를 표한다.

계급 낮춰 인천상륙작전 참가한 '勇將'
백인엽 장군

백인엽 장군

6·25전쟁 때 '잘 싸운 군인' 꼽혀

백인엽(白仁燁, 1923~2013)장군의 청년시절 모습은 '미소년'이었다. 그는 '6·25전쟁 영웅' 백선엽(白善燁) 예비역 육군대장의 아우다. 그러나 그는 백선엽 친동생이기 이전에 '용장(勇將)'이다. 그가 평소 가혹할 정도의 교육훈련을 통해 강군(强軍)을 만들었고, 그 결과 6·25전쟁에서 그의 부대가 '불패(不敗)'에 가까운 기록을 갖게 됐다는 사실을 기억하는 이는 드물다.

제2차 세계대전 당시 북아프리카 전선에서 에르빈 롬멜의 전차군단을 격파한 조지 패튼(George S Oatton) 장군의 '전쟁 10계명' '한 방울의 땀으로 한 드럼의 피를 아낀다' '돌격은 사상자를 줄인다' '뒤에서 미는 지휘관은 리더가 아니라 운전수다' '정보를 전술작전의 최우선으로 한다'를 그는 6·25전쟁 기간 내 실천에 옮겼다. 때문에 6·25전쟁 전사가(戰史家)들은 그를 백선엽 예비역 육군대장, 김종오(金鍾五) 예비역 육군대장, 임부택(林富澤) 예비역 육군소장과 함께 6·25전쟁을 승리로 이끈 '잘 싸운 군인'으로 꼽는데 주저하지 않는다.

1923년 평안남도 강서(江西) 출신인 그는 평양 약송국민학교. 서울 중동고를 거쳐 일본 기후(岐阜)현 항공학교를 졸업하고 일본군 소위로 복무하다 광복을 맞았다. 평양으로 돌아온 그는 민족 지도자 조만식(曺晩植) 선생의 경호대장을 지냈다. 광복 직후 찬탁(贊託)과 반탁(反託)의 물결 속에서, 그는 조만식 선생의 '밀서(密書)'를 이승만(李承晚) 박사에게 전달하기 위해 38선을 넘었다고 한다.

그는 원용덕(元容德) 당시 군사영어학교(陸士 전신) 부교장의 소개로 '군영(軍英)'을 졸업하고, 육군 참위(소위)로 임관했다. 이후 그는 1대대 부관, 12연대 부연대장, 12연대장, 17연대장, 수도사단장, 육군본부 정보국장 및 특무부대장, 초대 제주도 육군제1훈련소장, 6사단장, 1군단장, 6군단장을 거쳐, 육군본부 관리참모부장을 마지막으로 1960년 7월 군 생활을 마감했다. '참모'보다는 '야전 지휘관' 냄새가 강하게 풍기는 경력들이다.

백인엽 장군은 6·25전쟁의 분수령이었던 인천상륙작전 때, 수도사단장(당시 대령) 직책을 버리고 17연대장(당시 중령)을 맡았다. 장군 진급의 지름길인 사단장 직책을 버리고, 사지(死地)로 가는 인천상륙작전연대의 연대장으로 종군하기란 쉽지 않은 일이다. 그는 6·25전쟁 기간 중 세 차례의 큰 부상을 입었다. 그 기간 중 사단장급 이상의 장교 가운데 몸에 적탄(敵彈)의 흔적을 갖고 있는 군인은 드물다.

사단장서 연대장으로 전투 지휘

백의종군은 정식 계급이나 직책을 떠나 그보다 낮은 신분으로 전쟁에 참전하는 것을 뜻한다. 대표적인 예가 임진왜란 시 삼도수군통제사를 지낸 이순신이 도원수 권율 휘하에서 '종'에 가까운 신분으로 복무

이승만 대통령이 백인엽 장군의 모친 방효열 여사(왼쪽 세 번 째)의 환갑을 맞아
방 여사를 경무대로 초대, '금시계'를 선물로 주었다. 〈왼쪽부터〉 백인엽 장군,
백선엽 장군, 방 여사, 프란체스카 여사, 이 대통령, 변영태 국무총리, 이호 국방부차관.

한 것을 들 수 있다. 이와는 경우가 다르지만 6·25때 자신의 계급보다
낮은 보직을 받거나 높은 직책에서 낮은 직책으로 전투에 참가한 사례
가 있다.

그중 하나가 개전 이후 1년 동안 3군 총사령관 겸 육군참모총장을 지
낸 정일권 중장이 미국 유학에서 돌아와 2사단장에 임명 될 때, "이충
무공의 백의종군 정신으로 싸우겠다"는 것이었다. 3성장군의 사단장
임명은 전무후무한 일이었다. 또 하나는 전공이 많은 백인엽 대령이 사
단장에서 연대장을 한 경우다. 그는 1950년 8월 초 17연대장에서 수도
사단장에 임명됐다.

수도사단은 8월 1일 경북 안동에서 철수한 후 청송에서 2개 연대(기
갑연대. 18연대)가 적의 포위공격으로 막대한 피해를 입자, 국방부는 지
휘책임을 물어 김석원 사단장을 해임하고 백인엽 대령을 임명했다. 신
성모 국방장관은 이승만 대통령으로부터 '전쟁을 잘하는 사람을 사단
장에 임명하라'는 지시를 받고 백인엽을 추천해 재가를 받았다. 최연소

⑵⑺ 사단장이 된 백인엽은 50년 8월 낙동강 방어선의 중동부 전선인 안강~기계에서 북한군 12사단과 766부대에 궤멸적 타격을 주고 이 지역을 사수했다. 이때 수도사단에 패한 766부대는 비학산에서 해체돼 북한군 12사단에 흡수됐다. 한편 인천상륙작전에 한국 육군의 참전이 결정되면서 지휘관 선정문제가 논의됐다.

대통령이 이때도 전쟁을 잘하는 사람이 좋겠다고 하자 국방장관이 백인엽이가 어떻겠느냐는 물음에 대통령이 좋다고 해서 그가 결정 됐다. 그런데 신장관은 사단장을 한 사람에게 연대장하라는 것이 마음에 걸렸다. 그래서 그에게 사단장을 했는데 연대장을 할 수 있겠느냐고 묻자, "전쟁을 하는데 사단장이면 어떻고 연대장이면 어떤가. 중대장도 괜찮다. 백의종군 하겠다"고 말했다. 당시 사단장 보직은 장군으로 진출할 수 있는 지름길이었다.

백인엽의 17연대 서울탈환 성공

인천상륙작전부대를 선정하는 과정에서 이대통령은 신 장관에게 육군부대를 유엔군으로 보내되 훌륭한 부대를 보내라고 지시했다. 신장관은 백연대장에게 어느 부대를 데리고 가겠느냐고 물었다. 그는 생사고락을 같이한 17연대를 데리고 가겠다고 말하자 정일권 참모총장이 전황상 17연대는 안된다고 했다. 17연대는 경주에서 중요한 전선을 담당하고 있기 때문에 차출할 수 없다는 것이다.

그러나 전략적 측면에서 보다 중요한 임무를 위해 17연대 차출이 불가피했다. 이로써 그는 사단장에서 17연대장이 돼 서울탈환작전에 참가했다. 이대통령의 뜨거운 환송을 받은 17연대는 인천상륙에 이어 미7사단 예하로 서울탈환을 위해 잠실에서 도하작전을 실시해 남산을 점령하고, 적의 증원과 퇴로 차단을 위해 망우리에 배치된 후 서울시내로 이동했다. 9월 28일 서울수복 후 17연대가 경무대 경호와 수도경비임무를 수행하는 것을 보고 미군들은 17연대를 '서울연대'로 불렀다. 이렇듯 백인엽의 17연대는 서울탈환작전을 성공적으로 수행했다. 그 결과 백인엽은 장군 진급과 동시 정보국장으로 영전했고, 17연대는 2사단에 예속된 후 저격능선전투에서 중공군을 격파하고 그 용맹을 과시했다.

대한민국의 영원한 벗
밴플리트 장군

미 제8군사령관 시절
밴플리트 대장

제2차 세계대전의 전쟁영웅

밴플리트(James A. Van Fleet, 1892~1992) 장군은 6·25전쟁 당시 미 제8군 사령관으로 부임해와 가장 어려운 시기에 오랫동안 재직하며 대한민국을 지켜냈다. 그는 노르망디 상륙작전의 최선봉 연대장으로 참전하여 혁혁현 전공을 세운 제2차 세계대전의 전쟁영웅이었다. 그는 미 제8군사령관으로 부임해 올 때부터 제2차 세계대전의 영웅답게 공세적 마인드를 갖고 39도선 확보를 위한 대규모 공세를 계획했다 그러나 워싱턴의 휴전정책에 가로막혀 그것을 실현시키지 못했다.

대신 밴플리트는 이승만 대통령을 도와 국군 전투사단 20개 사단 증강, 4년제 육군사관학교 창설, 미 지휘참모대학을 비롯해 군사학교에 국군장교들을 대거 유학시킴으로써 국군장교의 질적 향상을 기했다. 또 지리산 일대의 빨치산 토벌을 위해 백야전전투사령부를 창설하여 후방지역을 안정시켰다. 1953년 2월, 한국을 떠난 뒤에도 그는 계속해서 이승만 대통령을 위해 노력했던 장군이다. 그는 국군의 전력증강과 전후복구, 그리고 경제건설에 필요한 지원을 위해 미국 실업가들을 이끌고 한국에 대한 투자를 지원하기도 했던 고마운 분이기도 하다. 그런 점에서 대한민국 국민과 국군은 그를 대한민국 육군의 아버지, 대한민국 육군사관학교의 아버지, 대한민국 국군의 대부라 칭하며 존경하고 있다.

밴플리트 장군은 1892년 네덜란드계 미국인으로 태어나 웨스트포인트(West Point)를 나와 육군대장까지 오른 미국의 대표적인 전쟁영웅이다. 밴플리트는 제1차 및 제2차 세계대전에 참전한 전쟁영웅으로 6·25전쟁 때는 미 제8군사령관으로서 가장 어려운 시기에 대한민국을 수호하고, 전후에는 한국의 안보 및 경제 발전을 위해 헌신했던 '대한민국의 은인(恩人)'이다. 밴플리트도 대한민국을 '제2의 조국'이라 여기며 헌신하는 것을 마다하지 않았다. 그런 점에서 6·25전쟁에서 가장 중요한 시기에 미 제8군사령관으로 임명된 것은 어쩌면 대한민국에게는 크나큰 행운이었다.

밴플리트는 본인의 의지와는 전혀 상관없이 미 제8군사령관에 임명되어 한국전선으로 오게 됐다. 밴플리트의 미 제8군사령관 임명은 유엔군사령관 맥아더(Douglas MacArthur) 원수의 전격해임에 따라 이뤄졌다. 그 여파로 한국전선의 미군 수뇌부에 인사이동이 있었다. 거기에 밴플리트가 물려 들어갔다. 맥아더의 후임에는 당시 미 제8군사령관이던 리지웨이(Matthew B. Ridgway) 장군이 임명됐고, 미 제8군사령관에는 미 제2군사령관 밴플리트 육군중장이 임명됐다. 그 당시 미 본토에 주둔하고 있던 미 제2군사령관은 대부분 전역하는 자리였다. 그런데 발탁된 것이다. 그럼에도 밴플리트 입장에서는 격에 어울리지 않는 인사였다. 그 당시 나토(NATO)군사령관 아이젠하워(Dwight D. Eisenhower) 원수와 합참의장 브래들리(Omar N. Bradley) 원수는 밴플리트의 사관학교

한국전선에서의 미 제8군사령관 밴플리트 대장

동기생이었고, 새로 임명된 유엔군사령관 리지웨이 중장과 육군참모총장 콜린스(J. Lawton Collins) 대장은 그의 사관학교 2년 후배였다. 사관학교 후배들이 직접 상관이 된 것이다. 서로에게 껄끄러운 인사였다.

더구나 유엔군사령관이 된 리지웨이 장군은 제2차세계대전시 밴플리트 장군이 자신의 작전을 놓고 비판한 것을 알고 있었고, 사관학교 선배라는 점을 들어 밴플리트의 미 제8군사령관 임명을 달갑지 않게 여겼다. 그럼에도 밴플리트는 마셜(George C. Marshall) 국방부장관의 강력한 추천과 콜린스 육군참모총장의 동의, 그리고 트루먼(Harry S. Truman) 대통령의 후원에 힘입어 미 제8군사령관에 임명됐다. 그의 임명은 순전히 야전 전투지휘관으로서의 탁월한 능력 때문이었다. 밴플리트는 맥아더 장군이 해임된 3일후인 1951년 4월 14일, 미 제8군사령관에 취임했다. 그는 제2차세계대전시 노르망디 상륙작전에 연대장으로 참전해 지휘능력을 인정받아 8개월 만에 부사단장과 사단장을 거쳐 군단장까지 고속 승진했던 경이적인 경력을 갖고 있었다. 제2차 세계대전를 치르면서 밴플리트는 아이젠하워, 브래들리, 패튼, 워커, 콜린스 장군은 그의 직접 상관들이었다. 그들은 모두 밴플리트를 최고의 전투지휘관으로 인정했다. 그런 장군이 대한민국을 구하러 미 제8군사령관으로 온 것이다.

육군사관학교의 아버지

제2차 세계대전이 종결되자, 밴플리트는 1948년 2월, 육군중장 승진과 동시에 그리스의 공산 게릴라를 토벌하기 위해 미 군사고문단장에 임명됐다. 이때도 밴플리트의 뛰어난 전투지휘능력을 인정한 미 육군참모총장 출신의 국무장관 마셜 원수의 강력한 추천이 있었다. 그리스의 미 군사고문단장으로서 밴플리트는 그리스의 공산게릴라를 완전 소탕함으로써 미국 대외정책의 근간을 이루고 있던 트루먼 독트린(Truman Doctrine)의 본래 취지를 살렸다. 워싱턴의 백악관과 펜타곤은 그의 전공을 높이 치하했다. 밴플리트는 이때 경험을 되살려 1951년 말, 지리산 일대의 한국의 후방지역에서 준동하던 대규모 공산 빨치산들을 일거에 토벌함으로써 '밤의 인민공화국'으로 불리던 그 지역의 치안을 회복하고 후방지역을 조기에 안정시켰다.

밴플리트의 미 제8군사령관 임명은 순전히 그의 전공과 전투지휘능력 때문이었다. 밴플리트 장군은 양차 세계대전에서 보여준 탁월한 지휘능력과 그리스에서의 공산 게릴라에 대한 신속하면서도 성공적인 소탕작전을 눈여겨봤던 당시 미 국방부장관 마셜 원수에 의해 미 제8군사령관에 전격 발탁됐다. 밴플리트는 6·25전쟁 때 미 제8군사령관 4명 가운데 가장 오래 동안 재직하며 대한민국의 자유수호와 국군의 발전을 위해 헌신했다. 밴플리트는 워커(Walton H. Walker) 장군(6개월), 리지웨이 장군(4개월), 테일러(Maxwell D. Taylor) 장군(6개월)에 비해

이승만 대통령과 미 제8군사령관 밴플리트 대장(왼쪽)

훨씬 긴 22개월(1951.4~1953.2) 동안 재직하며, 국군 발전(4년제 육군사관학교 설립·국군 20개 사단 증설·국군 장교 미국유학 추진)에 공헌했다. 이승만(李承晩, 1875~1965) 대통령이 그를 '대한민국 육군의 아버지'라고 부르고, 대한민국 국민들이 그를 '육군사관학교의 아버지'로 부른 이유도 여기에 있다.

밴플리트 장군이 미 제8군사령관에 취임할 때 전선 상황은 녹녹치 않았다. 중공군은 밴플리트의 능력을 시험하려는 듯 연거푸 두 차례(1951년 4월과 5월)에 걸쳐 대규모 공세를 감행하여 서울을 다시 점령하고, 나아가 전장주도권을 다시 빼앗고자 했다. 그러나 밴플리트 장군은 1951년 봄 중공군의 두 차례 공세를 물리치고 총반격에 나섬으로써 중부전선에서는 철원-김화 지구의 와이오밍(Wyoming) 선을 확보하고, 동부전선에서는 화천저수지-펀치볼-거진을 연결하는 캔자스(Kansas) 선까지 진출했다. 이때 혼쭐이 난 중공군은 밴플리트 재임 동안 대규모 공세를 펼치지 못했다. 그만큼 중공군은 밴플리트를 무서워하며 두려워했다.

하지만 1951년 7월 휴전회담이 시작되면서 워싱턴의 방침에 따라 북진작전에 제한이 가해졌다. 리지웨이 유엔군사령관은 밴플리트의 제8군에 대한 작전권을 제한했다. 리지웨이는 '철의 삼각지대(Iron Triangle)' 확보를 위해 설정한 중간 통제선인 유타(Utah, 금학산-광덕산-백운산)선 이북으로 진출할 때는 보고 후에 실시하도록 했고, 최종 통제선인 와이오밍(연천-고대산-화천저수지)선 이북으로 진격할 때는 반드시 승인을 받도록 했다. 이른바 현 접촉선 이북으로 전선을 확대하지 말라는 것이었다. 밴플리트의 손발을 묶는 것이나 다름없었다.

밴플리트 장군은 이런 제한된 작전지침에도 불구하고 북위 39도선(평양-원산)을 확보하기 위한 대규모 북진작전을 계획했다. 그러나 밴플리트의 북진작전은 워싱턴의 펜타곤과 도쿄(東京)의 유엔군사령부로부터 미군의 과도한 인명손실 방지와 휴전에 악영향을 준다는 이유 등으로 거부됐다. 그럼에도 밴플리트 장군은 미 제8군사령관으로 약 2년간 재직하는 동안 수없이 많은 공세작전을 통해 북진함으로써 오늘날의 휴전선을 확보하는데 기여했다. 밴플리트의 입장에서 볼 때 전쟁의 승산이 유엔군에게 있었음에도, 전쟁을 협상으로 끝내려는 워싱턴의 휴전정책이 군사적 승리를 가로 막고 있다고 생각했다. 밴플리트와 이승만이 안타까워했던 점도 바로 이 것이었다. 충분히 이길 수 있는 전쟁을 휴전으로 끝내려고 했기 때문이다. 이것이 이승만 대통령과 밴플리트를 가깝게 한 이유가 됐다.

밴플리트는 아이젠하워나 맥아더처럼 군사적인 재능과 정치적 수완을 동시에 겸비하지 못했다. 그는 전투를 통해 군사령관까지 올라간 전형적인 야전지휘관이었다. 그런 야전군인으로서의 필승의 신념과 정치에 때 묻지 않은 순수함이 이승만 대통령을 존경하며, 대한민국과 국민을 위해 헌신하게 했다. 이승만 대통령과 박정희(朴正熙, 1917~1979) 대통령 그리고 한국 국민들이 밴플리트 장군을 좋아했던 까닭이다. 그런 그에게 대한민국은 그냥 있지 않았다.

이승만 대통령, 태극무공훈장 수여

대한민국 정부는 임기를 마치고 떠나는 밴플리트에게 1953년 1월 26일에 대한민국 건국훈장을 수여했고, 서울대학교는 1953년 1월 31일에 부산의 경남도청에서 명예박사학위를 수여했다. 또 1953년 2월 11일 미 제8군사령관 이·취임식에서 이승만 대통령은 태극무공훈장을 수여했다. 특히 대한민국 육군사관학교는 1960년 3월에 밴플리트 장군의 동상을 건립해 육군사관학교의 아버지로 받들었다. 또한 한미동맹친선협회는 1952년 4월, 한국전에서 전사한 밴플리트의 외아들인 밴플리트 3세(James A. Van Fleet Ⅲ, 전사 후 대위로 추서) 대위의 흉상을 그의 서거 60주년을 맞아 2012년 6월, 오산 미 공군기지에 건립했다. 대한민국과 국민들이 그들을 그 만큼 존경하고 고마워하고 있다는 증표다. 때맞춰 미국의 밴플리트 손자들도 방한해 밴플리트 부자의 동상에 헌화하며 대한민국 국민들에게 고마움을 표시했다. 국가보훈처도 2014년 3월, 밴플리트 부자(父子)를 '6·25전쟁의 영웅'으로 선정하여 그들의 희생정신과 대한민국에 대한 헌신을 기렸다. 부자가 함께 6·25전쟁 영웅으로 선정되기는 처음 있는 일이다.

밴플리트 장군도 생전에 이에 보답이라도 하듯, 대한민국과 국군을 위해 노력을 아끼지 않았다. 밴플리트는 1953년 3월 전역 후, 이승만 대통령의 휴전반대에 맞서지 않으려고 아이젠하워 대통령이 제의한 주한미국대사 직을 단번에 거절했다. 그리고서 그는 미국의 거물급 경제계 인사들을 대동하고 방한해 한국에 대한 투자를 설득했고, 제주도에 대규모 축산목장 건설을 적극 지원했다. 그것도 모자라 한국을 조직적으로 돕기 위해 미국의 저명인사들이 참여한 '코리아소사이어티(Korea Society)'라는 민간단체를 만들어 한국지원에 발 벗고 나섰다. 밴플리트의 한국에 대한 우정은 죽어서도 계속됐다. 그것은 바로 한미

백마고지전투에 승리한 제9사단을 격려하는 이승만 대통령과
밴플리트 장군(1952년 10월)

발전에 기여한 양국의 인물과 단체에 수여하는 '밴플리트 상(Van Fleet
Award)'이다. 미국의 카터(James E. carter Jr.)와 부시(George H. W. Bush) 대통
령, 키신저(Henry A. Kissinger) 국무장관, 페리(William J. Perry) 국방장관, 한
국의 김대중(金大中) 대통령, 백선엽(白善燁) 장군, 이건희(李健熙)·정몽구
(鄭夢九)·최종현(崔鍾賢)·박용만(朴容晚) 회장 등이 밴플리트 상을 수상했
다. 코리아소사이어티는 밴플리트가 타계한 1992년부터 이 상을 제정
하여 수여하고 있다.

　나아가 밴플리트 가문의 한국 사랑도 여전하다. 밴플리트 손자들은
과거 할아버지가 이룬 한국과의 뜻 깊은 우정을 돈독히 하기 위해 노력
하고 있다. 밴플리트 장군의 집안은 그의 대에 이르러 미국의 대표적인
군인 가문으로 성장했다. 밴플리트는 슬하에 딸 둘과 아들 하나를 두었
다. 큰사위 맥코넬과 둘째사위 맥크리스천은 모두 미 육군사관학교를
졸업했다. 아들 밴플리트는 2세(James Van Fleet Jr. 1925~1952)는 미 육군사
관학교를 나와 공군조종사가 되어 밴플리트가 그리스 군사고문단장으
로 있을 때, 그리스 근무를 자청하여 그곳에서 근무했던 적도 있다. 밴

플리트 부자는 사냥과 운동 등 취미가 비슷했다. 그런 점에서 두 부자는 친구처럼 서로 잘 어울렸다.

밴플리트 중위는 아버지가 미 제8군사령관으로 임명되어 한국으로 가게 되자, 자신도 한국근무를 자원하고 나섰다. 그렇게 해서 밴플리트 중위는 1952년 3월에 한국으로 오게 됐고, 이에 따라 밴플리트 부자는 한국에서 함께 근무하게 됐다. 아버지는 유엔군지상군을 총지휘하는 미 제8군사령관이었고, 아들은 B-26전략폭격기 조종사였다. 밴플리트 중위는 1952년 4월 4일, 야간 공습임무를 띠고 북한지역으로 들어갔다가 적의 대공포를 맞고 전사했다. 미군 최고사령관의 아들이 전선에서 전사한 것이다. 밴플리트 장군은 실종된 아들을 찾겠다는 미 제5공군의 수색작전을 만류하며, "내 아들로 인한 더 이상의 희생은 원치 않는다."며 수색작전을 종결하도록 했다. 훌륭한 아버지에 더 없이 훌륭한 아들이다. 모두 대한민국의 자유민주주의를 수호하기 위해 한국에 와서 겪은 희생과 아픔이었다. 한미동맹친선협회는 밴플리트 2세를 기리기 위해 미 오산공군기지 내에 밴플리트 2세 대위의 흉상을 건립했다. 밴플리트 2세는 전사 후 대위로 추서됐다.

한미 양국 국민의 존경의 대상

밴플리트 2세는 1948년 6월 8일 육군사관학교를 졸업한 날 결혼했다. 밴플리트 장군도 임관 직후 결혼했다. 두 부자가 임관하자마자 결혼한 것도 비슷했다. 두 부자는 그런 것도 닮았다. 동기생 중 가장 먼저 결혼한 밴플리트 2세는 그 다음해인 1949년에 아들을 낳았다. 밴플리트 3세(James A. Van Fleet III)로 밴플리트 장군의 유일한 친손자다. 밴플리트 3세이다.

밴플리트 3세도 할아버지와 아버지의 뒤를 이어 군인이 됐다. 그는 아버지처럼 미 공군조종사가 되기 위해 공군사관학교를 졸업하고, 소령까지 올라갔다. 밴플리트 3세는 1964년 8월 19일 광복절 제19주년을 맞이하여 할아버지와 함께 대한민국을 방문하고 청와대로 박정희(朴正熙) 대통령을 예방했다. 그때 12살 소녀였던 박근혜 대통령과 찍은 기념사진이 남아 있다.

밴플리트 장군은 박정희 대통령과도 친밀한 관계를 유지했다. 밴플리트가 한미동맹과 한국의 경제발전을 위해 노력했기 때문이다. 박정희 대통령이 국가재건최고회의 의장 시절 밴플리트는 제주도 송당목장을 방문한 인연도 갖고 있다. 밴플리트 가문은 3대에 걸쳐 대한민국과 인연을 맺고 있다.

밴플리트의 사위와 외손자도 대한민국과 인연이 깊다. 밴플리트의 두 사위인 맥코넬과 맥크리스천은 밴플리트가 미 제8군사령관으로 있을 때 대한민국 4년제 육군사관학교 창설에 많은 도움을 주었다. 맥크리스천은 육군 준장까지 진출했다. 그는 밴플리트 장군의 장례식을 총지휘했다. 맥크리스천의 아들 맥크리스천 2세(Joseph McChristian Jr.)도 1965년 미 육군사관학교를 나와 장교의 길을 걸었다. 1977년 소령으로 전역할 때까지 맥크리스천은 베트남 전쟁에도 참전하며 외할아버지 밴플리트 장군처럼 야전군인으로서 용맹을 떨쳤다. 맥코넬의 딸인 에이버리 맥코넬도 장교로 임관하여 밴플리트가 서거했을 때 대위로 있었다. 친손자와 외손자 그리고 외손녀까지 장교가 된 명실상부한 군인 가족이다. 그리고 그들은 한국과의 인연을 소중히 여겼다.

맥크리스천 2세는 전역 후 민간기업에서 일하다 지금은 한미 양국 간의 가교 역할을 하는 코리아소사이어티의 회원으로 활동하고 있다. 외할아버지의 대를 이어 한국과의 인연을 잇고 있는 셈이다. 맥크리스천은 2013년 한미동맹 60주년을 맞이하여 한국을 방문하고, 육군사관학교에 있는 외할아버지 밴플리트 장군의 동상과 오산 미 공군기지에 있는 외삼촌 밴플리트 2세의 흉상에 헌화했다.

밴플리트의 외증손자도 미 육군사관학교 재학 중이라고 한다. 즉 첫째 사위인 맥코넬의 손자가 2017년 미 육군사관학교를 졸업한다고 하니 밴플리트 가문은 4대째 미 육군사관학교 졸업생을 배출하게 된 셈이다. 맥코넬 손자가 장교로 임관하여 한국근무를 하게 되면 밴플리트 가문과의 새로운 인연이 다시 열리게 될 것이다. 그렇게 되면 밴플리트 가문과 대한민국과의 영원한 우의(友誼)가 더욱 돈독해 지게 될 것이다.

밴플리트 장군은 알링턴 국립묘지에서 자신이 생전에 가장 존경했던 마셜(George C. Marshall) 원수의 묘지 바로 옆에 묻혀 있다. 그는 그곳에서 손자와 증손자들이 자신이 반평생을 두고 열정을 바쳤던 대한민국과의 소중한 인연을 이어가는 것을 흐뭇한 미소를 지으며 지켜보고 있을 것이다. 자신이 이루지 못하고 미완성으로 끝낼 수밖에 없었던 대한민국의 통일을 기대하면서…

이렇듯 밴플리트는 제1·2차 세계대전의 영웅이면서 6·25전쟁의 영웅 그리고 대한민국 육군과 육군사관학교의 아버지로서 한미 양국의 국민과 군으로부터 존경의 대상이 되어 왔다. 그가 한미 양국에 남긴 위대한 유산인 '밴플리트 상'은 앞으로 양국의 발전에 크게 기여했다. 대한민국을 '제2의 조국'으로 여기며 사랑하고 아꼈던 밴플리트의 장군은, 대한민국 국민들의 가슴 속에 깊이 각인되어 영원히 기억되어져야 할 것이다. 그런 밴플리트 장군에게 대한민국 국민의 이름으로 다시 한 번 경의와 감사를 드린다.

한국 해군의 아버지
손원일 제독

초대 해군참모총장
손원일 제독

독립운동가 부친, 손정도 목사

손원일(孫元一, 1909~1980) 제독은 광복 후 모든 여건이 불비(不備)한 상황에서 가장 먼저 해군을 창설했다. 그런 손원일을 가리켜 뭇사람들은 '한국 해군의 아버지'라 칭하며 애정과 존경심을 표한다. 손원일은 광복직후 '바다를 사랑하는 사나이들'을 규합하여 해사대(海事隊)를 조직하고, 이어 해방병단(海防兵團)을 창설했다. 이때가 1945년 11월 11일이다. 국제신사(國際紳士)를 유난히 좋아했던 손원일이 11월 11일을 해병병단 창설일로 정한 데에는 나름대로의 깊은 뜻이 담겨 있었다. 해방병단 창설일자 11월 11일을 한자로 표기하면, '十一月 十一日'이 된다. 여기서 '十一'을 합치면 '士(선비 사)'가 된다. 그런데 월과 일의 '十一'을 합치면 '士'가 두 번이나 된다. 신사가 두 번 있으니 이는 국제신사를 의미한다. 일찍이 외국계 상선에서 일했던 손원일은 각국을 항해하며 품격을 갖춘 외국 신사들을 흠모하고 존경했다. 대한민국 해군의 사관들이 바로 그런 국제신사가 되어야 한다는 의미를 창설일자에 담았다. 이처럼 손원일 제독은 마치 대한민국 해군을 위해서 태어난 사람처럼 해군창설과 발전을 위해 일생을 바친 진정한 바다의 신사였다.

손원일은 일제가 나라를 빼앗기 불과 1년 전인 1909년 5월 5일에 평양에서 태어났다. 아버지는 독립운동가인 손정도(孫貞道, 1881~1931) 목사다. 손정도는 평남 강서에서 부유한 유학자(儒學者) 집안에서 태어나 일찍부터 한학공부를 시작했다. 성인이 된 그는 과거시험을 보러 서울로 가는 도중 우연히 목사(牧師)의 집에 하루 밤 묵었다가 기독교에 눈을 떠 신학문을 배우게 됐고, 급기야는 서울로 올라가서 신학(神學)을 공부하게 됐다. 그리고 원하던 목사가 됐고, 우리나라 최초로 해외선교사가 되어 중국으로 건너갔다. 손정도 목사는 설교 때마다 조선을 강제로 병탄(併呑)한 일본의 만행을 규탄했다. 그의 선교(宣敎)활동은 독립운동이었다. 일본경찰이 가만히 있을 리 만무했다. 손정도는 일본경찰에 의해 붙잡혀 감옥을 들락거렸다. 하지만 선교활동과 독립운동을 멈추지 않았다. 서울에 있는 동대문교회와 정동교회에서 청년학생들에게 민족의식과 독립정신을 고취시키는 목회(牧會)활동을 펼쳤다. 그러던 차 1919년, 상해에서 대한민국임시정부가 수립되자 손정도는 임시정부 제2대 의정원장에 선출됐다. 지금의 국회의장 격이다. 그때 임시정부 대통령은 이승만(李承晩, 1875~1965) 박사다. 그 후 손정도는 고향에 있는 재산을 모두 처분하여 만주 길림에 대규모 농토를 구입해 동포들에게 나눠주고 농사를 짓게 했다. 이른바 '독립군기지 역할'을 하게 될 한인 정착지를 만들었다. 상해(上海)에 있을 때에는 안중근(安重根) 의사의 가족들을 돌봐줬다. 안중근 의사의 부인 김마리아, 아들 안준생, 딸 안현생을 집으로 데려와 보살폈다.

동생은 김일성과 친구 사이

손정도는 김일성의 아버지 김형직(金亨稷)과는 친구사이였다. 김형직이 일찍 사망하자 손정도는 어려움에 처한 김일성(金日成)을 학교에 보내주는 등 물심양면으로 돌봐줬다. 김일성과 손원일의 동생인 손원태(孫元泰)는 이런 연유로 육문중학교를 같이 다녔고 자연스레 친구가 됐다. 훗날 김일성이 민족상잔(民族相殘)의 6·25전쟁을 일으킬 인물이될지 꿈에도 몰랐을 때의 일이다. 두 사람은 남북의 분단체제와 관계없이 오랜 친분을 유지하며 '우정'을 이어갔다. 미국에서 의사로 있던 손원태는 전후 김일성의 초청으로 평양을 자주 방문했다. 역사의 아이러니가 아닐 수 없다.

손원일은 일제가 눈에 가시처럼 여긴 독립운동가 자식이다. 이로 인해 손원일 가족들의 삶은 순탄치 않았다. 손정도 목사가 독립운동과 목회(牧會)활동을 위해 중국 곳곳을 전전했기 때문에, 당시 독립투사들의 가족들이 그러했듯이, 손원일 가족의 생계는 자연스레 어머니의 몫이됐다.

국제적인 항구도시 상해에서 항해 전공

손원일은 중국 길림에서 중학교를 마친 후 상급학교 진학을 위해 중국 상해로 건너와서 중앙대학교 항해과에 입학했다. 당시 상해는 세계열강의 해군들이 모여드는 국제적인 항구도시였다. 그가 많은 학과 중에서 유독 항해과를 택한 이유는 바다에서 조국의 미래를 보았기 때문이다.

손원일은 "지금 나라를 잃었지만 언젠가 나라를 되찾는 날엔 우리도 바다로 뻗어나가야 한다. 바다는 우리가 세계로 뻗어 나갈 수 있는 지름길이다"고 판단했다. 1927년, 18세 때의 일이다. 중앙대학교 항해과를 졸업한 손원일은 중국과 독일 국적의 상선과 여객선의 항해사로 취직해 지중해, 대서양, 인도양, 태평양을 누볐다. 이때 손정도 목사는 이국땅에서 홀로 임종했다. 손정도는 1931년 길림의 한 병원에서 49세의 비교적 젊은 나이로 쓸쓸한 죽음을 맞았다. 손원일은 바다를 항해하고 있었기 때문에 아버지 장례식에 참석할 수 없었다. 아버지의 사인(死因)은 일제로부터 받은 고문과 과로로 인한 위궤양으로 밝혀졌다. 손원일은 아버지가 돌아가신 후 잠시 틈을 내 어머니를 뵈러 고향에 들렀다가 일본경찰에 체포돼 2개월 동안 옥고(獄苦)를 치렀다. 서울의 종로경찰서와 평양의 강서경찰서에서 죽음을 넘나들 정도의 고통스런 고문을 당했다. 일본경찰이 내세운 죄명은 독립군의 비밀임무를 띠고 국내에 잠입했다는 것이다. 비록 무혐의로 풀려났지만 고문의 후유증으로 평생을 협심증(狹心症)과 신경통으로 시달렸다. 이때부터 손원일은 3가지 소리를 평생 잊지 못했다고 한다. 일본경찰이 고문할 때 썼던 양동이에서 물 붓는 소리, 감옥에서 풀려난 후 일본형사가 감시하기 위해 집의 대문을 빠끔히 여닫는 소리, 그리고 감옥에서 들었던 평화로운 교회의 종소리였다. 얼마나 물고문을 심하게 당했던지 손원일은 집에 있을 때 물소리에 깜짝깜짝 놀랐기 때문에 물소리를 내지 않았다고 한다. 자택에서 감금당할 때 감시하는 일본형사의 대문 여닫는 소리도 신경을 건드렸다. 반면 일요일 날 들려오는 교회의 종소리는 평안과 위안을 주는 복음의 소리였다.

가산 털어 해사대 조직

손원일은 일찍부터 바다의 중요성을 깨달았다. 광복 후 손원일이 해군창설에 무모하리만큼 매진한 것도 그런 연유에서다. 손정도 목사가 동포들을 위해 전 재산을 처분했듯이, 손원일도 가산을 털어 해군의

1945년 11월 11일 해방병단 창단 기념사진

전신이 될 해사대(海事隊)를 조직하고 대원들을 모집했다. 미군정하에
서 손원일은 깊은 인품에서 베어 나온 친화력과 뛰어난 수완을 발휘하
여 해사대를 해방병단으로 발전시켜 나갔다. 해방병단은 미 군정하에
서 장차 한국이 독립하면 해군으로 개편한다는 전제 아래 창설된 군사
조직이었다. 이는 손원일이 미 군정청 해사과장 칼스텐 소령과의 담판
끝에 얻어낸 쾌거였다. 칼스텐 소령은 손원일에게 "해안경비대가 필
요하니 당신이 해 주면 좋겠다"고 강권했을 때, 손원일은 "나는 코스
트가드(Coast Guard) 수준이 아닌 해군 건설을 원한다"며 밀어부쳤다. 이
렇게 해서 1945년 11월 11일, 해안경비대가 창설됐는데, 미군정에서는
이를 '코스트가드(Coast Guard)'라고 했고, 손원일은 바다를 지키는 군대
라는 의미로 '해방병단(海防兵團)'이라 불렀다.

　해방병단이 창설되자 손원일은 해군간부 양성의 필요성을 절감하
고, 해군사관학교 전신인 해군병학교(海軍兵學校)를 1946년에 설립하고,
제1기생을 모집했다. 그런데 문제가 생겼다. 생도들을 가르칠 교수가
없었다. 손원일은 부랴부랴 진해고등해원양성소 출신들을 초빙해 생
도들을 가르치게 했다. 이때 진해고등해원양성소를 수석으로 졸업한

이성호(해군중장 예편·해군참모총장 역임) 제독이 해군에 들어와 나중에는 해군참모총장이 됐다.

손원일은 해군발전을 위해 많은 인재들을 영입했다. 그 중 대표적인 분이 바로 해병대사령관을 지내고, 최장수 국방부장관을 역임한 김성은(金聖恩) 장군이다. 만주에서 귀국한 후 정일권을 만나 육군소위로 임관한 날 김성은은, 손원일 제독을 만났다. 이때 김성은은 손원일의 간곡한 권유를 뿌리치지 못하고 해군으로 오게 됐다. 하루사이에 육군과 해군을 오간 셈이다. 이처럼 해군은 하나에서 열까지 손원일 제독의 노력과 발품에 의해 하나씩 모습을 갖추어 나갔다.

모금 통해 전함 구입

건국 후 손원일은 초대 해군총장이 돼 모금을 통해 전함(戰艦)을 구입했고, 상륙작전에 대비해 해병대를 창설하는 등 해군의 전력향상을 위해 노력했다. 6·25전쟁 때 대한민국 해군 및 해병대가 인천상륙작전과 서울탈환작전에 참가할 수 있었던 것도 손원일이 있었기에 가능했다. 인천상륙작전 출정을 앞둔 손원일은 잠깐 집에 들러 부인 홍은혜(洪恩惠) 여사에게는 며칠 동안 회의 차 지방 출장을 간다며 속였다. 하지만 어머니를 속이고 갈 수 없었다. 앞날을 기약할 수 없기 때문이다. 어머니 박신일 여사에게, "어머니, 오랫동안 못 뵈올 것 같습니다. 영영 못 뵐지도 모릅니다. 소자(小子)는 지금 나라를 위해 전쟁터로 가려고 합니다. 제 걱정은 마시고 만수무강하십시오." 이 말을 들은 어머니는 "나라를 위해 죽으로 간다는데 내가 어찌 막을 수 있겠느냐. 너도 꼭 네 아버지 같구나!"라고 한마디 한 후 물끄러미 자식의 얼굴만 쳐다보며 더 이상 말을 잇지 못했다.

인천상륙작전과 서울탈환작전 때 손원일 해군총장의 역할은 자못 컸다. 상륙작전에 참가한 국군은 자신이 미국에 가서 직접 구입한 구축함 4척을 비롯한 15척의 해군함정과 해병대 및 육군 제17연대였다. 이들 지휘관들은 중령 내지는 대령이었다. 연합작전에 해군소장인 손원일이 상륙작전에 참가한 자체만으로도 장병들의 사기가 올라갔다. 손원일은 상륙작전에 참가한 국군 최고의 선임자로서 연합군과 긴밀히 협조하며, 수복지역에 대한 치안유지에 남다른 기여를 했다. 이는 전투지휘관들의 부담을 덜어줬을 뿐만 아니라 수복민들에게도 심리적 안정을 줬다. 인천을 수복했을 때, 손원일은 포고령을 내려 시민들을 안정시켰고 인천시장을 재빨리 선임해 치안을 유지하게 했다. 서울 수복 때에도 군의 최고선임자로서 대통령을 대신해 포고령을 내려 치안을 유지하며 무고한 시민들이 없도록 힘썼다. 후방에 있어도 누가 뭐라고 하지 않을 것인데도 불구하고, 손원일은 굳이 생명의 위험을 무릅쓰면서까지 최전선으로 달려갔다. 부하사랑과 조국애, 그리고 진정한 용기가 없으면 할 수 없는 일이다. 이는 상급지휘관이 반드시 갖추어야 될 소중한 덕목이기도 했다.

전쟁 중 손원일은 미군 장성들로부터 애로우(Arrow)라는 별칭을 얻었다. 전시에도 해군전력 증강을 위해 노력했다. 손원일은 부족한 한국함정을 미국으로부터 확보하는 과정에서, "화살처럼 신속하고 정확하게 일을 처리한다"는 의미에서 미군이 붙여준 별명이다." 전쟁 중 손원일은 정일권 육군총장, 김정렬 공군총장과 의형제를 맺었다. "의형제를 맺어 죽는 날까지 국가를 위해 싸우자"는 것이 의형제를 맺은 취지였다. 가장 연장자인 손원일이 맏형이 되고, 1917년 생이나 생일이 조금 빠른 김정렬이 둘째가 되고 정일권이 막내가 됐다. 나중에 미8군사령관 밴플리트 장군이 이들과 함께 저녁을 먹는 자리에서 김정렬과 정일권이 손원일을 보고 '형님'이라고 부르자, 밴플리트 장군도 서툰 한국

말로 '애로우 흉님(형님)'이라고 불러 좌중을 폭소로 만들었다고 한다.

44세에 국방장관 되어…

손원일 제독은 정전협정 체결 1개월을 앞둔 1953년 6월 30일, 제5대 국방부장관에 임명됐다. 이승만 대통령이 손원일을 장관으로 임명한 데에는 특별한 이유가 있었다. 손원일의 국가를 위한 헌신적인 노력과 해군발전에 기여한 공로, 휴전 후 당면과제인 군 현대화의 적임자, 그리고 독립운동 동지이자 친한 벗인 손정도 목사의 아들인 손원일 제독을 자식처럼 여긴 이승만 대통령이 그의 애국심과 출중한 능력을 인정하고 내린 인사 조치였다. 또 두 집안은 모두 감리교(監理教) 신자로서 정동교회를 다녔다. 장관에 임명될 때 손원일의 나이는 44세였다. 국방장관 손원일은 이승만 대통령의 기대를 저버리지 않고, 전후 복구와 육해공군의 균형적인 발전을 위해 헌신했다.

손원일의 부인 홍은혜 여사도 해군발전에 많은 기여를 했다. '해군사관학교 교가'를 비롯하여 '바다로 가자', '해방행진곡', '대한의 아들' 등 많은 곡을 작곡하여 손원일을 내조했다. 그런 홍여사를 두고 해군은 누가 먼저라고 할 것 없이 이구동성으로 '해군의 어머니'로 불렀다. 홍은혜 여사는 전쟁 중에는 프란체스카 여사를 도와 대통령 관저인 경무대(景武臺)의 일손을 돕느라 늘 간편복인 '몸뻬바지'를 입는 바람에 이승만 대통령으로부터 '바지부인'이라는 별칭을 얻기도 했다.

손원일 제독은 국방장관과 서독대사를 역임하고 공직에서 물러난 후에도 군과 국가발전을 위해 헌신하다가 1980년 2월 15일, 71세의 나이로 타계했다. 오늘날 대한민국 해군에서는 두 인물을 가장 존경한다고 한다. 민족의 성웅 이순신(李舜臣) 장군과 손원일 제독이다. 그것만 봐도 손원일 제독이 대한민국 해군에 미치는 영향이 어느 정도 인지를 가히 짐작할 수 있다. 그런 점에서 손원일 제독은 홍은혜 여사와 함께 대한민국이 존재하는 한 영원한 '해군의 아버지와 해군의 어머니'로 청사에 길이 남을 것이다.

'타이거 장군'으로 명성 날리다
송요찬 장군

송요찬 장군

호랑이처럼 용맹스러운 맹장

송요찬(宋堯讚, 1918~1980) 장군은 미군들로부터 '타이거(Tiger) 송 (宋)'이라는 별명을 얻을 정도로 호랑이처럼 용맹스러운 맹장(猛將)이었 다. 그가 그런 말을 듣는 것은 그의 호방하면서도 대담한 성격에 기인 하고 있다. 그는 전투에서 승리를 놓친 적이 별로 없다. 그 이면에는 강 한 훈련을 통해 자신의 부대를 단련시키며 항상 싸울 수 있는 전투력이 강한 부대를 유지해 놓고 있었기 때문이다. 여기에는 그의 전투지휘관 으로서의 탁월한 활약상도 한몫했다.

6·25전쟁 기간 동안 그는 사단장을 가장 오래 한 장군으로 유명하다. 전시 최장수 사단장인 셈이다. 전쟁기간 내내 그는 사단장만 했다고 해 도 과언이 아니다. 송요찬 장군은 6·25전쟁이 발발했을 때 육군헌병사 령관을 3개월 정도 하다가 수도사단장을 거쳐 남부지구경비사령관을 잠시 역임한 후, 다시 수도사단장을 거쳐 제8사단장으로 재직 시 휴전 을 맞았다. 6·25전쟁 때 사단장급 이상 고급지휘관 중 유일하게 미국에

유학을 가지 않은 장군 중의 한 명이었다.

그리고 전쟁기간 내내 지휘관을 하며 전후방 전선을 누볐던 유일한 장군이기도 하다. 그는 하루도 쉬지 않고 전장을 지키며 전투복을 입고 전장을 누비며 싸웠다. 결코 쉽지 않은 일이었다. 그런 점에서 송요찬 장군은 참모형(參謀型) 장교가 아니라 전투형(戰鬪型)의 지휘관 타입(type)이었다. 이는 마치 산중(山中)의 왕이라고 하는 호랑이가 산야(山野)를 누비며 포효(咆哮)하듯, 송요찬도 책상에 가만히 앉아서 계획을 수립하는 재사형(才士型) 장교가 아니라, 호랑이처럼 야전을 누비며 부대를 호령(號令)하는 것을 그 무엇보다 좋아했던 승부욕이 강한 전형적인 지휘관 타입이었다.

그런 탓인지 송요찬 장군의 군대 경력에는 참모 경력이 없다. 이는 우리 국군사(國軍史)에서 매우 보기 드문 경우에 해당된다. 송요찬 장군은 1946년 소위 임관 후, 제5연대에서 소대장을 시작으로 제8연대에서 중대장과 대대장을 역임했고, 제9연대장, 제10연대장, 제15연대장, 헌병사령관, 수도사단장, 남부지구경비사령관, 제8사단장, 제3군단장, 제1야전군사령관, 육군참모총장 직책을 쉼 없이 거쳤다. 그 과정에서 단 한 번도 참모직을 수행하지 않았다.

백선엽 장군도 여단 참모장과 정보국장을 역임했고, 정일권 장군도 육군본부 참모부장을 역임했다. 그렇지만 송요찬 장군만 오로지 군대 경력 중 유일하게 지휘관직을 수행했다. 그것도 전시에 모두 역임했다. 놀라운 체력이자 정신력이었다. 송요찬 장군의 최대의 장점은 자신의 핸디캡(handicap)을 슬기롭게 극복할 줄 안다는 점이었다.

그의 학력은 초등학교 졸업이 전부였다. 그는 그것을 만회하기 독학으로 공부했다. 그에게 노력하는 길 밖에는 다른 방도가 없었다. 한문(漢文)도 스스로 깨우치며 공부했고, 영어도 사전을 통째로 외우다시피

송요찬 9연대장(왼쪽) 시절 당시 정일권 경비대 총참모장(오른쪽),
김영철 해안경비대 참모장(가운데)과 함께 제주 삼성혈에서(1948년).

하며 열심히 공부했다. 그는 영어사전을 매일 한 장씩 외우고 나서, 그
것을 씹어 먹었다. 머리로도 먹고 입으로도 먹는 영어공부였다. 그만의
독특한 공부법이다. 그렇게 해서 영어를 정복해 나갔다.

전쟁 기간 내내 그의 상의 주머니에는 항상 영어사전이 들어 있었다.
그는 전투 중 틈이 날 때마다 사전을 꺼내 영어단어를 처음부터 끝까지
암기해 나갔다. 그렇게 해서 미국의 아이젠하워(Dwight D. Eisenhower) 대
통령 당선자가 수도사단을 방문했을 때, 그는 아이젠하워에게 영어로
브리핑했다. 그가 영어로 아이젠하워에게 브리핑한다고 했을 때 모두
가 놀랐다. 그러나 그는 그것을 완벽히 소화해 냈다. 송요찬 장군다운
배포이자 자신감이었다.

연대장 해임 후 헌병사령관 파격적 인사

그런 송요찬 장군은 과연 어떤 인물인가? 송요찬은 1918년 2월 13일
충청남도 청양에서 가난한 농부로 아들로 태어났다. 그나마 아버지는
그가 9살 때 돌아가셨다. 2남 6녀 중 차남이었던 그는 집안 형편상 겨우

초등학교를 졸업한 후 상급학교 진학은 포기할 수밖에 없었다. 배움에 대한 열정을 버리지 못한 그는 농사일을 도우면서 틈나는 대로 마을의 서당에서 곁눈질로 한문을 배우다가 배움에 목마름을 이기지 못해 금강산에 있는 사찰(寺刹)로 들어가 잔심부름을 하며 스님 밑에서 한학(漢學)을 배웠다.

그렇다고 그의 인생이 달라질 것은 없었다. 2년 동안 금강산에서 한학을 공부한 그는 고향으로 돌아와 다시 농사일을 돌보다가 인생의 돌파구를 마련하기 위해 일본군 지원병으로 입대하여 복무하게 됐다. 일본군에서 그는 일본군 조장(曹長, 고급부사관)까지 올라갔다. 하지만 그것이 끝이었다. 그러다 8.15광복을 맞은 송요찬은 군인이 되기 위해 미군이 설립한 군사영어학교에 들어가려고 했으나 자격요건이 준사관 이상으로 제한되어 입교할 수 없게 됐다.

이때 간신히 최경록(崔慶祿, 육군중장 예편, 육군참모총장 역임)의 도움을 받아 군사영어학교에 입교하여 1946년 5월 1일 육군참위(소위)로 임관할 수 있게 됐다. 최경록과 송요찬은 일본군 지원병 출신이었다. 그런 인연으로 최경록의 도움을 받게 됐다. 그때까지 송요찬의 소원은 장교가 되는 것이었다. 그런데 그것이 꿈이 아니라 현실로 이루어졌다. 그때부터 송요찬은 특유의 적극성과 부단한 노력으로 군대생활을 했다.

송요찬의 첫 부임지는 부산에 주둔하고 있던 제5연대였다. 그곳에서 창설요원으로 활동하다가 1946년 9월 제5연대의 일부 병력을 모체로 강릉에 제8연대를 창설하게 되자, 그는 제8연대 창설을 위해 강릉으로 이동했다. 강릉 제8연대에서 송요찬은 대위로 진급한 후, 1947년 3월 1일부로 제8연대 제3대대장에 임명됐다. 고기가 물을 만나듯 군대 생활에서 그는 승승장구했다. 진급도 동기생들보다 뒤쳐지지 않고 정상

아이젠하워 미국 제34대 대통령 당선자(중앙 좌측)가 이승만 대통령(중앙 우측)과 함께
경기 광주 수도사단을 방문해 한국군 훈련을 참관하고 있다. 맨 우측이 송요찬 수도사단장(1952년).

적으로 달렸다.

소령 진급 후 그는 제1연대 부연대장을 거쳐 1948년 6월에 제11연대 부연대장으로 수평 이동했다. 제11연대는 제주도에서 공비토벌 임무를 수행 중에 있었다. 이곳에서 그는 제주도에 주둔하고 있던 제9연대장으로 영전과 동시에 육군 중령으로 진급했다. 제9연대장에 임명된 후 그는 제11연대로부터 제주도 평정작전 임무를 인수받아 수행하던 중, 1949년 2월 제9연대는 서울에 주둔하고 있던 수도여단(여단장 이준식 대령)에 배속되어 서울로 이동하게 됐다.

그러나 얼마 후인 1949년 6월, 그는 다시 강릉에 주둔하고 있는 제6사단 제10연대장으로 전출됐다. 송요찬은 제10연대장 재직 시 38도선 이북에 위치한 '양양 돌입사건'으로 1949년 7월 24일 연대장에서 해임됐다. 이후 그는 육군보병학교 학생감과 제5사단 제15연대장을 거쳐 1949년 4월 최영희(崔榮喜, 육군중장 예편, 육군참모총장 역임) 대령의 후임으로 헌병사령관에 임명됐다. 헌병사령관 임명은 파격적인 인사였다. 그만큼 송요찬 대령이 군 수뇌부로부터 인정을 받았다는 증거다.

6·25전쟁 내내 지휘관으로 전후방 전선 참전

6·25전쟁 발발 당시 육군헌병사령관이었던 그는 개전 초기 적의 공세에 밀려 국군이 한강 이남으로 후퇴하자, 헌병들을 진두지휘하여 낙오병을 수습하여 시흥지구전투사령부가 국군을 재편성하는데 기여했다. 또한 맥아더 원수가 1950년 6월 29일 한강방어선을 시찰할 때 헌병사령관으로서 맥아더 원수를 경호했고, 한국은행에 보관 중인 금괴를 후방으로 안전하게 호송하여, 나중에 이 금괴가 대한민국이 국제통화기금(IMF)과 국제부흥개발은행(IBRD)에 가입할 때 출자금으로 사용되게 했다. 그런 점에서 그는 국가 발전에 또 다른 기여를 하게 됐다.

이후 임시수도이자 부산의 관문인 대구(大邱)에 북한군이 대대적인 공격을 감행하자, 육군본부는 송요찬 헌병사령관을 8월 10일부로 대구방위사령관에 임명하고, 대구 방위 임무를 맡겼다. 6·25전쟁 최대의 위기였던 낙동강전투에서 그는 임시수도 대구를 총책임지는 대구방위사령관으로서 임무를 성실히 수행했다. 그의 그러한 공로는 그가 야전 사단장에 임명되는데 크게 일조(一助)했다고 할 수 있다.

1950년 9월 1일 송요찬 대령은 백인엽(白仁燁, 육군중장 예편, 군단장 역임) 대령의 후임으로 수도사단장에 임명되어 안강 및 경주 부근 전투를 수행했다. 북한군이 노리는 경주는 그들의 최종목표인 부산을 직접 위협할 수 있는 최대의 전략적 요충지였다. 국군과 북한군은 경주를 놓고 혈전을 벌이지 않을 수 없었다. 안강-기계전투, 호명리전투, 비학산전투 등을 통해 수도사단은 북한군의 공세를 저지했다. 그 중심에는 사단장 송요찬 장군이 있었다.

그렇게 해서 북한군 9월 공세를 막아내고, 국군 제1군단이 반격작전을 감행할 수 있는 발판을 마련했다. 그 전공으로 그는 1950년 9월 20일 육군준장으로 진급했다. 드디어 장군이 됐다. 초등학교 학력이 전부인

4.19 당시 미국의 소리 방송 인터뷰하는 송요찬 육군참모총장(가운데)과
김운용 수석전속부관(1960년).

그가 만 4년 만에 드디어 장군이 된 것이다. 송요찬 준장이 지휘하는 수
도사단은 동해안을 따라 두만강으로 북진(北進)해 나갔다. 그의 거센 북
진 행보에는 거리낌이 없었다.

형산강을 박차고 나간 수도사단은 포항-울진-강릉을 거쳐 강원도
양양에서 드디어 38도선을 돌파하여 북진 작전의 선봉에 서게 됐다. 이
때부터 수도사단은 북한 지역의 회양, 신고산, 원산(10월 1일 점령)을 거
쳐 함흥과 흥남을 차례로 점령하고, 11월 22일에는 드디어 소만(蘇滿) 국
경 근처에까지 진출했다.

감격의 순간이었다. 자칫 평범한 시골청년으로 묵힐 뻔했던 송요찬
은 국군 사단장이 되어 북진의 선봉에 섰으니, 그 감개가 무량하지 않
을 수 없었을 것이다. 그러나 소련과의 국경을 눈앞에 두고 있는 시점
에서, 중공군의 개입으로 수도사단은 왔던 길로 다시 철수를 하지 않을
수 없게 됐다. 이른바 38도선으로의 철수였다. 이때 동해안으로 진출
했던 미 제10군단과 국군 제1군단(수도사단과 제3사단으로 편성, 군단장 김
백일 소장)은 육로로 철수하지 못하고 해상으로 철수를 하게 됐다. 국군

이 철수할 원산 이남 지역을 중공군이 이미 점령하고 퇴로를 차단했기 때문이다.

이 때문에 제1군단에 속했던 수도사단은 해상을 통해 철수를 하게 됐다. 1950년 12월 18일 흥남에서 철수하여 묵호항으로 상륙한 수도사단은 전열을 정비한 후, 1951년 1월 27일 다시 강릉으로 진출했다. 이후 송요찬 장군이 지휘하는 수도사단은 동해안 지역에서 주로 전투를 실시하다가 1951년 5월 중공군 5월 공세 때에는 제1군단장 백선엽(白善燁, 육군대장 예편, 육군참모총장 역임) 소장의 명령에 의거 중공군의 좌측 돌파구에 해당하는 대관령을 점령하고 중공군의 강릉 진출을 차단하는 데 성공했다. 이때 대관령을 점령했던 제1연대의 연대장은 한신(韓信, 육군대장 예편, 합참의장 역임) 대령이었고, 제1연대는 수도사단의 예하 연대였다. 용장(勇將) 밑에 약졸(弱卒) 없다는 말처럼 한신 연대장도 그 누구보다 지혜와 용맹함이 뛰어난 지휘관이었다.

아이젠하워 미 대통령 당선자에게 영어로 브리핑

이후 송요찬 장군은 동해안의 최전선 월비산전투를 승리로 이끈 후 1951년 11월 15일 지리산일대 공비토벌을 위해 급히 편성된 '백야전전투사령부'(白野戰戰鬪司令部, 사령관 백선엽 소장)에 배속되자 전선에서 벗어나 후방 지역으로 이동하게 됐다. 수도사단은 최영희 장군이 지휘하는 제8사단과 함께 지리산 일대의 공비토벌작전에 크게 기여했다. 이로 인해 지리산 공비들은 당분간 조직적인 저항을 하지 못하고 지리멸렬하게 됐다. 지리산 공비토벌작전이 성공적으로 끝나자, 다음 해인 1952년 4월 송요찬 장군이 지휘하는 수도사단은 새로 재편된 제2군단(군단장 백선엽 중장)에 배속되어 중동부전선의 춘천 북방으로 이동하여 수도고지전투와 지형능선 전투 등을 수행했다.

송요찬 장군은 이때까지 사단장 자리를 지켰다. 낙동강 전선에서 같이 싸웠던 동료 사단장 중 그때까지 남아 있는 사단장은 송요찬 장군이 유일했다. 그러한 노고와 그동안의 전공으로 송요찬 장군은 1952년 7월 8일 육군소장으로 진급했다. 소장 계급장은 이승만 대통령과 밴플리트 장군이 수여했다. 송요찬 장군은 진급과 동시에 약 2년간 생사고락을 같이했던 수도사단의 지휘권을 이용문(李龍文, 1953년 6월 비행기 추락사고로 순직, 육군소장 추서) 준장에게 넘겨주고, 전북 남원에 주둔하고 있던 남부지구경비사령부의 초대사령관에 임명되어 지리산일대의 공비토벌작전을 지휘하게 됐다.

군 수뇌부에서는 다시 지리산 일대의 공비들이 준동을 하게 되자 이를 완전히 소탕하기 위해 남부지구경비사령부를 창설하고, 정규전과 공비토벌작전에 경험이 풍부한 송요찬 장군을 그 자리에 임명했다. 그러나 1952년 10월 8일, 송요찬 장군은 다시 수도사단장으로 전보되어, 당시 최대의 격전지로 알려졌던 지형능선 전투를 승리로 이끌었다. 전선에서 승리한 수도사단은 경기도 광릉지역으로 가서 휴식과 정비를 취했다.

그 무렵인 1952년 12월 초 미국의 대통령 당선자 아이젠하워(Dwight D. Eisenhower) 원수가 "한국에서의 전쟁을 종식하겠다."는 자신의 대통령 선거공약을 지키기 위한 방안을 모색하기 위해 한국을 방문하게 됐다. 곧 대통령에 취임하게 될 아이젠하워의 입장에서는 확전을 할 것인지, 휴전을 할 것인지에 대한 방안을 강구해야 했다. 아이젠하워는 한국에서 미군 부대뿐만 아니라 유엔군 그 중에서도 한국군의 능력을 보고 싶었다. 그래서 아이젠하워의 방한 일정에는 한국군 부대 방문도 들어 있었다. 그로서는 무엇보다 미국이 돕고 있는 한국군의 사기와 전투 능력을 보고 싶었던 것이다.

송요찬 내각수반(중앙 좌측)이 러스크 미 국무장관(중앙 우측)과
한·미 회담에 참석했다(1961년).

　이때 한국정부에서는 아이젠하워가 방문할 한국군부대로 경기도 광릉에 주둔하고 있는 수도사단으로 정했다. 물론 사단장은 송요찬 소장이었다. 당시 송요찬은 한국군 사단장 중 최선임이면서 가장 오랫동안 사단장을 역임하고 있을 뿐만 아니라 가장 유능한 전투사단장으로 알려졌기 때문이다. 아이젠하워 앞에서 행한 송요찬 사단장의 영어 브리핑은 유명한 일화로 남아 있다.

　미국의 전쟁영웅 아이젠하워 원수 앞에 놓인 작전상황판(作戰狀況板)을 보고, 송요찬 장군은 아주 짤막한 영어로 브리핑을 했다. 상황판의 아군 부대 표시는 청색으로, 적군부대 표시는 적색(赤色)으로 표시되어 있었다. 송요찬 장군은 상황판에서 적군을 나타내는 적색을 가리키며, 영어로 "Enemy here, We go to north."라고 말했다. "적은 여기에 있고, 우리는 북쪽으로 진격하겠다."는 의미였다. 이보다 더 명확한 브리핑이 어디 있겠는가. 적의 위치, 아군의 위치, 그리고 어떻게 싸울 것인가를 아주 간단한 영어로 마쳤다. 아마 전사상 가장 짧은 브리핑이었을 것이다. 송요찬 장군만이 할 수 있는 브리핑이었다. 보고를 받던 아이젠하워 장군도 그 의도를 알았다는 듯이 미소를 지으며 고개를 끄덕였다.

내각수반 겸 국방부장관 역임, 정국 수습 수행

휴전 무렵 그는 미국 유학 대기 중 중공군의 마지막 대규모 공세인 7.13공세로 전황이 국군과 유엔군에 불리하게 전개되자, 다시 금성 동남쪽 지역을 방어하던 제8사단장으로 임명됐다. 미국 유학은 무기한 연기됐다. 그는 또 다시 전투지휘관으로 차출된 것이다. 이때 그는 금성천 이북까지 진출함으로써 중공군의 최후공세인 7.13공세를 물리치고, 중부전선에서 오늘날의 휴전선 확정(確定)에 전략적으로 유리한 위치를 차지하게 됐다.

휴전 후, 송요찬 장군은 비로소 미 지휘참모대학에 들어가게 됐다. 아이젠하워와 리지웨이 장군 등 미국의 명장(名將)들이 반드시 거친다는 지휘참모대학에서 1년간 전략 및 전술학을 배운 송요찬 장군은 귀국하자마자 제3군단장에 임명됐다. 군단장 취임 후 얼마 안 돼 그는 육군중장으로 진급했다. 그때가 1954년 9월이었다. 이후 그는 백선엽 장군의 후임으로 제2대 제1야전군사령관(1957년)에 임명됐다.

이때 제1군사령관의 참모들 중에는 참모장으로 박정희(朴正熙) 소장이 있었고, 작전참모에는 초대 주월한국군사령관을 역임했던 채명신(蔡命新) 준장이 있었다. 여기에서 송요찬 장군은 박정희 장군과 각별한 사이가 됐다. 채명신 장군도 육사 생도시절 은사이자 상관인 참모장 박정희 장군을 모시며 제1군을 발전시켰다. 송요찬 장군은 1959년 2월 다시 백선엽 대장의 후임으로 제11대 육군참모총장에 임명됐다.

그러나 4.19혁명으로 군내 소장파 장교들을 중심으로 정군(整軍) 운동이 일어나자, 참모총장 직에서 용퇴(勇退)했다. 이때 군의 중장급 이상 장군들이 대거 예편했다. 그중 백선엽 장군과 유재흥 장군도 포함됐다. 이때가 1960년 5월 23일이다. 이로써 그는 14년간의 군대 생활을 마치고, 육군중장으로 예편했다. 하지만 5.16이 일어나면서 그는 다시 국가의 부름에 받아 공직에 몸을 담게 됐다.

5.16 후 그는 내각수반 겸 국방부장관을 역임하면서 정국의 혼란을 수습하고 군을 추스르는 역할을 수행했다. 제1군사령부 시절 송요찬 장군을 상관으로 모셨던 박정희 국가재건최고회의 의장은 강직하면서 권력을 탐하지 않은 송요찬 장군을 전격 기용했다. 국가의 혼란기에 최적임자로 그만한 인물이 없다고 판단했던 것이다. 송요찬 장군은 딱 1년간 내각수반 겸 국방부장관을 역임하고 물러났다. 나가고 물러설 때를 아는 것이다. 공직에서 진퇴를 모르는 자만큼 어리석은 인간은 없을 것이다.

송요찬 장군은 공직에서 물러난 후에도 가만있질 못했다. 내각수반에서 물러나자마자 곧바로 인천제철 사장을 맡았다. 그만큼 국가를 위해 할 일이 많았다. 거기에는 그의 역량과 지혜가 필요했던 것이다. 그는 인천제철사장을 역임하며 조국 근대화에 힘을 쏟았다. 하지만 그의 생애는 너무나 짧았다. 1980년 10월 19일 송요찬 장군은 62세의 일기로 타계했다.

송요찬 장군은 자신이 옳다고 판단한 일에 대해서는 누가 뭐라 해도 반드시 실천하고 그 결과에 대해 평가를 받는 것을 선호했다. 그래서 그에게는 고집불통인 '석두(石頭)'라는 별칭이 따라 다녔다. 하지만 이것은 그의 장점이 될 수도 있지만 상황에 따라서는 장점이 될 수도 있었다. 전시 긴급을 요하는 상황에서 그의 이러한 행동은 자칫 대세를 그르칠 수 있다는 교훈을 남겼다.

1951년 5월 중공군 공세 시 그는 대관령을 확보하라는 군단장 백선엽 소장의 명령을 무시하고 장시간 부대 기동을 지연시킴으로써 자칫 국군 및 유엔군 전체의 작전에 작전상 커다란 차질을 가져올 뻔 했다. 그럼에도 불구하고 그는 교육훈련을 통해서만 군인이 필요로 하는 필승의 신념과 책임감 그리고 인내력을 얻을 수 있다고 믿었던 장군으로 정평이 나 있음도 유념해야 할 것이다.

　송요찬 장군은 최고의 야전지휘관이면서 입지전적(立志傳的)인 인물로 정평이 나 있다. 초등학교 학력을 가지고 군에서는 육군참모총장에 올랐고, 정부에서는 국방부장관에 내각수반(內閣首班)의 자리에 까지 올랐다. 그의 이러한 성공배경에는 성실함, 누가 보든 보지 않든 꾸준히 노력하는 근면함, 물러날 때와 나아갈 때를 아는 지혜로움, 권력을 탐하지 않는 현명함이 있었기 때문에 가능했다. 그런 점에서 송요찬 장군의 6·25전쟁 때의 수많은 전공과 국가수호 의지, 그리고 국가 발전에 기여한 것에 대해 무한한 찬사와 경의를 보낸다. 장군이시여 부디 영면하시기를!

'귀신 잡는 해병대' 뿌리
신현준 장군

해병대사령관 시절
신현준 장군

'무적해병' 이승만 대통령 휘호 받아…

신현준(申鉉俊, 1915~2007) 장군은 한국 해병대 창설의 주역으로 초대 해병대사령관을 역임했다. 해병대는 1949년 4월 15일, 진해에서 창설되자마자 곧바로 진주 및 제주도의 공비토벌에 나섰고, 6·25전쟁 때는 통영상륙작전을 통해 '귀신 잡는 해병'의 신화를 창출했다. 뒤이어 인천상륙작전과 서울탈환작전에 참가해 국군의 위상을 드높였고, 중공군 개입 후인 1951년 6월에는 미 해병대가 공략하지 못한 중동부전선의 도솔산전투에서 승리함으로써 이승만 대통령으로부터 '무적해병'의 휘호를 받으면서 전군 최고의 전투력을 인정받게 됐다. 짧은 기간에 해병대가 이렇게 장족의 발전을 하게 되기까지에는 신현준 사령관을 비롯한 해병장병들의 피땀 어린 노력과 뜨거운 애국충정 그리고 감투정신이 있었기에 가능했다.

신현준의 어렸을 때 삶은 불우했다. 그는 1915년 10월 23일 경북 금릉에서 신기관(申基觀)의 외아들로 태어났다. 아버지는 평생을 농사만

짓고 살았던 전형적인 농부였다. 신현준은 태어난 고향에서 그리 오래 살지 못했다. 가난 때문에 고향에서 살수 없었던 부모들은 1919년 2월, 더 나은 삶을 기대하며 만주로 이사했다. 이때 4살밖에 안된 젖먹이 신현준도 부모를 따라 만주로 가서, 이국땅에서 어린 시절을 보내게 됐다. 그렇지만 만주에 왔다고 해서 생활이 금방 좋아지지 않았다. 부모들은 국내에서와 마찬가지로 만주의 각 지역을 전전하며 고단한 소작농의 삶을 살았다. 그러다보니 가난의 굴레에서 쉽사리 벗어날 수 없었다. 오히려 더 악화됐다. 흉년이 들자 가족들은 빈민구제소에 들어가 살아야 할 정도로 신현준 가족의 삶은 궁핍해 졌다. 그런 와중에도 부모들은 외아들인 신현준을 학교에 보내 공부를 시키고자 노력했으나, 곧 한계에 부딪쳤다. 어떻게 해서든지 하나뿐인 아들을 학교에 보내려고 했으나, 그것은 부모의 욕심뿐이란 것만 확인했다. 신현준은 어려운 가정 형편으로 소학교를 마친 후 더 이상 학업을 이어갈 수 없게 됐다. 다행스러운 것은 신현준이 소학교에 다닐 때 틈틈이 천자문(千字文), 훈몽요결(訓蒙要訣), 맹자(孟子) 등 한문을 공부해 한학(漢學)에 상당한 소양을 갖추게 됐다. 이것은 신현준의 인격형성과 미래에 많은 도움을 줬다.

만주 봉천군관학교 출신

신현준은 신학문에 대한 배움의 끈을 버리지 않았다. 실망하지도 않았다. 어떻게 해서든지 배우겠다는 각오를 단단히 다졌다. 그는 이를 해결할 방안으로 군대를 선택했다. 군대는 그로 하여금 먹을 것을 해결해 주고, 배움의 기회도 줄 수 있다고 생각했다. 생각에 여기에 이르자 신현준은 만주 하얼빈의 남강에 주둔하고 있던 일본 만주파견군 제14사단의 참모인 다데이시(立石) 대위의 중국어 통역으로 들어갔다. 숙식이 일단 해결되자 부대에서 강의록을 구입해 중학과정을 독학으로 공부했다. 신현준에게 드디어 기회가 찾아왔다. 신현준은 1936년 4월, 만주국 육군사관학교 격인 봉천(奉天, 지금의 심양)군관학교 시험에 합격해 제5기로 들어갔다. 이때 군관학교 동기생들은 쟁쟁했다. 육군참모총장을 역임하고 국무총리가 된 정일권(丁一權) 장군, 해병대사령관을 역임한 김석범(金錫範) 장군, 6·25전쟁 때 제1군단장으로 38도선을 최초로 돌파했던 김백일(金白一) 장군, 육군에서 사단장까지 역임한 송석하(宋錫夏) 장군 등이 있었다.

신현준은 1937년 12월, 만주 봉천군관학교를 졸업한 후 견습사관(見習士官)을 거쳐 만주군 육군소위로 임관했다. 임관 후 그는 만주군 보병 제8단(團, 연대급 부대)에 근무하던 중 8·15광복을 맞았다. 이때 그의 나이 25세로 계급은 대위였다. 광복이 되자 그는 더 이상 만주에 있을 필요가 없었다. 1946년 4월 신현준은 귀국길에 올라 그 해 5월에 부산에 도착했다. 고국에 돌아온 신현준은 처음에는 봉천군관학교 동기로 당시에는 군사영어학교를 졸업하고 국방경비대에 복무중인 정일권 대위를 찾아갔다. 국방경비대에 들어가기 위해서다. 정일권과는 봉천군관학교 때부터 어떤 동기생보다 친분이 두터웠다. 하지만 정일권은 신현준에게, "국방경비대는 만원이니 진해(鎭海)에 있는 조선해안경비대에서 복무중인 김석범을 찾아갈 것"을 권유했다. 그때는 군사영어학교가 폐교되고 조선경비사관학교(육군사관학교 전신) 제1기생들이 교육을 받고 있을 때였다. 이에 신현준은 1946년 6월 22일, 김석범을 통해 조선해안경비대 총사령관이던 손원일(孫元一) 소령을 찾아가 조선해안경비대의 견습사관으로 입대한 후 1946년 12월, 해군중위로 임관했다. 임관 후 신현준은 조선해안경비대 인천기지사령관을 역임하고, 소령 때는 부산기지사령관(1947년 9월)과 진해특설기지 참모장을 역임하고,

1948년 5월에 해군 중령으로 진급했다. 비록 임관은 늦었으나 과거의 군대경력을 인정받아 비교적 진급이 빨랐다.

해병대 창설 책임 맡아…

해군 장교로 근무하던 신현준에게 1948년은, 군대 인생의 전환점이 됐다. 그것은 1948년 10월 19일에 일어난 여수주둔 제14연대 반란사건 때문이었다. 제14연대 반란을 진압하기 위해 해군 함정들도 여수 앞바다로 출동했다. 진압작전 과정에서 해군지휘관들은 해병대의 필요성을 절감했다. 바다에서 육지로 상륙작전을 실시하면 국군의 피해를 줄이면서 반란군을 쉽게 진압할 수 있었는데 당시에는 해병대가 존재하지 않았기 때문에 그렇게 하지를 못했다. 제14연대 반란을 진압한 후, 해군지휘부에서는 진압작전에 출동했던 공정식(孔正植) 대위와 신현준 중령의 '해병대 창설' 건의를 받아들였다. 손원일 해군참모총장은 해병대 창설을 흔쾌히 받아들임으로써 해병대 창설이 급진전을 보게 됐다. 이승만 대통령도 해병대 창설에 반대하지 않았다. 해군참모총장 손원일 제독은 1949년 2월 1일부로 신현준 중령을 해병대사령관에 임명하고, 해병대 창설에 관한 제반 업무를 일임했다. 이때부터 해병대 창설이 본격적으로 이루어졌다.

해병대 창설책임을 맡은 신현준은 바빴다. 먼저 해병대를 이끌고 갈 유능한 장교가 필요했다. 조직은 사람이 움직이기 때문이다. 유능한 장교를 해병대로 모셔오기 위한 신현준식 프로젝트가 가동됐다. 신현준 사령관은 발품을 팔아 유능한 인재들을 해병대로 모셔왔다. 대표적인 분들이 바로 나중에 해병대을 만들고 가꾼 인물들이다. 여기에는 해군 통제부 교육부장으로 재직하고 있던 김성은(金聖恩, 해병중장 예편·해병대사령관 역임) 중령을 비롯하여 김동하(金東河, 해병중장 예편) 소령, 고길훈

1953년 이승만 대통령이 신현준 해병대사령관에게
두 번째 태극무공훈장을 수여하고 있다.

(高吉勳, 해병소장 예편) 대위였다. 특히 해군에서 명망이 높던 김성은 중
령을 영입하기 위한 신현준의 노력은 대단했다. 신현준은 김성은의 집
을 3번에 걸쳐 방문하고 해병대로 들어올 것을 간곡히 요청했다. 이른
바 삼국지에서 유비(劉備)가 제갈공명(諸葛孔明)을 얻기 위해 '삼고초려
(三顧草廬)'를 했던 것처럼 신현준도 그렇게 했다. 김성은의 마음을 잡기
위한 필사의 노력이었다. 신현준 사령관의 정성에 감복한 김성은은 더
이상 고집을 피우지 못하고, 해병대로 들어오게 됐다. 이러한 과정을
거쳐 1949년 4월 15일, 해병대는 진해 덕산비행장에서 창설식을 갖게
됐다. 창설식에서 신현준 사령관은, "해병은 일치단결하여 온갖 고난
을 이겨냄으로써 유사시에 대비한 최강의 부대가 되도록 교육훈련에
정진하자!"고 결의했다. 초대 해병대 참모장에는 김성은 중령을 임명
하고, 작전참모에는 김동하 소령을 임명했다.

해병대 창설 후 신현준은 진해지역 경비임무와 공비토벌 임무 등을
수행하다가 1949년 12월 28일 제주도로 이동했다. 제주도의 공비들을
토벌하기 위해서다. 그로부터 6개월 후 6·25전쟁이 발발했다. 해병대

는 제주도에서 6·25전쟁을 맞았다. 6·25전쟁이 발발하자 신현준 사령관은 제주도 장정들을 대상으로 모병활동을 전개, 그 해 6월말까지 제주도 각 지역에서 자원한 3,000여 명의 청년들과 학생들을 훈련시켰다. 여기에는 여학생들도 포함됐다. 최초의 여자해병대다. 6·25전쟁을 통해 해병대는 비약적인 발전을 했다. 신현준은 북한군의 남진을 저지하기 위해 1950년 7월 13일 고길훈 소령이 지휘하는 1개 대대를 전북의 군산지역으로 보낸데 이어, 8월 1일에는 김성은 중령이 지휘하는 1개 대대를 경남 진주 인근의 진동리로 출동시켰다. 호남지역으로 우회하여 부산서부지역으로 진출하려는 북한군 제6사단의 진출을 막기 위해서다. 김성은 부대는 통영상륙작전을 통해 이곳까지 진출한 북한군을 궤멸시켰다. 자칫 잘못됐으면 부산이 위험할 뻔했다. '귀신잡는 해병'의 신화가 탄생했다.

제주도의 해병대사령부도 본격적으로 전투에 참가하기 위해 9월 1일 진해로 이동하여 인천상륙작전 준비에 들어갔다. 미군은 한국해병대에게 군복, M1소총, 통신장비 등을 지급했다. 모두 신품이었다. 해병대는 사람만 한국인이고 장비와 무기는 모두 미국제였다. 해병대의 환골탈태(換骨奪胎)였다. 해병대는 신현준 사령관의 통합 지휘하에 미군과 함께 인천상륙작전 및 서울탈환작전, 원산 및 함흥지역작전에 참가하여 한국 해병대의 위상을 높였다. 인천상륙작전 후 신현준 대령은 드디어 장군으로 진급했다. 최초의 해병대 장군의 탄생이었다. 이후 해병대는 신현준 장군의 지휘하에 도솔산전투와 김일성 고지 전투 등 치열한 전투를 수행했다. 신현준 준장은 그 전공으로 1952년 해병 소장으로 진급했다. 그만큼 해병대가 잘 싸웠다는 증거다. 이로 인해 해병대의 위상이 더욱 높아졌다.

전역 후 초대 바티칸 대사

그렇지만 전쟁은 신현준에게 뼈아픈 가족사(家族史)를 남겼다. 전쟁 발발 후 신현준의 아내와 자식들은 험난한 피난생활을 했다. 군인의 아내라고 해서 특별혜택이 있을 리 만무했다. 가족들은 부산의 단칸방에서 어려운 피난생활을 했다. 그때 아내는 만삭의 몸이었다. 서울이 수복되자 아내는 서울 장충동에 임시거처를 마련했다. 비극은 여기서 일어났다. 당시 집에는 사령관 가족을 보호하기 위해 경비병을 두었는데, 어느 날 아내가 잠깐 시장을 보러 간 사이 어린 아들이 경비병의 소총에 총알이 장전된 것을 모르고 장난을 치다가 오발사고를 냈다. 오발사고로 마침 거기에 있었던 딸과 처제가 같은 총알을 맞고 숨을 거두었다. 우연의 일치 치고는 너무나 큰 비극이었다. 죽은 딸의 시신은 천주교 신자의 도움으로 천주교 묘지에 묻혔다. 이것이 인연이 되어 신현준 장군과 가족들은 천주교를 믿게 됐고, 또 그 인연으로 신현준 장군은 초대 바티칸 대사를 역임하게 됐다.

신현준 장군은 군의 직책이나 계급에 연연하지 않았다. 오로지 해병대 발전을 위해 노력했다. 신현준 장군은 1953년 10월 15일, 해병 제1여단을 창설한 후 사령관 직을 버리고 여단장으로 부임했다. 후임 해병대사령관은 봉천군관학교 동기인 김석범 장군이었다. 이후 그는 후배들 밑에서 오로지 해병대 및 군의 발전을 위해 매진했다. 해병여단이 어느 정도 안정을 다지게 되자 김대식(金大植) 장군에게 여단을 인계하고, 합참으로 자리를 옮겼다. 합동작전의 발전을 위해서다. 이후 신현준 장군은 해병대 진해교육기지사령관(1959년)을 거쳐 1960년 6월 해군 중장 진급과 동시에 이종찬 국방부장관 특별보좌관으로 들어갔다. 그리고 1961년 4월 1일 국방차관보를 거친 후, 1961년 7월 4일 15년간의 군 생활을 마감하고 해병중장으로 군문을 나섰다. 누구보다 명예로운 전역이었다.

전역 후, 신현준 장군은 모로코 대사와 초대 바티칸 대사를 지냈다. 그는 독실한 천주교인으로 종교적 신념만큼이나 국가와 민족 그리고 군을 지극히 사랑했던 해병대의 진정한 대부(代父)이자 산 증인이었다. 그가 두 번이나 태극무공훈장을 받은 것만 봐도 알 수 있다. 신현준 장군은 평생을 올곧은 군인으로 살았다. 청렴결백한 군인이면서 전장에서는 전투를 잘하는 지휘관이었다. 그는 평생을 자신의 영혼보다 해병대를 더 사랑한 진정한 해병인이었다. 이러한 점에서 "신현준이 곧 해병대이고, 해병대가 곧 신현준"이라고 해도 과언이 아니었다. 신현준 장군은 2007년 92세의 나이로 타계했다. 해병대의 큰 별이 떨어진 것이다.

낙동강 끝가지 사수한 불독 맹장
월튼 워커 장군

월튼 워커 장군

'불독'으로 불리다

미 제8군사령관 월튼 워커(Walton H. Walker, 1889~1950) 중장은 제1·2차 세계대전에 참전한 미국의 전쟁영웅이었다. 미 웨스트포인트 출신으로 1912년 소위에 임관한 그는 제1차 세계대전 때는 미 제5사단 기관총대대 중대장으로 뫼즈–아르곤 전투에 참전하여 그의 뛰어난 전공으로 소령으로 진급했다. 제2차 세계대전 때는 패튼(George Patton) 장군이 지휘하는 미 제3군 예하의 미 제20군단을 지휘하여 공격작전의 권위자라는 말을 들은 명장이었다. 당시 미 제20군단은 프랑스를 거쳐 독일 본토로 진군하는 제3군사령관 패튼(George S. Patton) 장군의 선봉군단이었다. 이에 그의 적극적이고 책임감 강한 성격과 특이한 용모를 보고 사람들은 그를 '불독(bulldog)'이라는 별칭을 붙여 주었다. 또한 그의 사후 (死後) 미 육군은 워커를 추앙하는 의미에서 수색용 경전차인 M41형 전차에 '불독워커(Bulldog Walker)'라는 애칭을 사용했다.

제2차 세계대전 후 워커는 미 본토의 제5군사령관을 거쳐 6·25전쟁 발발 불과 2년 전인 1948년 9월 일본 점령임무를 맡고 있던 미 제8군사령관에 임명되어 일본에 왔다. 6·25전쟁 때 그는 맥아더의 명령으로 한국의 모든 지상군을 통합 지휘하는 주한유엔군지상군사령관이었다. 하지만 그는 한국군에 대해서는 육군참모총장 정일권 소장을 통해 간접 지휘했고, 북진할 때에는 맥아더(Douglas MacArthur)가 미 제8군과 미 제10군단을 각각 지휘함으로써 상호 작전협조가 이뤄지지 않아 중공군에게 각개격파 당하는 지휘상의 난맥(亂脈)을 경험했다. 그런 와중에 그는 중공군 30만 명의 불시공격을 받고 유엔군이 38도선으로 철수, 재정비하는 과정에서 불행히도 자동차 충돌사고로 1950년 12월 23일 전사했다. 이에 이승만(李承晩) 대통령은 그를 "한국인민의 진정한 벗"이라며 애도했고, 서울시민도 그 비보(悲報)를 접하고는 집집마다 조기(弔旗)를 게양하고 비통해 했다. 미국 정부도 그를 육군대장(大將)으로 추서해 그의 드높은 전공을 기렸다.

6·25전쟁을 통해 워커는 패튼 장군의 열렬한 신봉자로서 그의 과감한 지휘방식을 모방했고, 6·25때 이것을 한국전선에서 그대로 재현했던 맹장(猛將)이었다. 그 때문인지 6·25전쟁에서 워커의 공로는 그 누구보다 컸다. 그는 전황이 최악이던 시점에 한국에 부임하여 부산교두보선을 지켜내 북진의 돌파구를 열었고, 이후 평양을 공략·탈환하는 혁혁한 무공을 세웠다. 그 과정에서 그는 불독처럼 생긴 얼굴에 번쩍거리는 철모를 쓰고 다니면서 "전선사수명령(Stand or die)과 제2의 됭커르크(Dunkirk)는 없다"고 외치며 낙동강 전선을 끝까지 사수, 공세이전의 전기를 마련했다. 그런 점에서 낙동강방어선을 사수하며 이를 지켜냈던 워커 장군의 작전지도의 실체를 파악하는 것은 6·25전사 연구에서 그 시사(示唆)하는 바가 매우 크다고 할 수 있을 것이다.

낙동강을 최후 방어선으로 선택

한국전선에서 유엔군 전지상군에 대해 작전지휘권을 가지고 있던 미 제8군사령관 워커 중장은 1950년 7월 한 달 동안의 지연작전의 불리한 전황을 타개함과 동시에 낙동강의 지형상 특징을 고려하여 낙동강을 최후의 방어선으로 구상하게 됐다. 워커 중장의 낙동강 방어선 구상은 지연작전 동안에 이루어졌다. 그가 이런 결정을 하게 된 정확한 시점은 한미연합군에 의해 형성된 대전 북방의 금강, 소백산맥 방어선이 돌파된 직후인 1950년 7월 17일부터였다. 그는 낙동강 방어선을 결정하는 데 있어서 여러 가지 요소를 고려했다.

즉 워커와 그의 참모들은 국군과 주한미군 및 미 본토 증원부대의 상황, 유엔 해·공군의 지원능력, 북한군의 전력, 지리적 이점, 부산항의 여건과 양륙(揚陸)상태에 관한 각종 자료를 다각적으로 분석했다. 그런 연후에 워커 중장은 낙동강 방어선을 최후의 교두보로 선정하고, 이 선에서 적의 진출을 저지한 다음 총반격을 실시한다는 계획을 수립했다.

워커 중장의 낙동강 방어작전 구상에 대해서는 육·해·공군총사령관 겸 육군참모총장 정일권(丁一權) 소장도 실시 이전에 그를 통해 이미 알고 있었다. 정일권 총장은 7월 18일 워커 중장과 함께 격전을 벌이고 있는 대전 전선을 시찰하기 위해 '비버'라는 경비행기를 타고 왜관 상공을 지날 때 워커 중장의 낙동강 방어선 구상을 처음 알았다. 워커 중장은 왜관 상공을 지날 때 정일권 총장에게 창밖으로 보이는 낙동강을 가리키며 차후의 방어지역으로 이곳을 선정했다고 말했다. 이 때 국군과 미군에 의한 금강, 소백산맥의 지연작전은 이미 전력상의 한계점을 나타내고 있었다. 정일권 총장은 이 때 워커 사령관의 낙동강 방어선 구상을 알 수 있었다.

워커 중장은 낙동강 방어선을 북한군의 남진을 저지하고 반격을 위

낙동강 전선의 워커 장군

한 발판으로 계획했다. 그는 새로운 방어선으로 낙동강과 영덕을 잇는 선으로 결정하고 증원부대가 도착할 때까지 북한군의 남진을 소백산 맥을 이용하여 저지하고자 했다. 이에 따라 미 제8군은 국군과 함께 영동·함창·안동·영덕에 이르는 140㎞의 전선에서 북한군의 공격을 저지하다가 이를 방어하지 못할 경우에는 낙동강 방어선으로 철수하여 이곳에서 최후의 결전을 하기로 결정했다.

워커 사령관의 작전방침

워커 중장은 국군과 유엔군이 적을 지연시키고 있는 동안 인근 주민의 협조를 받아 낙동강 방어선을 구축하도록 하는 한편, 1950년 7월 26일 전군에 낙동강 선으로의 철수준비 명령을 하달했다. 그는 "한국으로부터 철수하지 않는다. 한국판 던커르크는 없다"고 강조하고 전선고수의 필요성을 역설한 유엔군사령관 맥아더 원수의 작전지침에 따라 행동했다. 워커 중장은 7월 29일 "한 치의 땅이라도 적에게 빼앗기면 수많은 전우의 죽음이 있다는 것을 명심하고 끝까지 싸워야 한다"며 이른바 전선사수(Stand or Die) 명령을 하달하여 전의(戰意)를 다졌다.

워커 중장의 전선 사수명령은 북한군을 혼란에 빠뜨리고 균형을 파괴하기 위함이었다. 이를 위해 그는 각 부대로 하여금 역습을 실시하도록 강조했다. 그는 "적의 균형을 무너뜨리고 아군진지에 대한 적의 조직적인 공격을 방해하기 위한 역습을 시도하라. 한국군 작전에서 입증된 것처럼 역습은 잃었던 진지를 되찾고, 적의 진격을 지연시키는 데 효과가 있다. 역습은 방어의 결정적 요소이며, 그것의 성공여부는 실시속도와 대담성, 그리고 기습에 달려 있다"고 말했다.

워커 중장은 낙동강선 방어작전에 임하면서 '역습만이 결정적인 요소'가 될 것으로 판단했다. 그는 미 제8군이 낙동강선으로 철수할 때에도 "각 지휘관은 항상 적과 접촉하여 적정을 명확히 파악하고 적의 전진을 저지시켜야 한다. 적의 추격을 격파해야 할 필요가 있을 때는 즉시 적극적인 작전을 펴라! 역습이야말로 방어를 성공시키는 결정적인 요소이다"라고 강조했다.

낙동강 방어작전 중 워커 중장의 임무는 부산교두보를 확보하며 당시 극비리에 추진 중이던 인천상륙작전에 호응하여 즉시 공세작전으로 전환할 수 있도록 준비하는 것이었다. 이를 위해 그는 "우리는 항상 공세이전에 필요한 여건을 적극적으로 만들어야 한다는 것을 염두에 두어야 한다. 내가 원하는 것은 공세에 필요한 능력과 전기의 파악이다. 그러므로 공세를 취할 수 있을 때까지 적에게 계속적인 압력을 가하는 것이다. 이것이 성공한다면 적에게 결정적인 공격을 가할 수 있는 호기가 도래할 것이며, 총공격으로 전환할 아군의 준비 또한 빨리 완료할 수 있을 것이다"라고 말했다.

이처럼 워커는 "낙동강 방어선에서 국군과 유엔군이 반격준비를 완수하기 위해서는 끊임없는 공세행동으로서 적을 교란하고, 공세로 전

워커장군 제막기념식, 왼쪽 3번째부터 릴리 미국대사, 정일권 장군,
박정기 한미친선협회 회장, 워커 장군 아들 샘 워커 대장

환하기 이전에 필요한 모든 조건을 만들어야 하며, 방어기간에도 공세
기회를 놓쳐서는 안 된다"고 강조했다. 이를 위해 그는 교두보내의 국
군과 유엔군은 증원부대와 보급수송을 위한 병참선을 확보하고, 우세
한 포병과 항공기로써 적의 사기를 저하시키며 적극적인 역습으로서
전세를 전환하여 장차 반격을 위한 준비를 갖추는 데 주력했다.

6·25전쟁 최대 공로자 마땅해…

낙동강 방어작전 동안 워커 사령관이 해야 할 일은 예비대 확보 및 운
용이었다. 그는 언제 어느 곳에 예비대를 투입시킬 것인가, 또는 새로
운 예비대를 어떻게 편성할 것인가를 결정하는 것에 항상 골몰했다. 그
는 군사령부의 일상 업무는 거의 참모들에게 맡기고, 대신 자신은 위험
하다고 생각되는 전선을 찾아 뛰어다녔다. 그는 저녁때가 되어 군사령
부로 돌아오면 부재중에 수집 정리한 정보와 참모장 랜드럼(Eugene M.
Landrum) 대령이 전화상으로 파악한 예하부대 사항을 기초로 다음날의
순시계획을 수립하고, 전황이 중대하다고 판단된 전선으로 곧장 달려

갔다. 그리고 현장의 지휘관을 만나 본 다음, 전황을 자기 눈으로 확인하고는 예비대를 투입 여부를 결정했다.

역습을 위해서는 항시 어려운 조건, 즉 정보수집, 정확한 상황판단, 역습 부대의 기동, 적의 돌파저지, 과감한 공격, 적절한 보급지원이 수반되어야 한다. 낙동강 방어작전 동안 미 제8군은 제공권을 완전히 장악하고 있었기 때문에 이러한 조건을 충족시킬 수가 있었다. 최전선의 미군 부대는 한 달 남짓한 기간의 전투경험으로 숙달되어 있었고, 정보는 공중정찰의 발달, 포로, 특히 투항자의 증가, 문서노획, 주민의 협조, 여기에 전방부대의 정보수집 능력의 향상으로 적절한 정보판단을 할 수 있었다. 또 기동은 철도와 육상도로의 병용으로 용이하게 활용됐다.

그러나 낙동강 방어작전에서 미 제8군이 가장 어려운 것은 역습을 반복 실시하는데 필요한 예비대의 편성 문제였다. 미 제8군 참모장 랜드럼 대령은 "나의 최대 임무는 예비대를 차출해 내는 일이었다. 나는 190㎞의 전선에 전개하고 있는 부대현황을 파악하고, 적의 기도를 예측하여 비교적 안전하다고 생각하는 전선이 어디인지를 판단하여 그곳으로부터 부대를 차출하는 일에 몰두했다"고 회고했다. 워커도 매일 아침 인사가 "랜드럼, 오늘은 어느 정도의 예비대를 확보해 두었나?"라고 묻는 것이었다고 한다.

특히, 워커 중장은 상륙작전에 호응하여 반드시 총반격작전이 전개되어야 한다는 전제하에 낙동강 방어선을 사수하겠다는 신념을 확고히 했다. 그가 예하 사단장에게 "적이 대구시내로 쳐들어온다면 나는 거리에서 장병들과 함께 끝까지 싸울 것이니 귀관도 나처럼 최후의 결전을 준비하도록 하게. 나는 귀관을 전선 후방에서는 더 이상 만나고 싶지 않네. 관(棺) 속에 들어가 있다면 별문제겠지만"라고 말하며 대구

사수 의지를 굳건히 했다.

　워커는 이런 전투의지와 적극적인 지휘방식에 따라 '킨 특수임무부대(Task Force Kean)' 작전을 지휘했고, 낙동강 돌출부 전투, 왜관·다부동 전투, 안강·기계전투, 영덕·포항 전투 등을 지휘했다. 그는 북한군이 돌파한 곳에는 반드시 그 용감한 모습을 드러내 역습병력을 집중시키고 공·지합동작전의 통합된 화력지원하에 작전을 실시했다. 낙동강 방어작전은 내선(內線)에 있는 유엔군이 북한군의 돌파 정면으로 병력을 기동시켜 역습을 하는 전투의 반복으로 이루어졌다. 이렇듯 그는 미군 증원부대의 발판과 동시에 반격의 기틀이 될 부산교두보 사수를 위해 최선을 다함으로써 적의 집요한 공세를 물리치고 인천상륙작전 이후 총반격작전을 실시할 수 있는 여건을 만들었다. 만약 낙동강 사수가 없었다면 전세를 역전시킨 인천상륙작전도, 오늘의 대한민국도 없었을 것이다. 이런 점에서 6·25전쟁 최대의 공로자는 단연 워커 장군이라 해도 과언이 아닐 것이다.

낙동강 전투의 영웅
유재흥 장군

합참의장 시절
유재흥 육군중장

지휘 능력 인정 받아 28세 장군 진급

유재흥(劉載興, 1921~2011) 장군은 국군 장군 중 군 경력이 가장 화려하면서도 육군총수인 참모총장이 되지 못했다. 그는 1946년부터 1960년까지 14년간의 군 생활 중 사단장 3번, 군단장 3번, 참모차장 4번, 교육사령관, 군사령관, 합참의장 등의 요직을 두루 거친 건군의 주역이자 6·25전쟁의 영웅이었다. 유재흥 장군은 이형근 장군과 채병덕 장군에 이어 군번 3번으로 임관했을 정도로 창군 초기부터 두각을 나타냈다. 6·25전쟁 이전에는 제주도지구전투사령관에 임명되어 공비들을 진압한 공로로 1949년 장군으로 진급하였다. 이후 그는 6사단장과 제2사단장을 거쳐 전쟁 발발 직전에 북한군의 제1접근로인 동두천-포천에서 의정부-서울로 연결되는 수도서울의 관문인 의정부 축선의 방어를 책임지는 제7사단장에 보직됐다. 그것이 바로 전쟁 발발 2주일 전인 1950년 6월 10일이었다. 전쟁 발발 이후 유재흥 사단장, 군단장, 참모차장을 거치며 전장을 누비며 용장으로서 면모를 보여주었다.

그렇지만 유재흥 장군은 이런 화려한 군사경력에도 불구하고 육군대장과 육군 참모총장에 오르지 못했다. 그와의 경쟁 상대였던 정일권 장군(육군대장 예편·육군참모총장 역임), 백선엽 장군(육군대장 예편·육군참모총장 역임), 이형근 장군(육군대장 예편·육군참모총장 역임)이 모두 대장(大將)으로 진급해 육군 참모총장을 거쳐 합참의장을 역임했던 것에 비하면 매우 이례적인 일이라 할만하다.

유재흥 장군은 1946년 창군멤버들이 모두 거친 군사영어학교를 졸업하고 곧바로 육군 대위로 임관됐다. 그의 첫 보직은 조선경비대총사령부 보급관(군수국장)으로 보직돼 다른 사람보다 유리한 위치에서 군 생활을 시작했다. 이후 유재흥 장군은 여단 참모장을 거쳐 여단장과 사단장(6·2·7사단장), 제주도지구전투사령관을 거치며 지휘능력을 인정받아 28세의 젊은 나이에 장군으로 진급했다.

6·25전쟁이 발발했을 때 유재흥 장군은 수도서울의 관문인 7사단장이었다. 북한군은 남침공격계획을 수립할 때 유재흥 장군이 맡고 있는 의정부-포천 축선에 북한군 최정예부대인 제4사단과 제3사단 그리고 제105전차여단을 투입하여 2일만에 서울을 점령한다는 '야심찬 계획'을 수립했다. 그러나 북한군의 이러한 남침계획은 무모한 것이 아니었다. 전력면에서 충분히 승산이 있는 것으로 북한군 수뇌부와 소련군사고문단은 판단했다. 그 당시 유재흥 장군이 지휘하는 국군 제7사단의 전력은 2개 보병연대에 105밀리 대포 1개 대대전력이 전부였다. 여기에 적 전차를 파괴할 대전차 장애물이나 대전차무기도 없었다. 병력도 6천명으로 3만명에 달하는 북한군에 비해 절대열세였다. 병력이나 화력 모두에서 의정부-포천 축선에 투입된 북한군은 국군 제7사단을 압도했다. 북한군 1개 사단에는 포병 4개 대대 뿐만 아니라 군단포병까지 증원되었고, 여기에 국군에게는 단 한 대도 없

제1군사령관 시절 유재흥 장군과
이승만 대통령의 다정스러운 모습

는 1개 전차여단(-1)까지 투입되었기 때문에 북한군과 제7사단과의
전투는 마치 '골리앗과 다윗의 싸움'에 비교될 정도로 심한 전력차이
를 보였다.

특히 국군 제7사단의 38선 이남 방어지대에는 하천 장애물이 없었
다. 제7사단을 제외하고 6·25전쟁 발발 당시 38도선을 방어하고 있던
국군 제1사단과 제6사단 그리고 제8사단의 38도선 이남의 방어정면에
는 커다란 하천들이 놓여 있어 방어에 요긴하게 활용할 수 있었다. 제1
사단에는 임진강이 있었고, 제6사단에는 북한강과 소양강이 있었으며,
제8사단에는 연곡천과 남대천 그리고 사천강이 있었다. 따라서 이들
사단들은 하천방어의 이점을 충분히 살려 개전 초기 전투에서 성공적
인 방어를 실시할 수 있었다. 하지만 제7사단의 방어정면에 있는 한탄
강과 영중천은 모두 38선 이북에 있어 다른 사단들처럼 하천방어를 할
수 없었다. 설상가상으로 북한군의 주공이 의정부-포천 축선으로 지

향되었기 때문에 제7사단장 유재흥 장군의 입장에서는 이중의 고역이 아닐 수 없었다.

수도 서울 관문 7사단장 임무 수행

그럼에도 불구하고 유재흥 장군은 선전했다. 북한군의 2일만의 서울 점령을 용전분투하며 6월 28일까지 막아냈다. 그 과정에서 유재흥 장군은 채병덕 참모총장으로부터 의정부지구전투사령관과 미아리지구 전투사령관에 임명되어 의정부 축선에 투입된 국군 부대들을 통합 지휘하여 북한의 남침공격계획에 차질을 가져오게 했다. 이에 따라 국군은 한강선방어를 실시할 시간적 여유를 갖게 됨으로써 한강방어를 책임질 시흥지구전투사령부를 급거 창설하고 김홍일 장군을 사령관에 임명했다. 이때 유재흥 장군은 시흥지구전투사령부 예하의 혼성 제7사단장에 임명되어 한강방어선 전투를 수행하게 됐다. 한강방어 작전 동안 맥아더 원수의 한강방어선 시찰이 이루어졌고, 맥아더 장군은 한강방어선 시찰결과를 통해 미 지상군 투입을 트루먼 대통령에게 건의함으로써 미 지상군이 투입할 수 있는 계기를 만들었다.

이후 유재흥 장군은 제7사단이 개전 초기 전투를 치르며 입은 막대한 병력 손실로 인해 해체되자 새로 창설된 제1군단 부군단장을 거쳐 1950년 7월 중순에 제2군단장에 임명됐다. 이때부터 제2군단장 유재흥 장군은 지연작전을 수행하며 미 제8군사령관 워커 장군이 선정한 낙동강 방어선으로 전략적인 후퇴를 하게 됐다. 낙동강 방어작전에서 유재흥 2군단장은 예하에 백선엽 준장이 지휘하는 제1사단과 김종오 준장이 지휘하는 제6사단 그리고 8월 말부터 군단에 편입된 이성가 준장이 지휘하는 제8사단을 지휘하여 낙동강방어의 최대 격전지로 알려진 신녕-영천 지역에서 북한군의 집요한 공세를 저지하며 위기에 처한 대

영천전투 후, 워커 장군으로부터 무공훈장을 받고 있는 유재흥 2군단장(왼쪽)

한민국을 지켜냈다.

　낙동강방어작전 과정에서 유재흥 장군은 두 번의 위기를 겪었다. 북한군 8월 공세 때에는 제1사단의 다부동 전투였고, 북한군의 9월 공세 때에는 영천을 점령하고 경주를 통해 부산으로 진출하려는, 박성철이 지휘하는 북한군 제15사단의 공격을 막아내는데 성공했다. 9월 5일 전략적 요충지 영천이 적에게 빼앗길 위험에 처하게 되자, 미 제8군은 지휘소를 부산으로 이전했고, 도쿄의 유엔군사령부에서는 한국의 망명정부를 고려했고, 김일성은 전쟁승리를 확신했다. 전쟁 발발 이후 최대의 위기였다. 이때 유재흥 2군단장은 긴급 군단회의를 열고 제1사단과 제6사단에서 각각 1개 연대씩을 차출하고, 미군으로부터는 전차 1개 소대를 증원받아 영천을 다시 탈환함으로써 김일성의 승리에 찬물을 끼얹었고, 미국의 한국의 망명정부를 잠재웠으며, 맥아더의 인천상륙작전을 실행에 옮길 수 있게 했다. 그러한 공로로 유재흥 장군은 미국 훈장을 받음과 동시에 당시 정일권 육군참모총장과 같은 육군소장으로 파격적인 승진을 했다.

인천상륙작전 성공 후 유재흥의 2군단은 북한군을 무찌르며 38도선을 향해 맹호처럼 돌진했다. 38도선을 돌파한 후에는 국경인 압록강으로 치달렸다. 그렇게 해서 군단 예하 제6사단이 10월 26일 압록강 국경 도시인 초산을 국군과 유엔군 중에서 가장 먼저 도달하게 됐다. 그러나 중공군의 개입으로 국군과 유엔군이 38도선을 향해 철수하게 되자 유재흥 장군이 지휘하는 제2군단도 통한의 철수를 하지 않을 수 없게 됐다. 이후 유재흥 장군은 참모차장으로 영전하였으나 중공군의 신정공세이후 중부전선이 적의 위협에 노출되자 제3군단장에 임명되어 이를 저지했다.

전장 떠나지 않은 야전지휘관

한편 중공군은 1951년 4월에 맥아더 장군의 해임에 따른 유엔군의 사기저하, 신임 미 제8군사령관으로 부임한 밴플리트 장군에 대한 일종의 '신고식', 그리고 공산권 최대의 명절인 5월 1일 노동절을 기해 서울을 모택동에게 선물한다는 계획 하에 실시된 중공군 4월 공세가 실패했다. 이때 중공군사령관 팽덕회는 지난 4월 공세의 실패를 만회하고, 국군에게 섬멸적 타격을 줄 목적으로 유재흥 장군이 지휘하는 국군 제3군단(국군 3사단·9사단)에 주력을 지향하고 1951년 5월 중순에 기습 공격하였다. 그런데 설상가상으로 당시 3군단의 유일한 후방보급로였던 오마치 고개가 인접의 미 제10군단 작전지역에 포함되었고, 유재흥 군단장의 경고에도 불구하고 미 제10군단에서 이곳에 대한 방어대책을 강구하지 못한 바람에 중공군이 오마치 고개를 점령하여 국군 제3군단의 퇴로를 차단하는 상황이 벌어졌다.

그 과정에서 제3군단은 막대한 피해를 입고 밴플리트 미 제8군사령관에 의해 해체됐다. 전쟁사에서는 이를 현리전투로 기록하고 있다. 이

때 유재흥 장군은 군단장으로서 효과적인 지휘조치(오마치 고개 확보와 군단장의 현장지휘 등)를 못한 것으로 알려져 비판을 받았다. 하지만 당시 제3군단 정면 및 측방으로의 중공군의 기습공격은 그 어떠한 지휘관이라도 효과적으로 대처하기에는 역부족이라는 평가도 나오고 있다. 그 때문인지는 모르나 이때부터 유재흥 장군은 1952년에 바로 육군중장으로 진급을 하긴 했으나 육군참모총장에는 오르지 못했다.

제3군단장에서 물러난 후 유재흥 장군은 육군참모차장으로 있다가 1952년 7월 제2군단장 백선엽 중장이 참모총장으로 임명되자, 제2군단장에 보직되어 전선으로 나갔다. 그런 점에서 보면 역시 유재흥 장군은 야전지휘관 체질이었다. 제2군단장으로서 유재흥 장군은 중동부 전선을 맡아 전선지역이 북쪽으로 돌출되는 금성돌출부 형성에 기여했다. 당시 전선에서 북쪽으로 돌출된 작전지역은 유재흥 장군이 지휘하는 2군단 정면이 유일했다.

1953년 초 유재흥 중장은 제2군단장 직을 미국에서 유학하고 돌아온 정일권 중장에게 물려준 후 다시 육군참모차장 직책을 맡았다. 육군참모차장으로 있을 때 유엔군측과 공산군측은 정전협정을 체결했다. 유재흥 장군은 6·25전쟁 37개월 동안 전장을 한 번도 떠난 적이 없는 듬직하면서도 뚝심이 있는 야전지휘관의 면모를 보였다. 그는 전쟁 발발 이후 오로지 사단장, 군단장, 육군참모차장을 역임하며 전쟁을 지도하고 전투현장에서 매번 어려운 전투를 지휘한 믿음직스런 군인으로 존재감을 과시했다. 비록 휴전 후 유재흥 장군이 합참의장을 거쳐 제1군사령관을 마지막으로 전역했으나, 그의 뛰어난 전공과 애국심 그리고 부하사랑은 유별했다.

그런 유재흥 장군에 대해 박정희 대통령은 뒤늦게 보답했다. 박정희 대통령은 1971년 유재흥 장군을 국방장관에 임명하면서 "장관께서는

4성(四星, 大將)이 못되시고 군을 떠나셨는데, 이제 장관 밑에 4성 장군이 넷(육·해·공군참모총장, 해병대사령관)이나 있으니 그것으로 만족하십시오!"라며 육군총장과 4성 장군이 되지 못한 유재흥 장군의 '서운한 마음'을 뒤늦게나마 달래 주었다.

그럼에도 불구하고 유재흥 장군의 뛰어난 인품과 능력 그리고 경력이 결코 정일권, 백선엽, 이형근 장군에 비해 뒤지지 않았음에도 대장으로 승진하지 못하고, 육군참모총장을 지내지 못한 부분은 여전히 아쉬운 부분으로 남아 있다. 전역 후 유재흥 장군은 태국·스웨덴·이탈리아 대사, 대통령안보담당특별보좌관, 국방부장관, 대한석유공사사장, 성우회 회장 등을 역임하며 군의 원로로서 군과 국가발전을 위해 노력을 아끼지 않았다. 그의 뛰어난 전공은 두 번에 걸친 태극무공훈장 수훈, 을지무공훈장과 충무무공훈장 수훈, 미국 무공훈장 수훈 등이 대변해 주고 있다. 1921년 일본 나고야에서 태어나 서울의 용산중학교와 신의주중학교를 거쳐 일본육군사관학교를 졸업하고 건군에 기여했을 뿐만 아니라 6·25전쟁에서 혁혁한 전공을 세운 유재흥 장군은 2011년 90세의 일기로 영면했다. 겸손하면서도 자신을 드러내지 않으려는 생전의 장군의 덕스러운 모습이 유난히 그립다. 장군이시여, 부디 조국의 푸른 하늘을 바라보며 편히 영면하시라!

군정의 기획자
이병형 장군

이병형 장군

전투에 패한 적 없는 '불패의 명장'

이병형(李秉衡, 1928~2003) 전 2군사령관은 일본 도쿄준대상업학교를 졸업하고 육사 4기로 임관했다. 그는 6·25전쟁에 대대장과 연대장으로 참전했다. 함경남도 북청에서 태어난 그는 6·25 때 백골부대 대대장으로 130여 차례의 전투 중 한 번도 패한 적이 없는 '불패의 명장'이었다.

이 장군은 2001년 3월 기자와의 인터뷰에서 "6·25전쟁 발발 이후 국군은 영천에서 재무장을 한 후 북한군과의 전투에서 한 번도 진 일이 없다"고 말했다. 이 장군은 "인민군은 육탄공격(肉彈攻擊)을 못했고, 국군은 육탄공격을 했다. 누가 시킨 게 아니었다"며 "국군은 부대단위로 항복을 한 적이 없다. 오히려 청진 부근서 내가 지휘하는 대대에 인민군 일개 중대가 백기를 들고 항복했다"고 했다.

휴전 이후, 그는 1사단장, 육군본부 작전참모부장, 5군단장, 합참본부장, 2군사령관 등을 역임했다. 또 인민군의 휴전선 도발에 155㎜ 포탄 400발을 퍼부은 배짱 있는 군인이었다. 그러나 이병형은 중장으로

2군사령관에 그쳤다. 1976년 군복을 벗은 이 장군은 농기계 제작회사인 대동공업 회장으로 재직하기도 했다.

박정희 대통령이 '율곡계획' 입안에 이병형를 발탁하는 판단으로 이병형을 군의 수장(首長)으로 발탁하였다면, 윤필용(尹必鏞) 전 수경사령관과 하나회 등의 발호를 막을 수 있었을 것이라는 지적이 있다. 그러나 유신(維新)이라는 파탄에 들어선 박정희 대통령은 이미 통수권자로서 균형감각을 상실했다. 이병형 장군에 의해 군이 이어졌다면 10·26, 12·12, 5·18 등의 비극이 생기지는 않았을 것이라고 많은 예비역들은 안타까워 하고 있다.

그는 자주국방을 위한 방위산업의 최초 발상자였다. 그리고 전쟁기념관 건립사업을 주도했다. 노태우(盧泰愚) 대통령의 강청(強請)에 의해 이병형은 전쟁기념관 회장으로 국군의 역사를 정리하는 중책을 맡았다. 이병형이 5군단장일 때 노태우는 예하 연대장이었다. 삼각지 전쟁기념관은 이병형의 역사의식과 구상의 웅대함을 보여준다.

이 장군은 10·26후 퇴직하여 '한국판 전쟁론(클라우제비츠)'으로 불리는 명저(名著) '대대장(大隊長)', '연대장(聯隊長)' 등 야전지휘관의 지휘철학을 담은 저서를 남기기도 했다. 그가 30여년간의 군대생활을 통해 얻은 지식과 경험을 정리한 전술서적으로, 지금 육군의 중요한 교본으로 사용되고 있다.

이병형 장군은 송요찬의 수도사단장 휘하의 대대장으로서 북진에 참가했다. 그는 이 과정을 모아 대대전투의 실상과 교훈을 정리한 '대대장'을 저술했다. 육군의 전략단위는 사단이다. 사단의 전술단위는 대대이다. 이는 고대 로마에서 나폴레옹, 현대에 이르기까지 서양 군제의 기본이다. 대대장은 화력과 병력의 배치, 운용을 내 손과 발처럼 파악하고 운용해야 한다.

이병형 장군의 명저 '대대장'

사단장은 결국 대대장들의 전술지식과 통솔력에 의존한다. '대대장'은 이병형이 북진 간 각종 부딪치는 각종 상황에 대한 조치와 병사들의 통솔에 대해 구체적으로 기술하고 있는데, 실로 대대전술교범의 살아 있는 교본이다. 리델하트가 지은 기계화전술의 교본 '롬멜전사록(The Rommel Papers)'에 비견될 수 있는 명저다.

"군인은 전쟁터에서 죽는 것이 참모습"

이병형 장군의 '대대장'에는 이런 대목이 나온다.

〈북진중 강원도 (홍천군 내면) 창촌을 바라보는 어떤 산골마을을 지나가는데 청년들이 30세 가량의 한 사나이를 땅에 꿇어 앉혀놓고 집단린치를 가하고 있었다. 인민군 치하에서 부락민들을 괴롭혔다는 것이다. 그는 반죽음 상태였다. 나는 그 사나이의 처리를 맡겨 달라고 한 뒤 부하들에게 연행하도록 지시했다. 부락이 보이지 않는 위치까지 그를 끌고 온 다음 나는 무작정 데리고 갈 수도 없어 이쯤해서 결정을 내려야겠다고 생각했다. 왜 마을사람들을 못살게 굴었느냐고 물었다. 인민군의 강요에 의해서 했다고 변명했다. 이미 죽음을 각오했는지 얼굴은 창백했으나 비교적 또박또박 대답했다.

나는 권총을 들이대고 말했다. "죽고 사는 것을 팔자소관이라 하더라도 너의 판단착오는 전적으로 너의 책임이니 처벌을 받아야 한다." 그는 볼 수 없을 정도로 공포에 질렸다. 나는 그의 머리 위를 겨냥한 채로 권총의 방아쇠를 당겼다. 고요한 계곡은 총성으로 뒤덮였고 그가 살던 부락을 의식하면서 사격을 했다. 그는 총에 맞은 줄 알았는지 총성과 함께 쓰러졌다. 혹시 쇼크로 정말 죽은 게 아닌가 해서 일으켜 세웠다. 나는 조용히 그에게 "이전의 너는 이미 죽었다. 이제부터는 새로운 너가 탄생한 것이니 대한민국 국민으로서 새로운 삶을 살길 바란다"고 했다. 우리는 말없이 헤어졌다.〉

가짜 사격으로 부역자를 살려준 이병형 장군. 2001년 3월 기자와 만난 이병형 장군은 "군인은 전쟁터에서 죽는 것이 참모습"이라고 했다. 그의 경력이 말해주듯, 대대장·연대장을 거쳐 1사단장·5군단장·2군사령관 등 지휘관과 사단·군단·육본의 작전참모, 합참본부장 등 작전장교의 주요 보직을 모조리 거친 탁월한 전술 지휘관일뿐더러 국군 최고의 전략가다.

그는 합참본부장으로서 1974년 율곡계획(栗谷計劃)을 입안했다. 박정희 대통령은 이병형을 이런 막중한 일을 할 수 있는 가장 적임자로 보았던 것이다. 박정희는 율곡계획의 집행을 육·해·공군 참모총장들의 회의체인 합동참모회의에 맡기지 않고, 대통령이 직접 통제하는 합참본부장에 맡겼다. 율곡계획의 감사를 위해 특명검찰단을 만들고 단장에 육사 2기 동기생인 김희덕(金熙德) 중장에게 맡겼다. 박정희 대통령은 율곡계획의 기획(plan), 집행(do), 통제(see)를 대통령이 직접 제시하고 관장했던 것이다.

당시 합참본부장으로서, 한국군 전력증강의 제1 우선순위는 북한을 압도할 수 있는 공군력 건설에 두어야 한다는 호쾌한 철학을 제시한 이병형 장군은 시대를 앞서가는 전략가였다. 육군 장군의 대다수가 북한군 전차를 막기 위해 대전차병기와 대전차방벽에 골몰하던 시기였다.

초전에 우세한 공군력으로 적 공군기를 제압하면 이후 공군력으로 적 전차를 압도할 수 있다는 전략구상을 펴는 이병형 장군을 이세호(李世鎬) 총장, 노재현(盧載鉉) 총장 등의 육군 수뇌부는 도저히 따라가지 못하였다.

이병형은 일본 육군항공대에 복무한 경력 때문인지 공군의 중요성에 대해 일찍이 눈이 떴다. 이 장군은 재래식 무기 개발에도 힘썼다. 1967년 육군본부 작전참모부장으로 부임하면서 서치라이트 개발을 시작으로 낙하산 국산화, 105mm 야포 개발 등 국방부 산하 국방과학연구소(ADD)를 통해 무기 국산화에 주력했다.

이병형 장군이 합참본부장으로 있던 1973년 8월, 북한은 연평도 등 서해5도에 대한 침공을 계속했다. 북한의 위협이 계속되는데도 미국은 닉슨 독트린에 따라 군사원조를 줄이고 아시아에서의 군사개입과 공약을 축소하고 있었다. 그래서 한국은 성능 좋은 무기가 필요했으나 미국은 낡은 재래식 무기만 주려고 했다. 이에 대한 대응책을 둘러싸고 한미 간에 미묘한 상황이 전개되고 있었다. 이 장군은 처음부터 '절대 고수'의 강경론을 굽히지 않아 결국 미국 측이 손을 들고 우리 방침대로 따라주었다.

이때 이 장군은 미국이 공군에 공여한 팬텀기에 달려 있는 벌컨(Vulcan)포를 보고 이것을 국산화하자는 착상을 내놓았다. 8개월간 비밀리에 연구해 그와 똑같은 성능의 벌컨포를 생산해 내는데 성공했다. 오늘의 국군의 주요무기체계 개발이 시작된 것이다. 후에 8군부사령관 프레내건 중장이 이 고성능 최신식 국산무기를 보고 혀를 내둘렀지만 아무 말도 못했다고 한다. 해·공군의 전술에까지 통달해 합동작전 능력을 갖추게 된 작전통이 아니라면 생각해 내기 어려운 일이었다.

탁월한 전술가이자 최고의 전략가

이 장군은 '군사문화(軍事文化)'를 소중히 하는 민족만이 선진국의 대열에 올랐다고 평소 주장했다. 군사 문화를 가진 민족이 세계적으로 지도적 국가가 되었고, 후에 경제적 리더로 변해갔다는 것이다. 군사문화를 소중히 해야 부국강병(富國强兵)할 수 있다는 이야기였다.

그는 기자에게 "미국사람들은 생활 속에서 군사문화를 갖고 있는 사람들인데, 자국의 위협요소에 대해 굉장히 예민하고 정보(情報) 훈련이 아주 잘 돼 있다"며 "학교에서 가르쳐 주는 것이 아니라 사회 분위기가 그렇게 조성돼 있다"고 했다. 그의 지도자 혹은 지휘관론은 '자기는 죽고 남을 살리는 것'이라고 했다. "로마사(史)에서도 로마 집정관이 전투 선두에 서서 늘 전사(戰死)하지 않았느냐"고 했다.

육군 수뇌부의 군맥(軍脈)이 〈한신 → 이병형 → 채명신〉보다 〈노재현 → 이세호 → 윤필용〉 등으로 이어진 것은 우리 군의 불운(不運)이다. 이들의 역량을 누구보다도 정확히 파악하고 있었을 박정희 대통령이 이러한 선택을 한 데는 아쉬움이 남을 수밖에 없다는 것이다.

전력증강이 물적(物的)인 데 치우치고 사람을 키우는 데 소홀하게 된 '원죄'는 박정희 대통령에게 있다. 박 대통령은 아마도 '전략가는 나 한사람이면 족하다'고 생각했을지 모른다. 하지만 본인이 유고시에는 국군은 텅텅 빈 형해(形骸)가 되고 만다는 것을 왜 생각하지 않았을까.

작전권을 전환받기 위해 가장 중요한 전력증강은 바로 인재(人才)의 양성이다. 그 인재는 하늘에서 떨어지는 것이 아니다. 군이 스스로 노력하고, 통수권자는 이를 정확히 발견하고 잘 활용하는 것이 요체다. 그 이상도 이하도 아니다.

이병형 장군의 또 다른 면모는 그가 교양인이었고, 신사(紳士)였다는 사실이다. 퇴임 후 그는 전쟁사·전략론 등 군사서적을 늘 탐독했다. 그는 후배나 동료 장교들에게 늘 "프러페셔널(직업적)한 군인이 되라", "한반도는 4강의 이익과 전략이 교차되는 다이어먼드같은 지역이니만 큼 스위스나 스웨덴같은 '국방국가'로 다져 놓아야 한다", "전술에서 이기고 전략에 지는 일이 없도록 고급 지휘관은 전략능력을 갖추고 있 어야한다"고 입버릇처럼 말했었다.

그는 합참에 있으면서는 해군이나 공군에서 파견 나온 장교들을 각 별히 보살펴 타군 장교들 사이에서도 존경받는 군인이었다. 4기생 중 유일한 중장인 이 장군은 언행은 차분하지만 어디에서나 돋보이는 군 인이었다. 그의 깊은 지식과 인격·두뇌, 그리고 군인으로서의 자세와 능력 때문일 것이다.

이병형 장군은 노태우(盧泰愚) 대통령 시절 전쟁기념사업회 초대 회장 으로 발탁돼 1989년부터 1994년까지 전쟁기념관을 세웠다. 전쟁영웅 으로서 전쟁이 끝난 후 전쟁에서 희생된 국민의 업적을 눈으로 확인시 키는 작업을 마무리했던 것이다. 그의 안목이 담겨 있는 이 건물이 한 국 군사문화의 요람(搖籃)이 되고 있다. 이병형 장군은 탁월한 전술가이 자 최고의 전략가였다.

정치 중립의 표상
이종찬 장군

이종찬 장군

냉정하고 침착한 지휘, 솔선수범 리더십

이종찬(李鍾贊, 1916~1983)은 한일병탄(韓日倂呑)에서의 역할로 자작(子爵)을 받은 외부대신 이하영(李夏榮)의 손자로, 조선귀족회 부회장을 지낸 자작 이규원(李圭元)의 장남으로 태어났다. 이종찬은 1933년 경성중학교를 졸업하고 같은 해 4월 평양출신 채병덕과 함께 일본 육군사관학교 예과에 입학해 1935년 3월 졸업했다.

일본 육군 보병 제3사단 아이치현(愛知縣) 도요하시(豊橋)의 공병대대에서 6개월간 실습을 거친 후, 같은 해 9월 일본 육군사관학교 본과에 입학해 1937년 6월 제49기로 졸업했다. 그는 육사 생활을 하면서도, 전혀 자신의 집안 이야기를 하지 않았고, 또한 귀족 출신들이 꺼리던 공병을 지원해, 동기들은 졸업할 무렵에야 그가 귀족 출신임을 알게 됐다고 한다.

그는 견습사관을 거쳐 1937년 육군 공병 소위로 임관했다. 그가 임관하던 해에, 중일전쟁이 일어나자 제2차 상하이 사변에 파견돼, 전선의 공병 소대장으로 참전했다. 그는 조선 귀족인 '자작 이규원의 아들'로서 치열한 전선에 앞장서 참전하고 있다는 것으로 주목을 받았다. 특히 매일신보 1938년 9월 13일자에는 이종찬의 사진과 함께 그의 '진중시(陣中詩)'가 실리기도 했다. 1942년 2월 조선인 장교로는 유일하게 공5급·욱6등 금치훈장을 받았다. 그러나 이종찬 장군은 훗날 이에 대한 구차한 변명은 하지 않았다.

1942년 초, 그는 도쿄 육군포공학교(陸軍砲工學敎)에서 수학했다. 태평양 전쟁이 시작되자 뉴기니에도 파견됐다. 1943년 10월 전황 악화로 뉴기니 서부로 퇴각한 이래 종전 때까지 남태평양 일대를 전전했다. 그해 12월 그는 공병 소좌로 진급했다. 1944년부터는 독립공병 제15연대장 대리로 복무하다가 종전을 맞았다.

이종찬 장군은 일본 패망 이후, 패잔병으로 현지에 억류돼 있다가 1946년 6월 귀국했다. 그는 다른 일본 육군 출신 동료들이, 육군의 전신인 조선경비대에 들어가 간부가 되었을 때도, 자신은 '민족의 죄인이니 자숙의 시간을 가져야 한다'며 군 입대를 거부하다가 1949년 6월 입대해 공병 대령으로 임관한다. 국방부 장관 이범석(李範奭)은 이종찬의 인품과 경력을 높이 사 국방부 차관이나 참모총장으로 발탁하려 했으나 그는 고사(苦辭)했다.

그러다가 1949년에 국방부 제1국장으로 발탁되었던 것이다. 이때 여순 사건의 유탄을 맞고 박정희가 숙청될 위기에 처했을 때 백선엽처럼 그를 구명했다. 박정희가 과거 남로당 경력으로 승진 때마다 문제가 되자, 일사부재리(一事不再理)의 원칙과 박정희의 청렴함과 군인으로서의 우수한 자질들을 들어 박정희를 변호하고 보호해 주었다.

이종찬은 이때 '반민족 행위특별조사위원회'의 조사를 받았지만, 창씨개명(創氏改名)을 하지 않았고, 아버지가 죽은 뒤 자작 작위도 물려받지 않았던 점이 인정돼 특별한 처벌은 받지 않았다. 이용준, 김석원 등 대좌들은 대한제국 군대에 들어왔다가 한일합방 후에 일본군에 편입된 경우이고, 일제 식민통치가 시작되면서 육사에 갈 수 있는 사람은 이종찬 등 구 왕실이나 귀족에 극히 제한됐다.

1950년 육군 수도경비사령관에 임명되어 6·25 전쟁을 맞았고, 수도 사단장과 제3사단장을 역임하며 매우 힘들고 어려운 전쟁 초기에 과묵하지만 냉정하고 침착한 지휘와 솔선수범하는 리더십을 발휘해 휘하 장교들과 병사들의 신임과 존경을 한 몸에 받았다. 1950년 9월 3사단장에 부임할 당시, 전임 사단장 김석원은 후임으로 부임하는 이종찬의 결연한 모습을 보며 크게 안심하며 부하들을 맡겼다고 회고하기도 했다.

1950년 9월초 3사단장으로서 포항 부근의 형산강 지역을 맡아 방어 중일 때 대대적인 북한군의 공세 앞에서 후퇴가 불가피하게 될 경우 자결한다는 결의로 분전, 끝내 형산강 일대를 지켜냈다. 10월 1일에는 3사단 전 병력을 이끌고 국군과 유엔군 가운데 최초로 38선을 넘어서 북진하기도 했다. 그 뒤 제병협동본부(육군보병학교의 전신) 본부장을 거쳐 1951년 6월 육군 소장으로 진급하면서 국민방위군 사건으로 인해 물러난 정일권 총장의 뒤를 이어 제6대 육군참모총장에 임명됐다.

'육대 총장' 호칭하는 전통 만들어…

무엇보다 이종찬 장군이 좋게 평가받는 부분은 바로 이승만의 대통령 직선제 개헌을 위한 '부산 정치파동' 당시 그의 행적 때문이다. 국회에서 선출하는 방식으로는 재집권이 어렵다고 여긴 이승만은 부산 피난시절인 1952년에 대통령직선제 개헌을 관철시켜 재집권의 길을 열고자 했다. 1952년 5월의 이른바 '부산정치파동'이다. 대통령중심제이면서 대통령을 국회에서 간선제로 선출하는 제헌헌법의 문제점을

예편 후 이탈리아 대사로 떠나는 이종찬 장군

개선하여 대통령을 국민들이 직접 뽑는 직선제로 뽑자는 헌법 개정과
정에서 불거진 것이 바로 부산정치파동이다.

이 개헌안을 통과시키려고 전방의 부대를 끌어들여 부산을 포함한
경남과 전라남·북도 일원에 계엄령을 선포하고, 국회의원 50여명이 탄
버스를 헌병대로 끌고 가 체포하는 등 '부산정치파동'을 일으켰고, 7월
4일에 공포분위기 속에서 개헌안을 통과시켰다.

이때 신태영 국방장관이 육군본부에 내렸던 병력출동 명령도 이종찬
장군은 거부했다. 유엔군사령관의 작전지휘권 하에 있는 국군을 함부
로 빼낼 수도 없었거니와, 편법으로 계엄령에 필요한 병력이라고 구실
을 댈 수도 있었지만, 이종찬은 대통령의 명령을 수용하지 않았다.

당시 이승만의 병력동원 재촉이 이어지자 육군참모총장 이종찬은
'육군훈령 제217호' '육군 장병에게 고함'을 전체 육군에 하달하면서
이 대통령에 맞섰다.

"군인 개인으로서나 또 부대로서나 만약 지엄한 군 통수계통을 문란
하게 하는 언동을 하거나 현하와 같은 정치변동기를 타고 군의 본질과
군인의 본분을 망각하고 의식·무의식을 막론하고 정사에 관여하여 경

거망동하는 자가 있다면 건군 역사상 불식할 수 없는 일대 오점을 남기게 될 것이다."

당연히 이승만은 대노했고, 심지어 당시 유재흥(劉載興) 육군참모차장에게 "이종찬을 포살(捕殺)하라"는 명령까지 내리려다가 유재흥의 설득으로 철회했다고 한다. 이후 이종찬은 이 때문에 이승만의 미움을 샀고, 결국 참모총장직에서 13개월만에 해임됐다.

이종찬은 초대 농림부장관과 국회 부의장을 지낸 조봉암(曺奉岩) 진보당 당수의 국가보안법 위반 사형판결의 감형을 이기붕(李起鵬)에게 탄원하는 등, 이승만의 독선에 대해 비판적 생각을 갖고 있었다. 대통령 이승만의 부당한 계엄군 차출요구와 이를 미국이 사실상 묵인하는 상황에서 이용문(李龍文)과 박정희는 쿠데타를 기도했다. 이 때문에 1952년 이용문 육본 작전교육국장, 박정희 육본 정보과장 등으로부터 쿠데타 제의를 받았으나 거절했다. 또한 1960년 3·15 부정선거 당시에 장병들의 부재자 투표에서 여당 표를 찍도록 독려하라는 지시가 고급 장교들에게 내려오자 이를 거부하기도 했다.

이종찬 장군은 참모총장에서 해임된 이후, 미 육군 지휘참모대학으로 1년간 유학을 다녀온 뒤 육군대학 총장으로 부임했다. 참모총장을 했던 장군이 교장으로 내려왔으니 '교장'이라 부르기도 어색하여 '총장'라고 불렀는데, 이래로 육군대학 교장은 '육대 총장'으로 부르는 전통이 생겨났다.

육군대학 총장시절, 이 장군은 김재규(金載圭)와 많은 인연을 맺게 됐다. 김재규와는 이전부터 아는 사이였지만 이 때 5사단 36연대장 김재규가 상관 송요찬(宋堯讚) 당시 3군단장과의 대립으로 전역을 생각하고 있을 때, 이종찬이 감싸주어 육군대학 휘하에 편제 외(外) 자리까지 만들어 주면서, 김재규를 육군대학 부총장으로 데리고 온 것이다. 또 김

재규의 준장 진급에도 많은 도움을 주었다고 한다. 훗날 10·26 사건이
터지자, 이종찬은 자신이 김재규를 천거한 것 때문에 상당히 괴로워했
다고 한다.

원칙을 실행에 옮길 줄 아는 '참 군인'

이종찬은 7년간 육군대학 총장으로 근무하다가 1960년 최종 계급 육
군 중장으로 예편했다. 하지만 이종찬은 4·19혁명으로 수립된 허정(許
政) 과도내각에서 높은 정치적 중립성향을 인정받아 국방부장관을 맡
는다. 이때 정치군인들을 군에서 몰아내는 일에 주력했다. 이때 그는
3군 참모총장과 해병대 사령관을 불러 1960년의 제헌절날 헌법 준수
선서식을 거행하게 하는 등 군의 정치적 중립을 철저히 강조한다.

그는 육군대학총장 재직 때 대통령으로부터 수모를 받았음에도 5·16
전에 군사혁명최고지도자로 추대하려는 박정희(朴正熙)의 의사를 두 차
례나 거절하였다. 대체로 만주군 출신은 일본 육사 출신을 위로 보는
경향이 있었는데, 부산 정치파동에서의 당당한 처신으로 군내의 이종
찬의 권위는 높았다. 박정희는 이종찬의 권위를 이용, 4·19 이전 혁명
의 지도자로 추대하려 하였으나, 이종찬은 거절했다. 곧 5·16이 발발했
고, 그는 1961년부터 6년간 주 이탈리아 대사로 봉직하게 된다.

제2공화국 때는 박정희의 쿠데타 기도를 파악해 국무총리 장면에게
보고했다. 그는 당시 박정희의 쿠데타 계획을 눈치 챈 몇 안 되는 인물
이었다. 그러나 박정희는 군의 대부(代父)로서 이종찬을 흠모했다. 이종
찬은 군의 정치개입 반대에 대한 분명한 역사의식을 갖고 있었다. 그는
1930년대의 일본군이 2·26사건 등으로 정치에 개입하였다가 결국 패
망으로 치달은 역사를 익히 알고 있었기 때문이다.

사실 그는 박정희의 쿠데타 자체는 찬성하지 않았지만, 5·16 자체는

불가피한 현실로 받아들이고 그리 비판적이지 않았다. 박정희 정권이 3선 개헌을 하고 10월 유신을 통해 장기 집권으로 향하자 박정희를 비판하기도 했다. 그러나 그는 1976년 유신정우회 의원으로 제9, 10대 국회의원을 역임하기도 했는데, 이는 김재규의 애원과, 유신 정부의 권유가 있었기 때문이다. 유신 정권은 참군인으로 이름 높던 그를 유정회에 끌여들여 자신들의 정당성을 높이려 했다. 하지만 군은 정치를 해선 안된다는 신념과 양심 때문에, 유정회 의원직을 늘 가시방석처럼 여겼고, 실제로 국회에서는 딱 한번 발언하고는 그저 자리만 지키고 있었다고 한다. 뱃지도 주요 공식 석상에서만 달았다.

한신이 '원칙을 중시하는' 참 군인이었다면, 이종찬은 '그 원칙을 실행에 옮기 줄 아는' 참 군인이었다. 오늘날에도 그를 흠모하는 군인, 언론인이 많은 것은 이 때문이다. 특히 이승만 정권 당시 이기붕(李起鵬)과 개인적 친분이 있었음에도 불구하고 이승만의 발췌개헌 당시 계엄령을 정면으로 거부하고, 조봉암 사형 당시 재고(再考)를 요청하거나 했다는 점이 크게 평가받는다.

이러한 자신의 과거 친일행적 때문에, 이종찬은 육군참모총장 재임 당시 광복군 출신을 가능한 한 발탁하려고 애썼다. 4년제 육군사관학교를 창설하면서 초대 교장으로 독립군 출신 안춘생(安椿生) 준장을 기용하면서 "일본군이나 만주군 출신 장군들도 능력상 뛰어난 인물은 많지만, 적어도 육사만큼은 독립군 출신이 교장이 되어서 민족정신을 세워야 한다"고 말했다.

10·26으로 김재규가 형장의 이슬로 사라지자, 군 원로로서 재야에 있다가 4년 뒤 1983년 세상을 떠났다. 그가 세상을 떠난 후 그의 통장에는 고작 26만원이 있었고, 당시 그가 입고 있던 옷의 호주머니에는 단돈 2000원이 남아있었다.

이종찬 장군은 이승만 대통령과 대립하면서까지 군의 정치적 중립을 지켜냄으로써 군 후배들로부터 신망이 높았고, 이 때문에 학자들이나 정치인들은 "과거사 정리는 신중해야 하며 친일파의 후손이거나 일제 강점기에 일본군에 복무했다 하여 일괄적으로 비난해서는 안 된다"는 논리의 근거로 인용된다.

용문산 전투의 용장
장도영 장군

장도영 장군

육본 정보국장으로 박정희·김종필 이끌어…

　장도영(張都暎, 1923~2012) 장군은 용문산(龍門山) 전투의 용장(勇將)이다. 1923년 1월 23일 평안북도 용천(龍川)에서 출생했다. 장군은 신의주고보를 졸업하고 일본 도요대학(東洋大學)에 재학 중 반도학생들에 대한 징집령으로 일본군에 입대, 장교의 신분으로 일본의 패망을 맞았다.

　고향인 선천으로 돌아와 모교인 신의주동중학교에서 교편을 잡고 후배 양성에 주력하던 1945년 11월 23일, '신의주 학생 사건' 등을 시발로 소련 군정과 공산주의자들에 의한 반공인사 탄압이 이어지자 월남을 결행, 서울로 내려왔다. 서울로 내려 온 장군은 당시 미 군정청 군사고문으로 있던 이응준(李應俊) 초대 육군참모총장으로부터 군사영어학교에 입교하라는 권고를 받고 1946년 2월에 입교했다.

　약 1개월의 교육훈련을 마치고 3월 23일 국방경비대 육군참위(소위)로 임관해 대구에 주둔하고 있던 제6연대 1중대 소대장에 임명됐다. 그해 가을에는 이리(익산)의 제3연대 2중대장으로 진급한 후 신설된 제3

대대장에 임명돼 대대창설에 참여했다.

1947년 9월 태능의 국방경비사관학교로 전보되어 제5기생 생도대 중대장이 되었으며, 이듬해 7월에는 부산의 제5연대장으로 부임했다. 창군 초기 김석원, 김홍일 등의 원로를 제외하고 6·25전쟁에 활약한 김종오, 한신, 장도영, 최영희 등은 모두 학병 출신의 30대 청년장군들이었다. 이들처럼 6·25의 주역들은 주로 이북 출신이 많았다. 이들은 같이 월남하여 군에 들어온 순서대로 군단장, 사단장, 연대장을 같이 하였고, 전투에서 피를 나눈 연대(連帶)가 진했다.

1948년 10월 여순 10·19사건이 발생하자 1개 대대를 여수항에 상륙시켜 반란군 진압에 참여하고, 후에는 경남지구공비토벌사령관으로 작전에 참가했다. 또한 그는 서울에 주둔하고 있던 제9연대장에 임명됐으며, 얼마 후 연대본부가 의정부로 이동함에 따라 포천 북방의 38선 경비를 담당하게 됐다.

1949년 가을, 장도영 대령은 육군본부 내부의 방첩업무와 북한에 관한 첩보업무를 주로 담당하는 육군본부 정보국장으로 발령을 받는다. 파면된 박정희를 문관으로 채용하고 김종필(金鍾泌) 등 육사 8기생들을 데리고 정보국을 이끌었던 것이 장도영이었다. 채병덕이 이들이 올린 정보보고를 제대로 챙기지 않은 것이 국군이 남침을 당한 치명적 실수였다. 5·16이 나기까지, 그리고 쿠데타가 나서 장도영이 취한 애매한 행보는 이러한 인연이 있었기 때문이었다.

국군 및 유엔군의 반격으로 서울이 수복됨에 따라 수도 서울을 방위할 새로운 사단의 창설이 요구됐다. 육군본부는 환도(還都) 후 육군 준장으로 진급한 정보국장 장도영 장군을 신편된 제9사단장에 임명하고 예하부대 편성임무를 부여했다. 창설 직후 제9사단은 적 패잔부대들에 의해 대전이 위협을 받게 되자 대전지역 방어를 위해 그곳으로 이동했다.

1950년 10월 29일 장군은 중공군과 조우(遭遇)해 고전하고 있던 제6사단장 김종오 장군을 대신해 사단을 지휘하게 됐다. 당시 전황은 인천상륙작전 이후 반격에 나서 압록강 유역까지 진격해갔던 국군과 유엔군이 중공군의 개입으로 38선 이남으로 철수하던 때였다.

1951년 1월 4일에는 서울마저 포기하고 평택과 삼척을 잇는 북위 37도선 지역까지 물러났다. 그러나 곧 다시 반격을 시작해 3월 15일 서울을 탈환했으며, 4월에는 기존의 38선 지역까지 진출했다. 그러자 중공군과 북한군은 4월말 대공세를 펼치며 남하해왔으나 국군과 유엔군은 공세를 저지하고 서울을 지켜냈다.

중공군은 1951년 4월 70만 명을 전개하고 춘계공세를 감행했다. 국군 3군단이 현리에서 와해됐다. 국군 제6사단은 중국군의 4월 대공세 때에 강원도 화천군 사창리(史倉里) 전투에서 큰 피해를 입고 양평으로 물러나 부대를 정비했다. 그리고 미 제9군단에 배속되어 4월 29일부터 용문산 일대의 방어를 맡고 있었다.

국군 사기 최고조로 끌어올린 시발점 만들다

1951년 5월 16일부터 5월 21일까지 닷새간 용문산(해발 1,157m) 기슭인 경기도 양평군과 가평군 지역에서 국군 제6사단이 중국군 제63군에 속한 3개 사단과 벌인 전투로, '용문산 대첩'이라고도 한다. 용문산 전투는 중공군의 인해전술과 '밴 플리트 탄약량'으로 대표되는 화력전투의 한판 대결이었다.

중공군은 제63군 예하의 제187, 제188, 제189 3개 사단을 앞세워 북한강과 홍천강의 합류점을 방어하고 있던 6사단을 공격해왔다. 북한강은 춘천-화천-양구로, 남한강은 여주-충주로 이어지는 뱃길이었고,

5·16 직후 당시 참모총장 장도영 중장

또한 홍천-인제 방면과 횡성-원주 방면의 도로가 교차하는 육상교통의 요지였다. 그렇기에 중공군이 눈독을 들이기에 충분한 요지였다.

중공군과 북한군은 5월 16일, 모든 전선에서 대규모 병력을 동원해 공세를 시작했다. 국군 제6사단이 지키던 용문산 일대에도 중공군 제63군에 속한 3개 사단 규모의 병력이 공격을 해왔다. 6사단 예하 2연대 1대대가 지키던 홍천강 방면으로는 중공군 제187사단이 투입됐고, 2대대가 지키던 북한강 방면으로는 제188사단이 투입됐다. 그리고 제189사단은 예비부대로 두고 있었다.

중공군은 5월 16일 야간부터 홍천강과 북한강을 건너려 시도했으나 6사단이 이를 결사적으로 저지했다. 그러나 5월 18일 중국군 1개 연대가 홍천강을 건너 제1대대를 공격해왔다. 제1대대는 중공군의 공격을 막아냈고, 중국군이 우회해서 남하하려고 하자 후방의 설악면 위곡리의 보리산(627m) 일대로 철수해 새롭게 방어진지를 구축했다. 그러자 신선봉 일대를 지키던 제2대대도 5월 19일에 후방의 427고지로 철수했다.

중공군은 5월 19일 예비부대인 제189사단까지 투입해 6사단 2연대가 지키던 353고지와 427고지, 보리산 일대의 방어진지를 공격해왔다. 2연대는 군단의 포격 지원에 힘입어 중공군의 공격을 저지하며 진지를 사수했다. 당연히 후퇴할 줄 알았던 국군이 제자리를 지키며 항전하자 오히려 중공군은 당황했다.

이 때 중공군은 치명적 작전적 실수를 범한다. 필사적으로 저항하던 2연대를 주력부대로 오인해 중공군 3개 사단을 몽땅 투입해 2연대를 공격했다. 2연대는 후퇴하지 않으면서 미군의 항공지원을 받아가면서 몰려오는 중공군을 막아내고 있었다.

장도영 사단장의 6사단은 5월 20일 새벽부터 기습적으로 주방어선에 배치되어 있던 제7연대와 제19연대의 병력을 동원해 반격에 나섰다. 중공군이 2연대를 주력군으로 착각해 총공격을 가하고 있을 때, 6사단의 7연대와 19연대가 후방을 기습한 것이다. 2연대를 포위해 섬멸할 계획이었던 중공군은 역으로 포위되어 섬멸당할 위기에 처했다. 중공군의 포위망을 뚫고 두 연대는 427고지를 점령했다. 당황한 중공군은 5월 21일 공격을 중단하고 패주하기 시작했다. 6사단은 패퇴하는 중국군을 추격해 북한강을 건너 화천호(華川湖) 일대까지 진격해 갔다.

이후 6사단은 패주하는 적에게 시간 여유를 주지 않고 완전히 섬멸하기 위해 5월 24일 공격을 재개, 제7연대와 제2연대는 각각 청평강과 홍천강을 도하해 가평으로 진격했다. 또한 예비대로 가평에 집결한 제19연대를 우측 산악지대로 우회시켜 적 후방에서 퇴로를 차단하는 협공 작전을 펼치도록 해 도망중인 적을 완전 섬멸했다. 이로써 6사단은 청평강-홍천강선에서부터 38선까지 공격하는 전투에서 중공군 1개 군단의 적 2만 명(추정)을 사살하고, 포로 3200명과 막대한 장비 및 전리

품을 노획하는 대전과를 올렸다.

용문산 전투에서 큰 승리를 거두면서 국군 6사단은 중공군 1차 춘계 공세 때 당한 사창리전투의 패배를 되갚았으며, 3군단(3사단, 9사단)의 현리전투의 치욕적 패배로 사기가 최악으로 떨어진 대한민국 국군의 사기를 최고조로 끌어올린 시발점이 되었다.

장군 예편 뒤 다수의 학문적 업적 달성

이승만 대통령은 '오랑캐를 무찌른 호수'라는 뜻의 '파로호(破虜湖)'라 는 친필 휘호를 6사단에 하사했다. 장도영 장군은 중공군의 제2차 춘계 공세를 저지한 용문산 전투의 대승으로 1954년 7월 6일 은성태극무공 훈장을 받았다.

1951년 춘계공세에서 중공군의 피해는 투입병력의 3분의 1, 9만 명 에 이르렀다. 엄청난 피해는 중공군의 공격 일변도의 전략에 제동을 걸 었다. 공산측은 휴전협상으로 전세를 만회하기 위한 시간을 벌어보려 6월 23일 소련의 유엔 대표 야콥 말리크(Jacob Malik)가 휴전협상을 제의 했다. 서방측은 이 제의를 공산측이 한국을 무력으로 점령하겠다는 야 욕을 포기한 것으로 간주하고 6월 30일 수락했다. 그러나 공산측은 휴 전협상 동안에 진지를 강화하면서 모택동식 회담전술인 담담타타(談談 打打) 회담전술로 나와 전쟁은 제1차 세계대전의 참호전(塹壕戰)과 같이 막대한 출혈을 내며 2년 이상을 끌었다.

용문산전투에 이어 백암산전투를 수행한 장군은 제주신병훈련소장 으로 전보되어 열악한 훈련여건을 개선하는데 노력했다. 1952년 8월에 는 미 육군 지휘참모대학에 들어가 10개월의 교육과정을 수료하고 휴 전을 한 달 앞둔 시점에 금성 남방 백암산 일대를 방어하고 있던 제8사 단장으로 취임했다. 한 치의 땅이라도 더 차지하기 위해 총공세를 실시

장성들과 환담을 나누는 모습의 장도영 계엄군사령관(1961)

하던 적의 공격을 저지하고 휴전을 맞았다.

휴전 이후 1954년 2월 제2군단장으로 전보되어 중서부전선의 5개 사단을 지휘한 그는 육군중장으로 진급했다. 1965년 5월 육군본부로 돌아와 기획참모부장, 행정참모부장, 참모차장 등을 역임한 후 제2군사령관에 임명되어 후방방위체제를 강화하는데 주력했다. 1961년 2월 17일 마침내 육군의 수장인 육군참모총장에 취임했다.

1961년 5월 16일에 발생한 5·16은 장도영 장군의 인생에 큰 전환점을 제공했다. 5·16이 혁명으로 성공하는 결정적 계기는 장도영 참모총장이 군사혁명위원회 의장직을 수락했기 때문으로 보고 있다. 그는 박정희보다 여섯 살 아래였지만 줄곧 상관으로 근무하면서 인간적으로 가까웠다.

육군참모총장으로 쿠데타 진압군은 30사단에서 1개 중대 병력만 투입했다는 것도 의아하다. 그가 5·16주체세력과 사전 내통이 있었다거나 박정희 장군의 쿠데타 음모를 인지하고 있었다는 의혹을 받는 것도 이 때문이다. 같은 평안도 출신, 가톨릭으로서 장도영 육군참모총장의 말을 철썩같이 믿었던 장면(張勉) 총리가 칼멜수녀원에서 만났을 때 격노했던 것도 이 때문이다.

계엄사령관과 국가재건최고회의 의장, 내각 수반을 역임했으나, 혁명 지도자 박정희 소장과 같이 일했으나, 1961년 7월 해임된 뒤 8월 22일 중장으로 예편했다. 5·16이 난 50여일 후 1961년 7월 2일 김종필은 박정희에 보고하지 않고 장도영을 기습 제거했다. 선참후보(先斬後報)였다. 장도영은 어차피 혁명이란 이런 과정을 거치게 된다는 것을 깨달았는지 체념했다.

장도영 장군은 반혁명 내란음모 혐의로 기소돼 1962년 무기징역을 선고받았으나 그 해 5월 형집행 면제로 풀려난 뒤 미국으로 건너갔다. 5·16 후 혁명주체세력의 '얼굴 마담'으로 육군참모총장, 계엄사령관, 국방부장관, 국가재건최고회의의장, 내각수반을 겸하는 권력의 정점에 올랐다가, 결국 주체세력에 의해 밀려나 미국으로 망명 아닌 망명을 떠난 것이다.

그런 점에서 많은 사람들은 그를 5·16을 막지 못한 무능한 군인으로 기억하고 있다. 하지만 6·25 당시 그는 용문산 전투, 피의 능선 전투 등을 승리로 이끈 유능한 지휘관이었다.

1962년 미국으로 건너간 장도영 장군은 1969년 미국 미시간대학에서 정치학을 전공하여 박사학위를 취득한 후 웨스턴 미시간대학의 정치학 교수로 재직하며 많은 학문적 업적을 달성했다. 은퇴 후에는 부인과 함께 플로리다에서 살았다. 장 장군은 2012년 8월 3일(미국 현지시각) 플로리다에서 별세했다. 향년 89세. 그는 죽음을 앞두고 가족들에게 "박정희와 김종필에 여한이 없다는 것을 알려 달라"는 유언을 남겼다.

국군 역사상 처음이자 마지막 기병대대장
장철부 중령

장철부 중령

국군의 마지막 기병대대장

장철부(張哲夫, 1921~1950) 중령은 대한민국 국군의 마지막 기병대대장이었다. 그는 1949년 10월 기병대대장으로 부임하여 기병대대를 전투부대로 육성하였고, 전쟁이 발발한 다음에는 북한군의 남진을 저지하기 위해 최선의 노력을 다했던 군인이었다. 장철부는 기병대대장으로서 전쟁 초기인 1950년 7월 2일부터 4일까지 한강을 건넌 북한군의 선견대(先遣隊)를 공격하여 남하를 지연시켰고, 7월 11일에는 공주 유구리에서 북한군 제6사단 1개 대대가 침입해 오자 협공하여 섬멸시켰다.

7월 14일에는 공주 남방 삽교리에서 북한군에 포위된 미 제24사단 제63포병대대의 철수를 엄호하였고, 7월 15일에는 미 제24사단 제34연대 제3대대를 포위한 북한군 후방을 기습하여 미군들을 위기에서 구출하였다. 그러나 장철부 중령은 1950년 8월 4일, 경북 청송을 통해 경주로 진출하려는 북한군을 진출을 저지하기 위해 방어임무를 수행하던 중대대본부가 북한군의 기습공격을 받고 포위당해 포로가 되는 불명예를 피하기 위해 권총으로 자결하고 29세의 짧은 생애를 마친 위대한 군인이었다.

그러면 장철부는 어떤 사람인가? 장철부의 본명은 김병원(金秉元)이다. 그는 1921년에 평안북도 용천군의 유지인 김여주(金麗柱)의 2남 3녀중 장남으로 출생했다. 김병원의 부친 김여주는 일본 명치대학(明治大學)을 나온 당대 지식인이자 교육자 및 사업가로 활동하던 명망가였다. 또 김병원의 부친은 남몰래 독립군 군자금을 지원하는 숨은 독립운동가였다. 그런 집안의 장남으로 태어난 김병원은 남부러울 것 없는 환경속에서 성장했다. 그는 오산중학교 시절 축구, 유도, 권투 등 운동도 잘하고 공부도 잘했다. 오산중학교를 졸업한 김병원은 1942년에 일본 도쿄의 중앙대학교 법학부에 들어가 재학 중 일본군에 강제 징집되어 중국 전선으로 끌려갔다.

신분 숨기기 위해 개명

일본군에 끌려간 김병원은 탈출하여 광복군으로 가려고 했다. 김병원은 먼저 중국의 장제스(蔣介石)군으로 탈출했다가 임시정부와 광복군이 중경으로 가려고 했다. 그런데 김병원의 탈출을 도왔던 중국인이 장제스의 국부군과 마오쩌둥(毛澤東)의 팔로군을 구별하지 못하고 그를 팔로군으로 안내했다. 김병원은 할 수 없이 팔로군 예하의 조선인들로 구성된 조선의용군에서 활동하게 됐다. 조선의용군은 주로 철로를 수비하는 일본군 수비대를 공격했다. 김병원은 그곳에서 맹활약을 하며 용맹을 떨쳤다.

일본군과의 전투를 통해 김병원은 야간전투와 유격전술을 익혔다. 그러나 김병원의 마음은 광복군이었다. 그래서 조선의용군 동료들에게 그 뜻을 밝혔다. 그러나 그곳의 조선의용군 동료들은 김병원의 출중

기병대대장 시절 장철부 중령

한 능력을 알고 붙잡았다. 그중에서도 6·25전쟁 때 북한군 제5사단장으로 참전했던 마상철(馬相徹, 본명 김창덕)은 김병원을 만류했으나 그 뜻을 꺾지는 못했다. 이에 마상철도 더 이상 말리지 못했다. 김병원은 천신만고 끝에 광복군에 합류했다. 그때가 1944년 9월경이다.

광복군에 합류한 김병원은 장철부(張哲夫)로 개명했다. 당시 광복군은 모두 중국식 이름으로 개명을 하고 신분을 숨긴 채 활동했다. 이는 자신의 정체가 밝혀질 경우 국내에 있는 가족들에게 피해를 주지 않게 하기 위해서다. 광복군에서 들어간 장철부는 제1지대 제1구대 제1유격대장에 임명되어 장제스의 국부군과 함께 호남성과 하남성 일대에서 용맹을 떨쳤다. 이때 이를 지켜보고 있던 광복군 참모장 김홍일 장군이 1945년 5월, 장철부를 더욱 큰 인물로 만들기 위해 중국 중앙군관학교(황포군관학교) 기병과에 입교시켰다. 이때부터 장철부는 기병부대와 인연을 맺게 되었다.

기병대대, 비약적으로 발전시켜…

1947년 12월, 2년 6개월간의 교육 과정을 마치고 광복이 된 고국으로 뒤늦게 돌아온다. 귀국 후 장철부는 김홍일 장군과 송호성 장군의 추천으로 육군사관학교 제5기로 특별 입교하게 된다. 육군사관학교를 졸업한 후 학교에 남아 전술학 교관으로 후배들을 양성하던 장철부는 1949년 10월, 기갑연대 기병대대장으로 부임을 하여 기병대대를 비약적으로 발전시켜 나갔다. 기병대대는 육군본부직할 독립기갑연대에 소속된 부대로 창설 당시 말 350두로 편성되었다. 기병대대는 전군 유일의 기마부대로서 국군 역사상 처음이자 마지막 기병대대였다. 기병대대는 1949년 4월에 기갑연대장 이용문 중령이 현대전에서도 여전히 기병(騎兵)의 역할이 있다고 하면서 야심차게 창설한 부대였다.

기병대대는 연세대와 고려대 승마부 학생들을 영입하여 육군사관학교 제8기생들과 같이 훈련을 받게 한 후 소위로 임관시켜 소대장으로 활용했다. 장철부가 기병대대장으로 부임한 것은 1949년 10월경이었다. 기병대대장 장철부는 뚝섬, 광나루, 과천 등지에서 실전을 방불케 하는 교육 훈련을 실시했다. 장철부의 교육을 받은 기병대대는 6·25전쟁 개전 초기부터 맹활약을 펼치게 된다.

장철부의 기병대대는 한강과 과천 일대에서 신출귀몰하며 북한군을 기습 공격하여 적의 전진을 늦추는 전공을 세운다. 그리고 7월 25일부터는 청송에서 북한군의 공격을 열흘 동안이나 방어한다. 당시 기갑연대에는 보병대대와 기병대대, 그리고 장갑대대 총 3개 대대가 소속되어 있었는데, 이중 보병대대는 재편성조차 할 수 없을 정도로 흩어져 버렸고, 장갑대대도 보유하고 있던 38대의 장갑차의 수가 단 4대로 줄어들어있는 상태였다. 결국 장철부 소령의 기병대대만이 기갑연대의 명맥을 유지하고 있었던 것인데, 기병대대 또한 350두의 말들 중 180두만 남아있는 상황이었다.

29세 짧은 생 마치고 자결

장철부 기병대대장은 7월 25일, 청송지구로 이동을 완료하고 방어에 임하였는데 방어정면이 무려 55㎞가 넘었다. 게다가 그가 보유하고 있는 병력은 기병대대 280명과 보병대대 및 기갑대대의 생존자 100명, 그리고 새로 보충 받은 전투경찰대 400명 해서 800백여 명이 전부였다. 장철부는 8월 4일, 청송 북방 비봉산(671고지) 일대에 기병대대, 그리고 605고지에 전투경찰대를 배치하고 있었다. 그날 새벽 605고지 일대에 배치된 전투경찰대가 북한군의 공격을 받고 후퇴하면서 기병대대의 측면이 노출되었다.

이때를 틈타 경찰복으로 위장한 북한군이 기병대대 지휘소로 몰려들었다. 지휘소를 지키고 있던 초병이 적을 발견했지만 이미 걷잡을 수 없는 상황이었다. 북한군은 "대대장 나와라!"라며 소리치면서 장철부를 잡기 위해 혈안이 되어 있었다. 윤시병 중위, 연락병 안 하사와 함께 황급히 대대 지휘소를 빠져나오던 장철부는 대퇴부에 관통상을 입고 쓰러졌다. 윤 중위가 장철부를 부축하려는 순간 그도 복부에 총탄을 맞았다. 부상을 당한 윤 중위는 그 자리에서 즉사했다.

안 하사가 장철부를 업으려고 등을 내밀었다. 하지만 장철부는 "나를 여기서 죽게 놔두고 자네는 빨리 대대의 위기를 연대에 알리고 내가 전사했다고 전하라."면서 권총을 꺼내들었다. 포로가 되는 수모를 당하느니 차라리 죽겠다는 것이었다. 45구경 권총을 관자놀이에 갖다 댄 장철부는 몰려오는 적을 바라보며 방아쇠를 당겼다. 그때 그의 나이 불과 29세의 청춘이었다.

장철부의 시신이 발견된 것은 그로부터 1년 후의 일이었다. 육사 8기생인 장철부의 친동생 김병형 대위가 1951년 8월에 청송 전적지에서 형의 어금니를 확인하여 시신을 찾아낸 것이다. 이에 장철부의 유족과 김익권 예비역 장군을 비롯한 육사 5기 동기생들이 부산 동래여고 뒷산에 장철부의 시신을 동기생장으로 안장을 했다. 장철부 소령은 후일 중령으로 추서된다. 그리고 그로부터 52년 후인 2002년 8월 12일, 장철부는 국립대전현충원으로 옮겨져 영면에 들어갔다. 대한민국 정부는 1990년, 故 장철부 중령에게 건국훈장 애족장을 추서했다.

대한민국 최초의 육해공군 총사령관
정일권 장군

정일권 장군

33세 때 총사령관 되다

정일권(丁一權, 1917~1994) 장군은 6·25전쟁이 발발한 후 가장 어려운 상황에서 채병덕(蔡秉德) 장군의 후임으로 육해공군총사령관 겸 육군참모총장이라는 중책을 맡아 전쟁 초기부터 작전의 전반을 지휘했다. 이때는 서울이 함락되고 전선이 계속해서 남쪽으로 밀리는 위급한 상황이었다. 그 과정에서 정부는 1950년 7월 8일 계엄령을 선포하고 정일권 장군을 계엄사령관에 임명했다. 그때부터 그는 실로 대한민국의 운명을 짊어지고 위기에 처한 나라를 구하기 위해 불철주야 전선을 누비고 다녔다. 그때 그의 나이 불과 33세였다. 지금의 중대장을 할 젊은 나이에 육해공군 총사령관의 직책을 훌륭히 수행했다.

정일권의 어린 시절은 불우했다. 일찍 아버지를 여의고 가난한 할아버지 밑에서 자랐기 때문이다. 그는 1917년 11월 21일 연해주에서 출생했다. 당시 그의 아버지는 제정 러시아의 통역장교였으나 볼셰비키 혁명으로 공산정권이 수립됨에 따라 일자리를 잃게 되면서 집을 나갔다.

제1군단을 순시한 정일권 육군참모총장(오른쪽)이
백선엽 군단장의 안내를 받으며 웃고 있는 모습

어린 정일권은 부친의 고향이자 할아버지가 있는 함경북도 경원으로
이사했다. 아버지는 정일권에게 군의 제일가는 사람이 되라는 의미에
서 정일권(丁一權)이라는 이름을 지어줬다. '丁'은 병정을 의미함과 동
시에 군대를 의미한다, '一'은 으뜸 즉 최고를 의미한다. '權'은 권력
을 말한다. 이를 합치면 군대의 최고지위에 올라서라는 것이다. 결과적
으로 정일권은 이름처럼 군대의 최고 정상에 올라 나라를 구하는데 앞
장섰다. 아버지가 남겨 준 유일한 '재산'인 셈이다.

정일권은 경원에서 어렵게 보통학교를 졸업했다. 일본인 교장의 잔
심부름을 하며 학교를 다녔다. 학교가 끝나면 추운 겨울날 땔감을 구해
목욕물을 데우는 등 고생이 말이 아니었다. 하지만 그에게는 명석한 두
뇌가 있었다. 그는 만주로 건너가 중학교를 마친 후 만주 봉천군관학교
에 들어갔다. 만주의 육군사관학교에 해당되는 곳이었다. 경성제국대
학(현 서울법대) 법대를 다니고 싶었으나 학비 때문에 그러지를 못하고 담
임선생님의 권유에 의해 봉천군관학교에 들어간 것이다. 만주군관학
교를 졸업할 때 우수한 성적으로 졸업함으로써 일본 육사에 유학할 수
있게 됐다. 이른바 일본육사 55기에 편입해 본과수업을 들었다. 일본

육사졸업 후 그는 만주군 대위로 복무하던 중 일본패망을 보게 됐다.

일본이 패망하자 정일권은 중국 동북지구의 한교보안대(韓僑保安隊) 편성을 주도하며 교민 보호를 위해 노력했다. 그러나 만주 신경(新京, 현재의 장춘)에 주둔해 있던 소련군에게 붙잡혀 시베리아로 연행되어 가는 열차 안에서 목숨을 건 탈출에 성공하자 평양을 거쳐 서울에 도착했다. 서울에 온 정일권은 건군 대열에 앞장섰다. 1946년 1월 15일, 군사영어학교를 졸업하면서 바로 육군대위로 임관했다. 채병덕과 함께 제1연대 창설 중대장 요원이었다. 이때부터 그는 승승장구했다. 같은 해 육군소령으로 진급하여 제4연대장에 임명됐다. 이후 국방경비대 참모장, 국방경비사관학교(현 육군사관학교) 교장, 육군본부 작전참모부장, 육군참모학교 부교장을 차례로 역임하고 1949년 육군 준장으로 진급했다. 32세의 젊은 나이에 대한민국 국군의 장군이 됐다. 장군 진급 후 육군본부 참모부장과 참모학교 교장으로 있으면서 지리산지구전투사령관으로 여순 10.19사건의 잔당들에 대한 소탕작전을 지휘했다.

국군 인천상륙작전 참가 공로

6·25전쟁 발발 당시 정일권은 미국 군사시설을 시찰하고 있었다. 그가 전쟁소식을 들은 것은 하와이였다. 이때 그는 귀국하기 위해 하와이에 머물고 있었다. 정일권은 국방차관으로부터 빨리 귀국하라는 연락을 받고 미군이 제공한 항공편을 이용, 일본을 경유하여 한국으로 급히 돌아왔다. 이때가 6월 30일이었다. 맥아더 원수가 한강방어선을 시찰한 바로 다음날이었다. 전세는 급박하게 돌아갔다. 김홍일 장군이 시흥지구전투사령관 직을 맡아 한강방어선에서 급편방어를 실시하고 있었다. 아직 미 지상군이 들어오기 전이었다.

그 급박하고 어려운 시기에 이승만 대통령은 정일권 장군을 대전의

육군참모총장 시절 정일권 중장이 유엔군사령관 맥아더 원수와
미8군사령관 리지웨이 장군의 전선시찰에 동행하고 있는 모습

대통령 임시집무실로 불러 육해공군총사령관 겸 육군참모총장에 임명
했다. 그리고 육군준장에서 육군소장으로 진급시켰다. 앞으로 위기의
한국을 구하는데 최선을 다하라는 것이었다. 정일권의 두 어깨에 대한
민국의 운명이 달려 있는 것이나 마찬가지였다. 많지 않은 나이에 개인
적으로 너무 큰 짐을 진 것이나 다름없었다. 너무나 막중하고도 커다란
책임이었다.

　하지만 그것은 기우(杞憂)였다. 그때부터 정일권은 맥아더의 전방지
휘소장으로 온 처치 장군과 협조하여 한미연합전선을 협의했다. 서부
전선은 미군이 담당하고 그 동쪽은 한국군이 담당한다는 것이었다. 이
원칙은 전쟁기간 계속 유지됐다. 정일권은 육해공군총사령관으로서
쉴 새 없이 뛰어다녔다. 지연전으로부터 낙동강방어선, 인천상륙작전
과 북진, 중공군 개입과 1·4후퇴, 그리고 국군과 유엔군의 재 반격작전
을 통해 숨 가쁜 지휘를 했다. 특히 그 과정에서 인천상륙작전에 육군
제17연대가 참가할 수 있도록 유엔군사령부와 협조했다. 제17연대의

인천상륙작전 및 서울탈환작전의 참가는 정일권의 공로가 컸다. 그의 역할이 없었더라면 제17연대가 6·25전쟁의 최대 작전의 하나인 서울 탈환작전에 참가하지 못했을 가능성이 컸다. 전쟁을 통해 정일권 장군은 고속 승진했다. 1949년 육군준장, 1950년 육군소장, 그리고 1951년 2월에 국군 최초로 육군중장으로 진급했다. 1년도 못돼 한 번씩 진급한 셈이다. 그만큼 공로가 컸음을 반증한 셈이다. 육군참모총장 시절, 그는 맥아더 원수를 비롯하여 워커 장군, 리지웨이 장군, 그리고 밴플리트 장군과 함께 어깨를 나란히 하며 전선을 누볐다. 2차 대전의 미국 전쟁영웅들과 함께 싸웠던 것이다.

1년간 육해공군사령관 겸 육군참모총장을 수행한 정일권은 1951년 7월에 1년 코스로 미국 지휘참모대학에 공부하러 갔다. 미국의 선진군사학을 배우기 위함이었다. 1951년 7월 유학에서 돌아온 정일권 장군은 육군중장의 계급으로 제2사단장에 보직됐다. 3성 장군으로 국군역사상 전무후무하게도 사단장에 보직되어 중동부전선의 요충인 저격능선전투를 지휘했다. 그는 이것을 마다하지 않고 사단장 3개월, 부군단장 3개월을 거쳐, 1953년에는 금성지구를 담당하는 제2군단장에 보직됐다. 제2군단장 때 휴전을 맞이한 그는 1954년 2월, 드디어 육군대장으로 진급됨과 동시에 제8대 육군참모총장에 임명됐다. 두 번째 육군참모총장이었다.

군 떠난 뒤에도 총리 역임

전쟁 때는 가장 어려운 시기에 육군총장을 맡아 국가를 위기에서 구했던 정일권 장군은 전후에 다시 육군총장의 중책을 맡아 전후복구 및 군 현대화 증강에 노력했다. 육군참모총장을 물러난 후 그는 연합참모본부총장(현 합참의장)을 거쳐 1957년 5월 18일 11년간의 군 생활을 마감하고 육군대장으로 전역했다. 11년간의 군 생활 중 장군으로 8년을 지냈고, 8년의 장군 중 그 절반인 4년을 육군대장으로 지냈다.

군을 떠난 뒤에도 정일권은 국가를 위해 봉사했다. 외교관(터키·프랑스·미국대사), 외무부장관과 국무총리, 국회의원과 국회의장을 역임하며 대한민국 발전에 헌신했다. 그래서인지 세인(世人)들은 정일권을 두고, "대한민국에서 대통령을 제외하고는 거의 모든 공직을 거친 매우 운 좋은 사람"이라고 한다. 그가 그렇게 된 데에는 운만이 아니다. 그의 탁월한 능력과 인품이 뒷받침되었기 때문이다. 이것들이 상승작용을 일으켜 정일권을 그러한 지위에까지 올려놓았다. 물론 그에게는 과(過)도 있고 흠결(欠缺)도 있다. 하지만 그에게는 그런 단점보다 장점이 컸기에 국가가 부임한 대임을 수행할 수 있었다. 그는 항상 수석을 놓치지 않은 채 선두를 달렸다. 딱 한번 대장 진급에서 백선엽 장군에게 진 것을 빼고는 선두를 놓치는 법이 없었다.

정일권이 그렇게 된 데에는 나름대로의 이유가 있다. 그는 능력 못지않게 인품도 뛰어났다. 한마디로 깔끔한 용모와 화려한 언변술로 인해 후배들로부터 존경을 받았다. 그는 항상 따뜻한 미소로 사람을 대하는 신사였고, 타인의 장점은 높이 칭찬하되 단점에 대해서는 철저히 덮어주는 인간미가 있었다. 그렇기 때문에 그는 대한민국 근현대의 처절한 격동기에 살면서도 군 및 정치 지도자로서 존경을 받으며 그의 능력을 조국을 위해 헌신할 수 있었던 것이다. 그런 점에서 정일권 장군은 그의 아호인 청사(清史)처럼 대한민국 역사에 위대한 군인 및 한국인으로 길이 남을 것이다.

빨치산 토벌대장
차일혁 경무관

차일혁 제18전투경찰대대장
(전남 구례 화엄사 경내에서)

학생 시절 일본 형사 구타 후 중국 망명

차일혁(車一赫, 1920~1958) 경무관의 38년의 풍운아적(風雲兒的) 삶은 매우 굵고 짧았다. 일제강점기에 태어난 그는 어린 시절부터 남다른 민족 의식을 보였다. 1936년 홍성공업전수학교 시절 수업시간에 조선의 독립정신 고취를 발언한 조선인교사를 체포하러 온 일본고등계 형사를 흠신 두들겨 팼다. 그리고는 금강산으로 피신했다가 지인(知人)의 도움을 받아 중국으로 망명하여 항일독립운동의 길을 걷기 시작했다. 그 과정에서 차일혁은 황포군관학교를 나와 의열단(義烈團) 단원으로 활동하고 있던 김지강(金芝江) 선생을 만나 정신적 감화를 받았다. 그러나 1937년 김지강 선생이 일본경찰에 의해 체포되자, 항일전선에 본격적으로 뛰어들기 위해 중국중앙군관학교에 들어가 소정의 교육을 받고 중국군 장교로 임관해 포병장교로 활동하다가, 1941년 화북의 조선의용대에 들어가 태항산전투 등 항일독립투쟁을 본격적으로 전개했다. 이때 차일혁은 신분노출을 피하기 위해 모든 독립운동가들이 그랬듯이 차철(車轍), 차용철(車鏞徹)이란 가명을 사용했다. 국내의 가족들을 돌보기 위한 방편이었다.

8·15광복 후, 차일혁은 서울에서 김지강 선생을 다시 만나 독립운동가 단체인 자유사회건설자연맹에 가입하여 일제강점기 독립투사들을 괴롭힌 악질 일본경찰을 처단하고 강력한 반공활동을 전개했다. 이때 차일혁이 처단한 악질적인 일본 형사는 사이가(齊加)와 미와(三輪)였다. 사이가는 1940년 동아일보 폐간 실무책임자였고, 미와는 독립투사들을 주로 검거했던 악질경찰이었다. 이로 인해 차일혁은 미 군정의 포고령을 어겼다는 혐의로 수배를 받게 됐다. 이 때문에 차일혁은 쫓기는 몸이 되어 군대에 들어올 시기를 놓쳤다. 하지만 미 군정이 끝나고 대한민국이 건국되자, 차일혁은 대한민국 최초의 예비조직인 호국군(護國軍)에 들어가 제103연대 제1대대장으로서 건군활동에 참여했고, 이후 호국군이 해체되고 청년방위대가 창설되자 제15청년방위대 총무처장과 정보처장을 역임하며 예비전력 확보에 진력했다.

1950년 6월 25일 북한의 기습남침으로 전쟁이 발발하자 전주에 설치된 전북지구편성사령관 신태영(申泰英, 육군참모총장·국방부장관 역임) 육군소장의 명령에 의해 제15청년방위대 정보처장으로 있던 차일혁은 현역 육군대위로 복귀하여 새로 재편되는 제7사단에 배치됐다. 이때 육군에서는 1950년 7월 5일부로 기존의 제7사단을 해체하고, 제7사단을 새로 창설하는 작업을 추진하고 있었다. 국군 제7사단이 재편되고 있을 때 북한군 제6사단이 천안이남에서 방향을 바꿔 충남으로 진출한 후 호남지역으로 진출했다. 이에 차일혁은 제7사단 직속의 구국의용대를 편성하여 북한군의 동향을 살피는 한편, 그곳 주민들이 북한에 동조

차일혁 전투경찰대대장(왼쪽)이 미 경찰고문관과 함께
전투지역을 시찰하고 있다

하지 않도록 심리전을 전개하라는 임무를 부여받았다. 하지만 전황(戰
況)은 국군에게 불리하게 전개됐다. 북한군이 전주를 비롯해 전북지역
을 차례로 점령하게 되자, 그곳의 국군과 청년방위대는 후퇴했다. 그러
나 차일혁은 후퇴하지 않고 37명의 대원으로 유격대를 조직한 후, 임실
군 신덕면 조월리에 있는 경각산(鯨覺山)을 근거지로 삼아 북한군 보급
마차를 습격하여 불태워 버리는 등 유격활동을 활발히 전개했다. 그 과
정에서 그는 팔에 총상을 입고 친척집을 전전하며 은신해 있다가 인천
상륙작전이후 낙동강 전선에서 북진해 온 미 제2사단에 의해 전북지역
이 수복되자 전주지구 치안대장으로 추대되어 활동했다.

새로운 운명, 빨치산 토벌대장

　1950년 10월 25일 중공군의 개입은 차일혁의 운명을 완전히 바꿔 놓
은 계기가 됐다. 중공군의 개입은 차일혁의 운명뿐만 아니라 6·25전쟁
의 양상도 바꾸어 놓았다. 유엔군사령관 맥아더(Douglas MacArthur) 장군
의 말처럼 6·25는 이전과 전혀 다른 '새로운 전쟁(a New War)'으로 변했
다. 압록강까지 진격해 올라갔던 국군과 유엔군은 중공군의 인해전술

(人海戰術)에 밀려 통일을 목전에 두고 38도선으로 후퇴하지 않을 수 없었다. 대한민국은 다시 위기에 처하게 됐다. 전황이 호전되지 않으면 유엔군은 일본으로 철수하겠다고 했고, 후방지역에서는 인천상륙작전 이후 미처 38도선 이북으로 도망가지 못했던 낙동강 전선의 북한 정규군과 기존의 공산 빨치산들이 그 세(勢)를 규합하고 지리산·회문산·내장산 등을 근거지로 하여 본격적인 게릴라 활동을 펼치며 후방지역의 치안을 불안하게 하면서 유엔군의 보급열차를 습격하는 등 후방을 교란하게 됐다.

이때 회문산(回文山)과 내장산(內藏山) 등을 끼고 있던 전북지역도 빨치산으로부터 자유로울 수가 없었다. "낮에는 대한민국, 밤에는 인민공화국"이 됨으로써 치안이 극도로 불안하게 됐다. 이에 전북도경에서는 빨치산 토벌을 전담할 전투경찰대 창설을 서두르게 됐다. 문제는 이를 지휘할 지휘관의 인선이었다. 누구를 그 자리에 임명할 것인가가 최대의 관건이 됐다. 하지만 지휘관 인선문제는 쉽게 해결됐다. 전북의 기관장과 유지들은 누구라 할 것 없이 차일혁을 새로 창설되는 전투경찰대대장으로 추천했다.

일제강점기 항일독립투쟁을 했고, 광복 후 악질 일본경찰을 처단하고, 건국 후 호국군 대대장과 청년방위대 정보처장을 역임하고, 전쟁 발발 후에는 유격대장과 치안대장으로서 신망이 두터웠던 차일혁이 적임자라며 이구동성으로 말했다. 여기에는 김가전 전북도지사, 김의택 도경국장 겸 경비사령관, 이우식 지방법원장, 그리고 새로 부임해온 전북지구전투사령관 겸 제11사단 제13연대장 최석용(崔錫鏞, 육군준장 예편, 1903~1978) 대령이 하나같이 나섰다. 이로써 새로 창설되는 전북 제18경찰대대 대대장으로 차일혁이 임명됐다. 1950년 12월 10일, 김가전 전북지사는 내무부장관을 대신해 차일혁에게 경감 임명장을

자신의 지프차에서 전선을 정찰하고 있는
차일혁 공비토벌 대장

수여했고, 김의택 도경국장은 제18전투경찰대대 대대장 보직명령서를
수여했다. 빨치산 토벌대장으로서 차일혁의 새로운 운명이 시작되는
순간이었다.

차일혁의 대대장 임명에 힘썼던 전북지구전투사령관 겸 제13연대장
최석용 대령은 차일혁의 임명을 그 누구보다 반겼다. 차일혁과 최석용
은 일제강점기 만주에서 항일무장투쟁을 함께 했던 항일동지(抗日同志)
였다. 최석용은 광복 후 육군사관학교 제3기로 임관하여 건군활동에
기여했고, 전쟁이 발발한 후 제11사단이 새롭게 창설되자 제13연대장
에 임명됐으며, 인천상륙작전 성공이후 전북지역 치안 및 경비를 담당
했던 미군이 중공군 개입이후 청천강 전선으로 이동하게 되자, 이 지역
의 치안과 공비토벌을 책임지는 전북지구전투사령관으로 활동하게 됐
다. 만주의 항일전선에서 차일혁의 전투지휘능력을 익히 알고 있던 최
석용 대령으로서는 천군만마(千軍萬馬)를 얻은 기분이었다.

'상하(上下)가 하나 되면 승리할 수 있다'

제18전투경찰대대장으로 임명된 차일혁은 1950년 12월 15일 전주에서 있은 전투경찰대대창설식에서, "전투경찰은 더 이상 도피처도 아니며 공비들에게 희롱당하는 약한 부대도 아니다. 우리는 절대, 공비들과 전투하는데 있어서 물러설 수 없다. 여러분들이 후퇴한다면 내가 총을 쏠 것이고, 내가 후퇴를 한다면 제군들이 나에게 총을 쏴도 좋다. 살아도 같이 살고 죽어도 같이 죽겠다는 각오로 이 땅에서 공비들이 사라지는 날까지 용감히 싸우자!"며 비장한 출사표(出師表)를 던졌다. 이때부터 차일혁과 제18전투경찰대대는 출사표에서 밝힌 것처럼 공비들과의 전투에서 한 치의 물러섬도 없이 공비들을 후방지역에서 완전히 소탕될 때까지 싸우고 또 싸웠다. 당시 빨치산들은 이현상이 지휘하는 '남부군(南部軍)'이 지리산 일대를 중심으로 활동하고 있었고, 그 중 전북지역의 빨치산들은 회문산에 도당사령부를 두고 산악지형으로 둘러싸인 정읍, 임실, 순창, 복흥, 쌍치 등에서 활동하며 후방치안을 위협했다. 전북지역의 빨치산부대들로는 전북도당사령부를 비롯하여 정읍·순창·고창 등 군당 유격대, 기포병단, 번개병단, 왜가리부대, 카츄사병단 등이 활동하고 있었는데, 그들의 무기와 장비 그리고 전투력 수준은 비교적 높은 편이었다. 이에 비해 공비를 토벌할 전투경찰의 무장 수준은 매우 낮았다.

차일혁은 빨치산을 토벌하는데 있어 경찰대대를 효율적으로 조직적하여 싸웠다. 싸움에 적합한 편성, 싸워서 이길 수 있는 조직으로 편성하여 전투효율성을 높였다. 즉, 전투를 할 수 있는 자와 없는 자를 파악하여 전투요원(담력과 운동성이 뛰어난 자)과 행정요원(담력은 약하나 행정능력을 갖춘 자)으로 구분하여 전투편성을 하였고, 전투요원 중 정예요원으로 척후정찰대를 편성하여 빨치산의 동정을 탐지하여 이에

연락기를 타고 항공정찰 및 지휘를 하고 있는 차일혁 공비토벌대장

대한 대책을 세운 뒤 작전을 실시했다. 나중에는 빨치산 귀순자로 구성된 '수색대'를 편성하여 공비토벌에 활용함으로써 커다란 전과를 올렸다.

누구보다 공비들의 생리를 잘 알고 있는 그들인지라 빨치산들에게는 가장 무서운 존재이면서 차일혁에게는 공비토벌에 없어서는 안 될 필수조직이었다. 특히 전투할 때, 차일혁은 생명의 위험을 감수하며 맨 선두에 서서 부하들을 지휘했다. 대대창설 출사표에서처럼 "내가 물러서면 제군들이 나를 쏘고, 제군들이 후퇴하면 내가 쏘겠다."는 말이 결코 허언(虛言)이 아니라는 것을 행동으로 보여줬다. 그렇기 때문에 부하들은 차일혁을 신뢰했고, 아무리 어려운 임무를 부여해도 목숨을 잃을지언정 그것을 끝까지 수행했다.

이는 손자병법(孫子兵法)에서 상하(上下)가 하나가 되면 승리할 수 있다는 '상하동욕자 승(上下同慾者 勝)'의 구현이었다. 이것은 차일혁 최대의 리더십 특징이자, 전투경찰대대의 장점이 됐다. 그렇기 때문에 작전에서 거의 실패를 모르며 승승장구했다. 전투에서 지휘관이 앞장서 지휘한다는 것은 여러 가지 이점이 있었다. 변화무쌍한 전장환경에서 지휘관이 솔선수범하면 전황을 가장 먼저 파악하여 전장환경의 변화에 적절하게 대책할 수 있기 때문에 아군의 손실은 최소화하고 적에 대해서는 최대의 전과를 올릴 수 있었다. 이것은 차일혁의 전투경찰대대가 매번 전투에서 기대 이상의 전과를 올리는 비결이었다.

공비토벌의 1인자, 명성 떨쳐…

제18전투경찰대대장 차일혁의 전공은 경찰 전체에서 단연 으뜸이었다. 차일혁은 완주군 구이면의 빨치산 토벌을 시작으로 남한 내 유일한 발전소인 칠보발전소를 75명의 경찰 병력으로 2,000여명에 달하는 공비들을 상대하여 지켜냄으로써 호남과 충남에 안정적인 전기를 공급할 수 있게 했다. 남한 내 제1급 국가시설을 보호했다. 이때부터 차일혁이 지휘하는 경찰대대는 전투력이 뛰어난 부대로 인정받게 됐다. 이에 따라 가장 어려운 임무를 맡아 수행하게 됐다. 이는 영광이면서 위험한 임무를 성공해야 되는 부담도 있었다. 그렇게 해서 부여받은 다음 임무는 도내에서 가장 치안이 위태로운 고창의 공비소탕이었다. 이어 전북에서 으뜸가는 곡창이며 산물이 풍부하기로 이름난 정읍지역에 대한 공비토벌작전, 빨치산의 남부군사령관 이현상(李鉉相, 1905~1953) 부대가 일시 점령한 장수군 명덕리에 대한 탈환작전, 모스크바는 함락되어도 가마골은 절대 함락되지 않는다고 공비들이 자신만만하던 가막골작전 등을 성공적으로 일궈냈다. 그 과정에서 전북 전투경찰의 3개 대대를 묶어 새로 창설되는 연대규모의 철주부대장에 취임했다. 그때가 1951년 8월 2일이다. 철주부대는 당시 윤명운 전북도경 국장의 호인 '철주(鐵舟)'를 차용해와 철주부대(鐵舟部隊)로 명명했다. 철주부대는 제17전투경찰대대, 제18전투경찰대대, 제36전투경찰대대로 편성됐다.

'남부군사령관' 이현상을 사살하고 쌍계사에서 부하들과
기념촬영하고 있는 차일혁 제2연대장

　철주부대장을 마친 후 차일혁은 무주경찰서장, 임실경찰서장을 거
쳐 총경으로 승진과 동시에 서남지구전투경찰대 제2연대장에 임명
되면서 남한 내 빨치산의 총수격인 남부군사령관 이현상과 '적장(敵
將)'으로 만나는 운명을 갖게 됐다. 이현상과 남부군을 토벌하지 않고
는 빨치산을 완전히 토벌했다고 할 수 없었다. 이현상이 지휘하는 지
리산 일대의 빨치산의 남부군을 소탕하기 위해 군과 경찰에서는 1951
년 말부터 1952년 초까지 군단급 규모의 '백야전전투사령부'를 설치하
고 대대적인 소탕작전에 들어갔다. 이때 차일혁이 지휘하는 제18전투
경찰대대도 참가하여 많은 전과를 올렸다. 그렇지만 이현상과 남부군
을 완전히 제거하지 못했다. 이에 이승만 대통령은 1953년 2월, "지리
산 평정 없이 남한의 평화가 없고, 이현상의 생포 없이 지리산의 평화
도 없다."라는 특별담화를 발표하며 이현상의 생포를 독려했다. 그런
가운데 1953년 7월 27일 유엔군측과 공산군측은 정전협정을 체결하며
1,129일간의 한반도에서의 전투행위를 중지했다. 하지만 후방지역에
서 이현상의 남부군과 군경(軍警)간의 싸움은 계속됐다.

휴전선에서의 전투는 중지되었으나, 지리산에서의 총성은 그치지 않았다. 자연스레 국내외 시선은 지리산일대의 이현상과 이를 토벌하는 군경에 쏠렸다. 과연 누가 먼저 빨치산의 남부군사령관 이현상을 잡을 것인가? 차일혁과 이현상의 대결양상을 보였다. 그만큼 차일혁은 '공비토벌의 제1인자'로 명성을 떨치고 있었다. 수색대와 이현상의 호위병을 생포한 차일혁은 이들로부터 이현상에 대한 최근 정보를 얻어내고 포위망을 좁혀갔다.

38년 짧고 굵은 삶

드디어 1953년 9월 18일 11시에 이현상은 지리산 빗점골에서 차일혁이 지휘하는 수색대의 매복에 걸려 사살됐다. 이현상의 시신을 가족들이 인계받지 않자, 차일혁은 화개장의 섬진강 백사장에서 시신을 화장하고, 타다 남은 뼈는 자신의 철모를 벗어 몸소 소총으로 곱게 빻아 섬진강에 뿌렸다. 이때 차일혁은 권총을 꺼내 허공에 3발을 발사하여 '적장(敵將)'에 대한 예(禮)를 갖췄다. 이현상이 사살된 후 지리산의 빨치산들은 하나둘씩 소탕되어가면서 민족의 영산 지리산에도 평화가 드리워졌다. 이에 서남지구전투경찰사령부는 "이제는 평화의 산 그리고 마을. 안심하고 오십시오. 지리산 공비는 완전히 섬멸되었습니다."라는 공고문을 내걸게 됐다. 이 모두가 빨치산남부군사령관 이현상을 사살한 차일혁의 공(功)이었다. 차일혁은 전북과 지리산일대의 공비들을 토벌하는 과정에서 많은 전공을 세웠다. 누가 봐도 그의 무수한 전공은 태극무공훈장 감이었다.

그럼에도 차일혁은 태극무공훈장을 받지 못했다. 특히 이현상을 사살한 전공으로 태극무공훈장을 받은 사람은 차일혁이 아니라 이현상 사살과 거리가 먼 내무부장관·치안국장·전북도경국장이 차지했다. 하지만 차일혁은 그런 것에 개의치 않았다. 관심도 없었다. 대신 그는 가족도 내팽개친 이현상의 시신을 인간적 예의를 갖춰 화장해 줬다. 차일혁 다운 행위였다. 그때 주변에서는 차일혁이 공산주의자가 아닌가 하고 수군거렸다. 말하기 좋아하는 사람들의 뒷말이었다는 것은 다 아는 내용이다. 공비토벌과정에서 숨은 차일혁의 전공과 미담(美談) 사례들은 많다. 그 중 하나가 공비토벌 중 작전에 방해가 된다는 이유로 화엄사를 불태우라는 상급부대의 명령에 대해, "절을 태운 데는 한 나절이면 충분하지만, 절을 세우는 데는 천년 세월이 흐른다."며 빨치산의 은신처로 이용되고 있는 화엄사를 완전히 불태우는 대신 작전에 직접 방해가 되는 문짝의 일부만 불태우며 이를 슬기롭게 해결했다. 이에 조계종 초대종정 효봉스님은 천년고찰 화엄사를 지켜 준 차일혁에 대한 고마움을 1958년 감사장으로 뒤늦게 사의를 표했다. 이로부터 몇 달 후 공주경찰서장으로 있던 차일혁은 금강에서 수영 중 심장마비로 사망하여 38세의 짧은 생을 마쳤다. 마치 공비토벌의 마지막 전진(戰塵)을 깨끗한 금강 물에 씻고, 자신에게 주어진 임무를 모두 완수하고 떠나는 사람처럼 홀가분한 표정으로 떠나갔다.

차일혁은 항일무장투쟁을 벌인 독립운동가, 일본 악질경찰을 처단한 애국지사, 건국 및 건군활동에 기여한 반공군인, 공비토벌로 후방을 안정시킨 전쟁영웅, 6·25전쟁 중 나라를 지킨 자유의 수호자, 화엄사 등 천년고찰을 지켜 낸 문화수호자로서의 굵직한 삶을 살았다. 그 중심에는 조국과 가족 그리고 사랑이 있었다. 그는 부하들에게 "조국을 위하여 피를 바치고, 가족을 위하여 땀을 바치며, 사랑을 위하여 눈물을 바쳐라!"라고 주문했다. 그래서 전투 중에는 그 누구보다 용감했지만 전투가 끝나면 비록 적이라도 보복을 하지 않고 관용을 베풀며 용서했다. 피를 나눈 민족이라는 정서가 깔려 있었다. 독립운동가이자 애국지

사이며 전쟁영웅인 차일혁다운 언행이었다.

　그런 점에서 차일혁이 마지막 남긴 말은 '민족적 양심의 심연(深淵)'을 일렁이게 하기에 충분하다. "새벽부터 들판에서 일하는 농부들에게 물어보라. 공산주의가 무엇이며, 민주주의가 무엇이냐고. 과연 몇 사람이 이를 알겠는가? 지리산에서 사라져간 수많은 군경과 빨치산들에게 물어보라. 너희들은 왜 죽었느냐고. 민주주의를 위해서, 혹은 공산주의를 위해서 죽었다고 자신 있게 대답할 자 몇이나 있겠는가?" 북한 김일성이가 일으킨 전쟁에 '이념(理念)도 주의(主義)'도 정확히 모른 채 죽어간 이 땅의 수많은 젊은이들의 희생을 그 누구보다 안타까워했던 차일혁 다운 '민족적 일갈(一喝)'이었다. 이제 차일혁은 가고 없지만 그가 남긴 애국애족의 정신과 호국의 혼은 겨레의 영원한 정신적 자산으로 남아 대한민국의 무궁한 발전과 번영을 살찌우게 할 것이다.

죽어서 軍神이 된 두 전선의 영웅
채명신 장군

채명신 장군

생사고락 함께 하는 '전우애' 즐겨…

채명신(蔡命新, 1926~2013) 장군은 6·25전쟁과 베트남 전쟁의 영웅이다. 6·25전쟁에서는 대한민국의 자유 수호와 민족의 생존을 위해 공산주의자와 싸웠고, 베트남 전쟁에서는 대한민국의 명예와 국익, 그리고 베트남의 공산화를 저지하기 위해 싸웠다. 두 개의 전쟁을 거치며 채명신은 전쟁 영웅으로 국민들의 가슴속에 남게 됐다.

특히 채명신은 두 전선을 통해 군인으로서 그리고 전투지휘관으로서 두각을 나타냈다. 그것은 바로 전투를 누구보다 잘 했다는 것과 게릴라전을 경험했다는 것이다. 그 과정에서 그는 대범하게 행동했고, 무엇이 옳은 가를 알고 행동하는 지휘관이었다. 전쟁에도 원칙이 있고 상식이 있는 법이다. 그는 그것을 잘 지켰다. 특히 그는 부하들에게 군림하지 않고 부하들 속으로 들어가 부하들과 함께 생사고락을 하는 전우애를 즐겼다. 직책과 계급은 전투를 하는데 필요한 역할분담 정도로 여겼다. 그는 전투 때마다 충분히 이길 수 있는 여건을 조성해주고 부하들을 싸우게 했다. 그렇기 때문에 희생을 최소화하면서 매번 승리할 수 있었다. 이것이 군인 채명신을 훌륭한 군인, 명장(名將)으로 만들었던 비결이었다.

참다운 기독교적인 삶으로…

채명신은 삶은 극적인 요소가 많았다. 태어날 때 그는 모태신앙(母胎信仰)의 기독교 신자였다. 그는 일생을 참다운 기독교적인 삶을 살다 갔다. 군에 들어온 것도 남달랐다. 일제강점기 때 평양사범학교를 나와 초등학교에서 교사를 하다 광복을 맞았고, 그 과정에서 김일성과 김책을 만나, 공산군에 들어오기를 권유받았으나 일언지하에 거절했다. 공산주의 생리를 잘 알고 그들의 만행을 직접 겪었기 때문이다. 그리고 북한을 탈출해 38도선을 넘어 서울로 들어왔다. 그다운 결심이고 행동이었다. 그런데 그가 본 서울은 한심했다. 좌우가 대립한 가운데 혼란스러웠다. 더구나 공산주의가 싫어 목숨 걸고 38도선을 넘어왔는데 공산주의자들이 판을 치는 세상이었기 때문이다. 그는 다시 결심했다. 공산주의자와 싸와 이기기위해서는 군에 들어가야겠다고 결심했다. 그래서 택한 것인 조선경비사관학교, 지금의 육군사관학교이다. 1947년 4월에 육사5기로 입교했다. 그는 사관학교에서 평생의 스승이며 선배며 동지인 박정희 대통령을 만났다. 스승과 제자로서 운명적 만남이었다.

영웅은 하늘이 운명 지워준다고 했던가! 그의 장교로서의 출발은 순탄치 않았다. 임관하던 시기가 제주 4·3사건이 발생한 3일뒤였다. 그런데 그의 첫 부임지가 바로 제주도에 주둔한 9연대였다. 소대장으로 간 그는 그곳에서 9연대에 침투한 남로당 세포들로부터 목숨을 위협받으며 생존술을 익혔다. 그것은 멀리 있는 것이 아니었다. 부하들을 이해하고 그들을 진정으로 아끼는 것이다. 부하들과 대화도 많이 했고, 부

채명신 장군 생전 시 국립현충원 병사묘역 참배 모습

하들을 애로사항도 들어줬다. 거기에는 진심이 묻어 있었다. 어느 순간 이제까지 적대시하던 부하들의 눈초리에서 따스함을 느꼈다. 애송이 장교가 인정을 받는 감격의 순간이었다. 생명을 위협을 느끼며 실천했던 부하사랑이 결국 그를 살렸고, 그것은 그의 군인으로서 커 가는데 필요한 자양분 역할을 했다. 채명신을 거목으로 자라게 한 시대적 자양분이었다. 채명신은 군인으로서 성장하는데 그것은 매우 중요한 역할을 했다.

적장이 맡긴 부하를 동생 삼아…

제주도에서 소대장을 마친 그는 11연대에 배속되어 송악산전투를 치렀고, 2사단 25연대 중대장으로서 태백산지구에서 공비토벌을 했다. 이때 그는 대위로 진급하여 전투중대장으로서 성장했다. 그의 지휘는 남달랐다. 전투의 핵심을 알았다. 공비와 주민을 분리해 주민으로부터는 필요한 정보를 얻었고, 분리된 공비들에 대해서는 철저히 분리하여 각개각패를 통해 소탕해 나갔다. 부하들의 피해는 전무할 정도였다. 부하들이 그를 따르지 않을 수 없었다. 영광은 부하에게, 책임은 자신이 졌다. 그런 지휘방식은 6·25전쟁과 베트남 전쟁에서 그대로 적용됐다. 그는 지는 싸움을 결코 하지 않았다. 손자병법(孫子兵法)에도 있지 않은가! 선구승, 후구전(先求勝, 後求戰)이라고, 다시 말해 먼저 이길 태세를 구한 다음 전투를 한다는 말이다. 만고(萬古)의 진리다. 그렇지 않고는 비록 전투에서 승리한다 해도 부하들의 희생을 어떻게 할 것인가? 이는 전투를 잘하는 지휘관이나 장수가 할 일이 아니다. 희생을 하고 난 후의 승리는 유능한 지휘관이나 뛰어난 지휘관이 할 일이 아니다. 채명신은 유능한 지휘관의 길을 택했다. 그렇게 하기 위해서는 지략(智略)이 필요하다. 창의력이 뒷받침되어야 한다. 여기에는 많은 사색과 전투에 대한 이해, 그리고 군사지식이 필요하다. 채명신에게는 이것이 있었다. 그렇기 때문에 그는 쉽게 전투를 하면서 승리를 구할 수 있었다.

6·25전쟁에서는 전투를 할 때 지형을 숙지하고, 적의 상황을 잘 파악한 다음, 거기에 맞는 전술을 택해 사전 훈련을 시킨 다음 전투에 임하게 했다. 그런 부대가 어떻게 질 수 있겠는가! 정규전을 할 때 채명신은 매번 이런 전투지휘를 했다. 승리는 따 논 당상이었다. 그러면서 위험한 임무에 대해서는 앞장섰다. 그가 1950년 말 백골병단을 이끌고 적지에 들어가 게릴라전을 펼친 것도 남들이 하기 어려운 임무였다. 군인으로서 책임감과 그 일을 해 낼 수 있다는 자신감 그리고 군인으로서 갖추어야 될 진정한 용기가 있었기 때문에 그는 그 일을 쉽게 맡을 수 있었다. 그리고 그는 그 일을 그 누구보다 성공적으로 매듭지었다. 적진에서 작전하는 동안 북한군 유격대사령관 길원팔(吉元八) 중장을 생포했고, 생포된 적장의 의견을 존중하여 군인으로서 자결을 하도록 배려한 점은 비정(非情)의 전쟁 속에서도 이런 군인도 있구나 하게 만든 장본인

이 바로 채명신이었다. 그는 거기서 그치지 않고 길원팔이 죽어가면서 부탁한 부하를 동생으로 삼아 대학교수가 하게 한 의리의 사나이였다. 사나이의 의리는 친구끼리의 의리만이 소중한 것이 아니라 적에게도 지키는 것이 도리라는 것을 일깨워주게 했다. 그러한 그를 누구라 해서 싫다 하겠는가! 부하들이 존경하고 상관들이 신뢰할 수 없지 않는가!

최초의 전투부대 파병사령관

채명신은 39세의 젊은 나이에 대한민국 최초의 전투부대 파병사령관을 맡았다. 1965년 8월의 일이다. 5·16때 중요한 역할을 했음에도 군에 남아 군인으로서 기개를 지켰다. 주월한국군사령관 채명신의 베트남에서 활약은 대단했다. 그는 베트남을 이해했고, 월맹의 지도자 호찌민과 적의 사령관 보구엔 지압의 전술을 알았다. 채명신은 어떻게 싸워야 하는지도 알았다. 국군장병의 희생을 줄이는 가운데 대한민국의 명예를 드높이고 국군의 자존심을 세워야 했다. 이를 통해 한미동맹에도 도움을 줘야 했다. 아울러 장병들의 복지와 국가경제에도 도움을 주어야 했다. 그는 이러한 것을 하나씩 해결해 나갔다. 그는 가장 먼저 국군의 독자적인 작전지휘권을 챙겼다. 주월미군사령관 웨스트모얼랜드 장군과의 담판에서 이를 관철시켰다. "한국군이 월남에 온 것은 공산화를 막기위해 온 것이지, 미군의 지휘를 받으러 온 것이 아니다. 월맹이 한국이 하루 1달러씩 받고 미국의 청부전쟁에 왔다고 선전하는데, 한국군이 미군을 지휘를 받게 되면 이것을 기정사실로 만드는 것이다."라고 웨스트모얼랜드 장군을 설득시켰다. 채명신의 명분있는 말에 미군 사령관이 들어줄 수밖에 없었다.

채명신은 그런 다음 베트남전의 특성을 살폈다. 베트남전은 정규 월맹군과의 싸움이 아니라 월남에 있는 베트콩과 호찌민루트를 통해 월

유언에 따라 국립서울현충원
일반 병사들 묘역에 안장된 채명신 장군 묘

남으로 들어온 월맹군과의 정글에서의 게릴라전이었다. 광범위한 지역에서 2개의 전투사단을 가지고 효과적인 작전을 할 수 없었다. 그래서 적이 침투할 수 있는 지역에 중대단위의 중대기술진지를 구축하여 작전에 성공했다. 이른바 중대단위로 자체 생존성이 강한 전술기지를 구축하고, 이를 포병이 지원할 수 있도록 했다. 자체의 화력과 포병의 화력으로 적 연대규모의 공격을 막을 수 있게 한 것이었다. 이것은 성공이었다. 짜빈동전투와 둑코전투에서 중대전술기지는 진가를 발휘했다. 미국도 이를 모방하여 '화력기지(Fire Base)'를 설치하여 운용했다.

대민지원 '따이한' 위상 높여…

특히 채명신이 베트남전에서 성공한 것은 주민들과의 유대강화였다. 유교식 전통에 장유유서(長幼有序)가 강했던 베트남에서 어른들을 공경하고 그들에게 영농기술 및 각종 대민지원을 함으로써 '따이한'의 위상을 높였다. 거기에 한 몫 한 것이 태권도였다. 태권도의 정신을 심어

주고 대회를 개최하여 한국군과 베트남 주민들이 함께 했다. 채명신의 게릴라전 원칙인 '물(주민)과 물고기(베트콩) 관계'의 분리에 성공한 것이다.

채명신은 싸움만 잘한 것이 아니었다. 베트남 경제특수를 이용하여 베트남에 진출한 기업들을 음으로 양으로 도와줬다. 한국에서 만든 김치가 들어오도록 했고, 미군 물자하역 및 수송을 우리 기업이 맡도록 했고, 전역장병들을 미국 기업에서 일하도록 알선했다. 국가에 대한 애국심과 부하들에 대한 깊은 사랑이 없으면 어려운 일이었다. 그는 부하들의 희생에 대해서 유달리 눈물이 많았다. 친동생 채명세 소위가 6·25 때 소대장으로 전사했음에도 울지 않았던 그가 부하들의 전사 앞에서는 '사나이의 값진 눈물'을 흘렸다. 진정한 지휘관만이 할 수 있는 행동이었다. 어찌 동생의 죽음이 부하의 죽음보다 못했겠는가! 주월사령관으로서 잠깐 들렀던 국립묘지에서 전사한 부하들의 전사자 묘비에 참배하고 있는 그의 모습이 잊혀지지 않는 것도 이 때문 일 것이다.

채명신 장군은 2013년 11월 25일 영면했다. 그의 죽음은 안타까웠지만 우리 국민에게 진정한 영웅의 모습을 각인시켜 주고 갔다. 장군으로서의 기득권을 다 포기하고 사병묘역에 묻혀 달라는 유언은 우리의 가슴을 뭉클하게 했다. 특히 그것을 지키려고 했던 미망인 문정인 역사와 자녀들의 고인의 유지를 받들려고 하는 정경은 우리의 심금을 울리기에 충분했다. 채명신 장군은 비록 우리 곁을 떠났지만 대한민국의 진정한 영웅으로 남아 우리 곁에 있는 것이다. 영원한 전쟁영웅, 대한민국 군인들의 진정한 표상으로 길이 남기를 바라면서, 다시 한 번 채명신 장군의 명복을 빈다.

'선우고지 전투'의 영웅
최득수 이등상사

선우고지전투의 영웅
최득수 이등상사

태극무공훈장 수훈 전공 세워…

최득수(崔得洙, 1927~2020) 이등상사는 정전협정 체결을 불과 1개월 앞
둔 시점에서 적 기관총진지를 파괴를 위한 특공대장으로서 강원 양구
북방의 최대의 격전지였던 선우고지(938고지)를 국군이 재탈환하는데
크게 기여했다. 그 전공으로 그는 1954년 6월 25일에 대한민국 최고의
무공훈장인 태극무공훈장을 수여받았다. 당시 최득수 이등상사는 제7
사단 제8연대 제2대대 제7중대 제2소대장 대리였다.

그럼 최득수 이등상사는 누구인가? 최득수는 1927년 5월 15일 경기
도 부천군 영종면에서 출생했다. 그의 어린 시절은 매우 불우했다. 일
찍 부모를 여의고 경제적으로 매우 힘든 어린 시절을 보냈기 때문이다.
8·15광복 후, 그는 청년단 활동에 적극적으로 참가했다. 그 중에서도
그는 1948년 대한민국 정부수립 이후 이승만 대통령에 의해 발족된 대
한청년단(大韓靑年團)에 가입하여 인천지구 훈련대장과 감찰단원으로 활
동하였다. 북한군의 기습남침으로 6·25전쟁이 발발하고, 맥아더 유엔

군사령관에 의해 인천상륙작전이 성공한 후 국군에 자원입대하였다. 그는 부산의 구포훈련소에서 제식훈련과 총기조작법, 사격훈련을 받은 후, 1951년 1월 2일 국군 제7사단에 배치되었다. 이때부터 군인 최득수는 누구보다 용감하게 전투에 임했다.

선우고지(鮮宇高地)는 강원도 양구 북방에 위치한 938고지의 별칭(別稱)이다. 1953년 6월 말 정전협정 체결을 앞두고 국군 및 유엔군과 공산군은 치열한 고지쟁탈전을 치렀다. 정전 이후 군사적으로 유리한 고지를 점령하기 위해 양측은 한 치의 양보도 없이 격전을 전개했다. 그 중의 하나가 938고지, 즉 선우고지였다. 938고지는 국군 제7사단 8연대 제2대대가 방어책임을 맡고 있는 사단 내 최전방의 대대 방어거점이었다. 당시 제8연대 제2대대장은 선우용(鮮宇容) 소령이었다.

전술적 요충지 선우고지

그런데 1953년 6월 26일 중공군 제60군 제189사단은 1개 연대 병력으로 국군 제7사단 제8연대가 방어하고 있던 938고지를 인해전술을 앞세워 공격하였다. 중공군은 야포와 박격포로 집중포격을 퍼붓은 후 압도적인 병력을 앞세워 제2대대가 방어하고 있던 938고지를 공격하여 점령하였다. 그 과정에서 대대지휘소가 피탈되고 대대장 선우(鮮宇) 소령은 끝까지 저항하다가 장렬히 전사하였다. 이때부터 제7사단에서는 938고지를 전사한 대대장 선우 소령을 기리는 뜻에서 '선우고지'라 부르게 되었고, 국방부 전사에서도 938고지를 선우고지로 기록하고 있다.

그렇다면 선우고지(938고지)는 전략적으로 국군에게 어떠한 의미가 있을까? 938고지는 그 당시 국군 제7사단가 방어하고 있는 양국 북방의 1090고지로부터 1220고지에 이르는 주저항선이자 제8연대의 방어중심이었다. 따라서 국군으로서는 938고지를 반드시 확보해야만 했고, 반면 중공군의 입장에서는 이를 점령해야만 제7사단의 주저항선의 측방을 위협하고 나아가 차기공세의 발판으로 삼으려 하였다. 938고지는 이 일대에서 가장 중요한 1220고지에 이르는 곳으로서 공격과 방어가 가능할 뿐만 아니라 양호한 관측과 사계를 제공하였다. 특히 938고지 일대는 통선곡(通先谷)과 굴구네울 계곡 등 증원부대의 집결지 활동에 유리하였고, 고지 후방의 능선은 엄폐·은폐되어서 전술적 요충지로서 역할을 톡톡히 제공하였다.

선우고지 전투는 어떻게 진행되었는가? 선우고지 전투는 정전협정 체결 1개월을 앞둔 시점에서 중공군의 국군 제7사단 제8연대 제2대대의 방어진지에 대한 집중공격으로 시작되었다. 선우고지전투는 1953년 6월 25일부터 7월 1일까지 실시되었다. 선우고지를 방어하고 있던 국군 제8연대 제2대대는 6월 26일 21시 45분, 중공군의 집중포화에 이은 인해전술에 의한 파도가 물결치듯 밀려오는 제파식 공격을 받았다. 중공군의 인해전술 공격에 제2대대는 끝까지 방어진지를 사수하다 급기야 중공군과 백병전까지 전개하게 되었다. 이때 중공군의 포격으로 유선통신이 단절된 상태에서 정확한 상황을 파악하지 못한 대대장 선우 소령은 대대지휘소 방향으로 몰려오는 전방 중대 병력에게 진지 고수명령을 하달하였다. 그러나 대대지휘소에 들이닥친 중공군이 던진 수류탄에 의해 대대장 선우 소령이 전사하고, 중공군의 계속된 공격을 막아내지 못한 대대는 22시 30분에 결국 938고지를 중공군에게 내주고 말았다.

"돌격 앞으로!"

이때부터 제7사단 김용배(金容培) 장군은 사단 방어에 절대로 필요한

선우고지 탈환에 기여한 5명의 특공대원(뒷줄 중앙이 최득수 이등상사)

선우고지 재탈환을 제8연대에게 지시하였다. 이에 따라 제8연대장 이병형(李秉衡) 대령은 다음날인 6월 27일 02시 30분 제1대대를 투입하여 938고지 탈환을 위한 공격작전을 감행하였다. 그러나 고지의 9부 능선 진출에 성공한 제1대대는 중공군과 육박전까지 전개하였으나, 적의 증원부대와 고지 측방에서의 적의 맹렬한 사격으로 고지를 점령하지 못하고 철수하였다. 사단에서는 예비인 제3연대를 투입하여 고지탈환을 시도하였으나, 이에 맞선 중공군이 만여 발의 포탄을 퍼붓는 바람에 많은 희생만 남긴 채 철수하지 않을 수 없었다.

이때 사단에서는 다시 제8연대에게 고지탈환을 명령하게 되었다. 이때가 6월 30일 02시경이었다. 이에 제8연대에서는 고지탈환임무를 제2대대에게 부여하고, 고지 탈환에 위협적인 적 기관총 진지를 분쇄하기 위해 특공대를 편성하였다. 매번 고지탈환 때마다 국군이 어려움을 겪었던 것은 938고지 남서쪽의 '비석고지'에 설치된 중공군의 기관총진지였다. 이곳을 사전에 분쇄하지 않고는 선우고지(938고지)를 점령하기가 어려웠고, 설령 점령한다 하더라도 막대한 희생이 따를 수밖에 없었다. 이에 제2대대에서는 중공군의 기관총진지를 파괴하기 위해 30명의 특공대를 3개조로 편성하였다. 제1조는 938고지 전방 능선에 있는 3중의 중기총진지와 경기관총진지를 파괴하고, 제2조와 제3조는 938고지 좌측의 자동화기진지를 파괴하는 것이었다. 최득수 이등상사는 이때 제1조 조장으로 가장 어려운 임무를 부여받았다.

6월 30일 03시 30분경, 최득수 이등상사가 지휘하는 특공대 제1는 철모 대신 작업모를 쓰고 소총과 수류탄 6개씩을 휴대하고 아군의 연막탄 사격으로 시계가 차단되자 938고지 능선을 향해 돌진해 나갔다. 이때 중공군 진지에서는 다시 포격을 시작하였지만 최득수 이등상사는 선두에 서서 쏟아지는 적의 포탄을 앞으로 나아갔다. 첫 번째 적 기관총진지에 접근한 최득수 특공대장은 수류탄 한 발을 적의 기관총진지 안에 집어던져 파괴한 후, 또 다른 기관총진지로 다가가 수류탄으로 다시 적의 기관총진지를 파괴하였다. 이렇게 두 개의 기관총을 파괴하고 난 최득수 이등상사는 마지막 기관총진지를 향해 "돌격 앞으로!"를 외치며 대원의 선두에 서서 나아갔다.

뺏고 빼앗기는 공방전이 계속돼…

마지막 적 기관총진지로 돌진한 최득수 이등상사는 수류탄을 던져 적 기관총진지를 격파하고 3발의 신호탄을 쏘아 이를 연대지휘소에 알렸다. 신호탄이 발사되자 대기하고 있던 제9중대와 제10중대가 돌격을 감행하여 결국 04시 30분에 938고지를 다시 탈환하게 되었다.

중공군에게 고지를 빼앗긴지 4일 만에 다시 제2대대가 최득수 특공대원들의 목숨을 건 활약으로 이를 다시 빼앗게 된 것이다. 드디어 대대장 선우 소령의 원한을 갚을 수 있었다. 그렇지만 공격과정에서 특공대의 희생도 만만치 않았다. 선우고지를 탈환하기 위해 필사적인 공격을 감행했던 30명의 특공대원 중 생존자는 최득수 이등상사를 포함한 5명뿐이었고, 나머지 대원들은 모두 장렬히 전사하였다.

하지만 이후 선우고지는 중공군의 인해전술을 앞세운 발악적인 공격으로 다시 적에게 내주고 말았다. 실로 아까운 일이 아닐 수 없다. 최득수 이등상상 등 특공대의 감투정신과 희생정신으로 빼앗은 선우고지는 중공군의 집중적인 포격과 제파식 공격으로 서로 뺏고 빼앗기는 공방전이 계속되면서 많은 희생자를 가져왔다. 이에 따라 국군의 인명손실이 1,300여 명에 달하자, 국군 제7사단을 배속하고 있던 미 제10군단장 화이트(Issac White) 중장이 7월 1일, "선우고지로 인한 더 이상의 인명손실을 내서는 안 된다"며 탈환작전의 중지를 명령하였다.

그렇지만 최득수 이등상사가 선우고지에서 보여준 감투정신(敢鬪精神)과 책임을 완수하려는 군인으로서의 책임감, 그리고 누구보다 뛰어난 애국심은 전사에 영원히 기록되어 후세의 귀감(龜鑑)이 될 것이다. 그는 "지휘관의 명령은 설령 그것이 잘못되었다 할지라도 따라야 하는 것이 군인이며, 그래야만 기강이 바로 서게 되어 승리를 쟁취할 수 있다"며 전투에 임하는 군인상(軍人像)을 강조하였다. 최득수 이등상사는 1955년 4월 8일 육군 이등상사를 마지막으로 군문을 떠났지만 '영원한 군인'으로 우리 겨레의 가슴속에 길이 남을 것이다.

대한해협 해전의 참전영웅
최영섭 예비역 해군대령

최영섭 해군대령

해군 최초 전투함 '백두산함'의 갑판사관

해군은 2020년 6월 26일 이종호 해군작전사령관 주관으로 '제70주년 대한해협해전 전승 기념행사'를 거행했다. 이 행사엔 당시 해군의 첫 승전으로 기록된 '대한해협해전'에 참전한 전쟁영웅들이 한 자리에 모였다.

기념행사에는 살아있는 전쟁영웅 5명과 유가족들이 참석했다. 대한해협해전 당시 백두산함 갑판사관 최영섭(崔英燮·93) 소위, 조타사 최도기(91) 이등병조와 장학룡(90) 삼등병조, 갑판사 최효충(91) 이등수병, 탄약운반수 황상영(88) 이등수병이 참석했다.

유가족으로는 백두산함 함장 고 최용남 중령의 장남 최경학(68)씨와 고 전병익 이등병조의 여동생 전광월(84)씨 등 30여 명이 자리를 함께했다. 전승기념식에서는 최고 예우를 뜻하는 예포 21발을 발사했고, 공군 '블랙이글스'가 축하비행으로 참전용사들과 유가족들에게 예우를 표시했다.

대한해협해전은 해군 최초의 전투함인 백두산함이 1950년 6월 25일 오후 8시 12분께 부산 앞바다에서 괴선박을 발견하고 무장병력을 태운 적선으로 식별한 이후 격파사격을 시작해 다음날인 26일 오전 1시 38분께 침몰시킨 해전이다.

당시 우리 해군은 전쟁 직전까지 포 달린 군함이 한 척도 없었다. 일본이 버리고 가거나 미군이 쓰던 작은 소해정 몇 척이 해군 자산의 전부였던 것이다. 국비가 턱없이 부족했던 시절, 함정 인수를 위해 손 제독의 제안으로 전 해군 장병이 월급에서 5~10%를 성금으로 내놓았고, 그 가족들은 바느질삯으로 군함 살 돈을 모았다. 특히 손원일(孫元一) 초대 해군참모총장의 부인 고 홍은혜(洪恩惠·2019년도 6·25전쟁영웅 선정) 여사 등 해군 가족들은 삯바느질 등으로 852만원(1만8000달러)을 모금했다.

이승만(李承晩) 대통령은 손원일 제독에게 이 성금을 받고 감격하여, 4만5000달러를 추가로 지원해 미국에서 백두산함(PC-701)을 구입할 수 있었다. 간신히 전투함을 살 수 있는 자금을 마련한 해군은 1949년 12월 뉴욕으로 떠난다.

손원일 제독은 해군고문관 로빈슨 해군 대위 등 인수요원 15명과 함께 미 해군에서 퇴역해 뉴욕주 킹스포인트(Kings Point) 해양대학교 실습선으로 사용중이던 화이트헤드(Ensign Whitehead)호를 1949년 10월 17일 1만8000달러에 인수했다.

화이트헤드는 해양대 출신의 해군 소위로, 제2차 세계대전에서 숨졌다. 해군은 화이트헤드(백두) 소위 이름과 백두산함 이름이 비슷한 것을 인연이라고 여긴다. 해군은 화이트헤드호를 그해 12월 26일 해군 최초의 전투함 백두산(PC-701)함으로 명명했다.

해군은 뉴욕주에서 백두산함을 구입한 후 마이애미와 파나마 운하를 거쳐 하와이에 입항한다. 그곳에서 3인치 포를 장착하고, 돈이 부족해 포탄 100발만을 구입해 괌을 거쳐 1950년 4월 진해에 입항한다. 백두산 함은 해군 1호 전투함이었기에 6·25 직전까지 전국을 돌며 각종 행사에 참가하며 해군의 출발을 알렸다.

그러나 해군은 전쟁 직전까지 백두산함을 제외하고는 변변한 전투함이 하나도 없었다. 당시 북한 해군은 소련으로부터 지원받은 어뢰정과 구잠정, 다수의 보조선을 포함해 100여 척의 함정을 보유하고 있었다. 그리고 병력도 육전대와 기타 병력을 합해 2만여 명에 달했다. 우리 해군은 함정 33척과 6900명의 병력만을 보유하고 있었다.

상대가 되지 않는 열악한 전력이었지만 전투태세에 돌입한 해군은 단독으로 해상 봉쇄작전을 전개했다. 6·25 전쟁에서 해군의 대표적인 해상전과 상륙작전은 옥계해전 혹은 옥계지구 전투, 대한해협해전, 통영상륙작전, 그리고 세계사에 유명한 인천상륙작전(Operation Chromite) 참가 등이다.

6·25전쟁 해군의 첫 승전

전쟁이 발발하자 1950년 6월 25일 정오 백두산함에 출항명령이 떨어졌다. 6·25 전쟁을 일으킨 북한은 부산 후방을 교란(攪亂)시키기 위해 1000톤급 무장 수송선에 인민군 600여 명을 승선시켜 6월 25일 동해 해로(海路)를 따라 남하하고 있었다. 이같은 정보를 입수한 해군은 진해항에 정박 중이던 백두산함에 모든 승조원을 태우고 소해정(YMS-512)과 함께 진해항을 떠났다. 오후 6시 40분경 부산앞바다 오륙도 동쪽 2마일에서 신원을 밝히지 않은 정체불명의 괴선박을 발견한다. 백두산함은 밤 11시까지 괴선박의 신원을 밝히기 위해 추적했으나 응답을 들을 수 없었다.

제2차 인천상륙작전 다음 날인 1950년 2월 11일 인천 만석동 부두에 모인 주요 관계자들.
〈좌측부터〉 백두산함 함장 노명호 소령, 95기동부대사령관 스미스(해군소장) 제독,
통역관 최병해 대위, 상륙부대장 김종기 소령, 갑판사관 최영섭 소위.

   마침내 백두산함은 괴선박에 접근해 괴선박이 대포와 기관포로 무장
한 북한군 함정이라는 것을 확인한다. 또 배안에는 최소 600명 이상의
무장병력을 태운 것을 목격했다. 이미 이날 동해안에 북한 육전대가 상
륙해 아군의 후방을 교란하고 있었다. 북한의 육전대를 태운 괴선박은
향후 미군의 지원병력과 전쟁물자가 들어올 부산을 혼란에 빠뜨리기
위한 특수목적의 수송선이었던 셈이다.

   '백두산함' 함장 최용남(崔龍男) 해군중령은 승조원들을 집합시켜 냉
수 한 컵씩을 주면서 비장한 각오로 병사들을 격려했다. "이 물은 우리
가 살아서 마지막 마시는 대한민국의 물"이라며 "적(敵) 인민군대가 오
늘 새벽 동해안 '옥계' '임원' 해안으로 침투, 남하하고 있다. 우리는
지금 동해로 출동해서 각자 최선을 다해 임무를 완수하자. 적 상륙군을
격멸하여 우리의 조국 대한민국을 수호해야 한다"고 독려했다.

   6월 25일 밤 9시10분 견시병(見視兵)은 "방어진 동쪽 3마일 해상에 북
한 무장 수송선이 나타났다"면서 "우현(右舷) 45도 수평선에 검은 연기

가 보인다"고 갑판사관 겸 항해사·포술사인 최영섭 소위에게 보고했다. 갑판사관 최 소위는 함장에게 보고했고, 계속해서 추격하며 북괴 수송선이 가까이 접근하기를 기다렸다.

6월 26일 밤 12시30분 백두산함은 시속 18노트로 북한 괴선박을 추격하며 20여 분의 포격전(砲擊戰)을 벌였다. 먼저 적함의 공격을 받은 백두산함이 3인치 포로 반격하려 했으나 지금껏 실탄사격을 해본 적이 없기에 파도가 높은 바다에서 적함을 명중시키기란 여간 어려운 것이 아니었다. 어느덧 보유한 실탄 100발 중 30발을 쏘고 있었다.

1950년 6월 26일 새벽 1시20분. 드디어 부산 청사포(靑沙浦) 앞바다에서 우뢰같은 굉음이 한 여름밤의 정적을 뒤흔들었다. 해군 함정 백두산함이 북한군 무장 수송선을 격침시킨 포성(砲聲)이었다. 4시간에 걸친 포격전 끝에 북한 수송선 갑판에 해군의 3인치 대포가 명중한 것이다! 북한 수송선은 서서히 침몰했고, 북한군 병력 최소 600여 명도 '물고기밥'이 됐다. 대한민국 해군 승전보 1호가 수립된 것이다. 당시 교전 과정에서 적선의 공격으로 김창학 삼등병조, 전병익 이등병조 등 2명이 전사하고, 부상자가 발생했다. 두 전사자에게는 1952년 12월 1일 을지무공훈장이 추서됐다.

최영섭 대령은 2018년 1월 조선일보 인터뷰에서 당시 상황을 이렇게 전했다.

"이 전투에서 장전수 전병익, 조타사 김창학이 적 포탄에 맞고 쓰러졌어. 병사 식당에서 수술하는데 '적함은요?' 묻더라고. '적함은 격침됐어. 이겼어. 정신 차려! 살아야 돼' 고함쳤어. 그러니까 '대한민국…' 말을 못 마치고 고개를 떨궜어. 내 귀에는 '대한민국을 지켜다오'로 들렸어. 내 귀엔 그렇게 들렸다고!"

미국 전사학자 제임스 필드는 '미국 해군 작전의 역사: 한국전'이란 책에서 "부산항은 당시 남한에 군수 보급품과 증원병력을 투입할 수 있는 유일한 항구로, 적 600여 명의 무장상륙군을 수장시킨 것은 전략적으로 결정적인 사건이었다"고 밝혔다. 만약 백두산함이 괴선박을 격침하지 않았더라면, 부산항이 육전대의 공격으로 전쟁양상이 바뀔 수 있었다는 뜻이다.

대한해협 전투를 계기로 백두산함은 여수철수작전, 진동리 정찰작전, 덕적도–영흥도 상륙작전, 인천상륙작전, 대청도–소청도 탈환작전 등에 투입돼 공을 세운다. 또 묵호, 원산, 성진 등 북한 해상에 진격해 아군을 지원하는 임무도 수행했다. 이로써 우리 해군은 유엔군과 함께 전쟁 기간 내내 동해, 서해, 남해의 제해권을 모두 장악했다. 그러기에 북한과 중공군은 지상에서만 제한된 전투를 치를 수밖에 없었다.

"두 번 다시 나라를 빼앗기지 않으려면 바다를 지켜야 한다"

2020년 6월 25일 열린 6·25전쟁 70주년 기념행사에서 대한해협해전의 영웅 최영섭 예비역 해군대령이 모습을 드러냈다. 부석종 해군참모총장과 함께 무대에 오른 그는 '6·25의 노래'를 부를 때 문재인 대통령 앞에서 주먹을 불끈 쥐고 위아래로 힘차게 흔들었다. 최영섭 대령은 노령에도 불구, 지금도 해군을 위해 가장 왕성하게 활동하고 있는 예비역 대령이다. 최 대령 덕분에 대한해협 해전이 많은 사람들에게 알려졌다고 해도 과언이 아니다.

최영섭은 1928년 강원도 평강에서 출생했다. 광복 후 북한 공산당을 피해 온 가족이 월남했다. 일본 동경시립제2중학교(우에노)를 졸업하고 1947년 9월 해군사관학교 3기생으로 입교했고, 해군소위 임관 4개월 만에 6·25전쟁을 맞았다. "두 번 다시 나라를 빼앗기지 않으려면 바다를 지켜야 한다고 생각했다"고 한다.

6·25전쟁 70주년 기념행사에서 최영섭(오른쪽) 대령이 부석종 해군참모총장과
함께 '6·25의 노래'를 힘차게 부르고 있다(2020.6.25).

그는 6·25 주요 해전에 참전해 공을 세웠다. 대한해협해전, 인천 철
수작전, 여수 철수작전, 진동리 정찰작전, 덕적도·영흥도 탈환작전, 군
산 양동작전, 인천 상륙작전, 대청도·소청도 탈환작전, 원산·함흥·성
진 동해진격작전, 제2차 인천상륙작전….

6·25 이후에는 해군 최초의 구축함인 충무함(DD-91) 2대 함장에 취
임했고, 1965년 3월 동해상에서 고속 간첩선을 나포하고 간첩 8명을 생
포했다. 충무함 함장으로 마지막 출동 임무에서 거둔 성과였다. 그는
위협사격 끝에 간첩선을 나포했다. 군은 이때 붙잡은 간첩을 심문해 고
정간첩 8명을 추가로 검거했다. 최영섭은 이 같은 공으로 금성충무무
공훈장 등 무공훈장 4개를 받았지만, 별을 달지 못하고 제51전대 사령
관을 마지막 보직으로 1968년 전역했다. 그의 전우들은 "최영섭이 해
군참모총장이 됐어야 했다"고 애석해 했다고 한다.

전역 이후에도 최영섭 대령은 전사자 유족 찾기 운동을 펼치는 등 활
발한 활동을 했다. 6·25 당시 장사동 상륙작전에 투입됐다가 숨진 11명
의 문산호 민간인 선장과 선원 명단 찾는 데도 일조했다. 이 작전은 인
천상륙작전을 숨기기 위한 기만전술이었는데, 최근까지도 작전에 참

가했던 민간인은 잊힌 존재였다. 최 대령이 찾아 나선 지 4년 만인 2016년 해군이 해군문서고에서 발견했다. 문산호 스토리는 2019년 9월 최민호 주연의 영화 〈장사리: 잊혀진 영웅들〉로 개봉됐다.

최 대령은 "문산호 영웅들을 나라도 잊고 군도 잊고 국민도 잊어버린 게 너무 슬펐다"며 "미군과 이스라엘군이 왜 강한가. 내가 전사하더라도 끝까지 시신을 수습하고, 내 가족을 국가와 국민이 지켜준다는 신념이 있기 때문"이라고 했다.

최 대령은 6·25에서 전사한 부하 동상을 각 모교에 세우기도 했다. 출신 학교에 동상 세우면 그 학교 후배뿐만 아니라 지역 사람들이 다 볼 수 있다는 것. '우리 선배가, 우리 동네 출신이 6·25 때 바다를 지켰구나. 그래서 오늘 대한민국이 있구나'라는 마음을 심어주자는 것이다.

그는 1994년부터 해양소년단 고문으로 활동하며 청소년 단원과 학교장에게 300회가 넘는 강연 활동을 이어왔다. 또 장병 대상으로 안보 교육도 한다. 2017년 11월 11일 해군 창설 기념일에 해군 최초로 명예 정훈병과장으로 위촉됐다.

최 대령은 '군인 가문'으로 유명하다. 삼형제 중 맏인 그의 아래 동생 최웅섭 해병대포병전우회 명예회장(해간 18기·예비역 해병대령)뿐 아니라 막냇동생(최호섭)은 해군부사관으로 평생 봉직했다. 아들 넷 중 큰아들은 해군 대위, 둘째는 육군 중위, 셋째는 공군 대위, 막내는 육군 소위로 복무했다. 이중 최재형(61) 감사원장이 둘째 아들이다. 손자 1명은 해병대 중위, 2명은 육군, 1명은 해군 갑판병으로 복무했다.

최 대령은 지금도 '대한해협해군전승유공회 백두산함'이라고 쓰인 수첩을 양복 안주머니에 넣고 다닌다. 대한해협해전에 참전한 백두산함 승조원 76명의 얼굴 사진과 인적 사항이 적혀 있다. 현재 76명 중 5명이 생존해 있다.

그가 2013년 쓴 책 '6·25 바다의 전우들'은 이렇게 맺는다. '조국을 지키고 국립현충원에 잠들어 있는 전우들의 울부짖는 호소가 귓전을 울린다. / 오! 나를 일으켜다오. / 파도처럼, 구름처럼 내 다시 우뚝 일어서/ 내 조국 대한민국을 지키겠노라!'

부동여산(不動如山)의 명장
최영희 장군

최영희 장군

모든 군 지휘 보직 거쳐…

최영희(崔榮喜, 1921~2006) 장군은 국군창설에 기여한 건군(建軍)의 원로이자 6·25전쟁 때 태극무공훈장을 받은 전쟁 영웅이면서, 대한민국 국군 역사상 최초로 소대장에서부터 국방부장관에 이르기까지 모든 지휘관직을 두루 거친 장군으로 유명하다. 1946년 군사영어학교를 졸업하고 육군보병 소위로 임관한 최영희 장군은 소대장에서부터 시작하여 중대장, 대대장, 연대장, 사단장, 군단장, 군사령관, 육군참모총장, 합동참모의장, 국방부장관을 모두 거친 역량 있는 지휘관이자 군사 지도자였다.

최영희 장군의 이러한 군 경력은 국군사(國軍史)뿐만 아니라 외국에서도 그 유례를 찾아보기 힘들 정도다. 이는 동서고금을 막론하고 군 역사에서 거의 전무후무(前無後無)한 일이 아닐 수 없다. 미국의 맥아더(Douglas MacArthur) 원수와 아이젠하워(Dwight D. Eisenhower) 원수, 국군 최초로 대장을 단 백선엽(白善燁) 장군이나 육해공군총사령관을 지낸 정일권(丁一權) 장군 그리고 군번 1번의 영예를 안은 이형근(李亨根) 장군도 그런 군사경력을 갖추지 못했다. 그런 점에서 최영희 장군의 군사경력은 가히 독보적이라 평할 수 있다.

국군 역사에서 최영희 장군과 같은 경력은 매우 이례적인 경우에 해당된다. 굳이 최영희 장군의 이런 화려한 경력에 비견(比肩)될 만한 장군을 꼽으라고 하면, 박정희(朴正熙) 대통령 시절 국방부장관을 역임한 노재현(盧載鉉) 장군과 김영삼(金泳三) 대통령 시절 국방부장관을 역임한 김동진(金東鎭) 장군이 있을 뿐이다. 그렇지만 이 두 사람도 최영희 장군처럼 완벽한 경력에는 조금 미흡한 편이다. 노재현 장군은 포병장교로 초급지휘관을 거치지 못했고, 김동진 장군은 군사령관을 하지 못하고 연합사부사령관을 거쳤기 때문이다. 육군참모총장을 두 번이나 역임했던 백선엽 장군도 소대장과 국방부장관을 역임하지 못했고, 정일권 장군도 소대장과 군사령관 그리고 국방부장관을 거치지 못했다. 군번 1번으로 유명한 이형근 장군도 소대장과 군사령관 그리고 국방부장관을 역임하지 못했다. 영천대첩의 영웅인 유재흥 장군도 합참의장과 국방부장관까지는 지냈으나 소대장과 육군참모총장은 거치지 못했다. 맥아더 원수나 아이젠하워 원수도 합참의장과 국방부장관을 하지 못했다. 그런 점에서 볼 때 최영희 장군은 현대적인 군에서 장교가 거쳐야 될 모든 지휘관 보직을 두루두루 거친 유일한 장군임에 틀림없다. 그런 점이 바로 최영희 장군이 군사경력 면에서 유난히 돋보이는 이유이다.

또한 최영희 장군은 6·25전쟁을 통해 지휘관으로서의 탁월한 역량을 충분히 발휘했다. 전쟁 중 연대장과 사단장 직책을 수행하면서 두둑한 배포와 뛰어난 지략 그리고 인간애(人間愛)적인 휴머니즘 정신으로 매번 전투에 임했고, 그때마다 승리를 놓친 적이 거의 없었다. 그는 사선(死

線)을 넘나드는 수많은 전투, 즉 전쟁초기 파주의 봉일천전투를 시작으로 김포지구전투, 지연작전, 낙동강전투, 북진작전, 홍천전투, 노전평전투, 351고지전투, 전북지역 및 지리산공비토벌작전, 고지쟁탈전 등을 통해 혁혁한 전공을 세웠다. 그 과정에서 최영희 장군은 태극무공훈장, 충무무공훈장(3회), 을지무공훈장(2회)을 받았고, 미국의 은성무공훈장과 동성무공훈장도 각각 받았다. 그만큼 전공이 뛰어나고 전투지휘관으로서 능력이 출중했다는 것을 뜻한다. 그 결과 최영희 장군은 모든 상관으로부터 두터운 신뢰를 받았음은 물론이고, 부하로부터도 믿고 따를 수 있는 믿음직한 지휘관으로 각인되어 무한한 존경심을 얻었다.

"승리해 놓고 싸운다"

최영희 장군이 그렇게 되기까지에는 나름대로의 지휘원칙이 있었다. 그는 자신의 상관 또는 상급부대의 임무는 어떤 어려움이 있더라도 완벽히 수행했고, 그 임무를 수행함에 있어서는 철저히 분석하여 성공할 수 있는 충분한 준비를 마련한 다음 실행에 옮겼다. 이른바 손자병법(孫子兵法)에서 말하는 '승리해 놓고 싸운다(先勝而後求戰)'는 개념이었다. 그 과정에서 최영희 장군은 지휘관으로서 절대 흔들리지 않는 태산(泰山)처럼 태연자약(泰然自若)한 태도와 늠름한 자세를 보였고, 전투 간에는 자신의 공명(功名)보다는 부하들의 불필요한 희생을 안타까워하며 이를 최대한 줄이고자 노력하는 인간미 넘치는 지휘관이었다.

또 후방지역에서 공비토벌작전을 할 때에는 인근 주민들에 대한 억울한 희생이 없도록 합리적인 방안을 강구하여 처리해 나갔다. 최영희 장군은 군인으로서는 보기 드문 부처님을 닮은 온화한 미소와 상생적(相生的)인 사고와 언행, 그리고 주민들의 불필요한 희생을 없애고 군에

1950년 8월 대구 북방 다부동에서 격전을 치르고 있던 당시 국군 1사단을 방문한
미 1기병사단 부사단장 파머 준장(가운데)과 백선엽 사단장(왼쪽), 최영희 15연대장

서 할 수 있는 모든 대민지원을 적극적으로 전개하여 그동안 전쟁으로
헐벗고 찌든 주민들의 마음을 보듬어줄 줄 아는 지휘관이었다. 이처럼
최영희 장군의 마음속에는 늘 주민들을 향한 너그러운 마음씨와 측은
지심(惻隱之心)을 지니고 있었다.

이런 동포애적인 따뜻한 마음씨는 휴전 후 철원과 포천지역을 담당
하는 제5군단장 시절에 또 한 번 유감없이 발휘됐다. 최영희 5군단장은
전방지역으로 이주해 오는 정착민들을 위해 이삿짐을 날라주고, 부족
한 주택을 지어주고, 학교와 병원을 건설해 주며 주민들이 살 수 있는
생활터전을 마련해 줬다. 그가 국민들을 사랑하는 장군으로 칭송받는
이유다. 이에 주민들은 최영희 장군의 그런 넉넉한 마음 씀씀이와 고마
움을 잊지 않고 기리기 위해 자발적으로 모금운동을 벌려 '최영희 장
군 공적비'를 세워 후세에 남기기도 하고, 매년 군단사령부가 위치한
포천지역 주민들은 최영희 장군에 대한 그때의 고마움을 잊지 않고 추
모하는 행사를 매년 어김없이 실시하고 있다. 그것은 최영희 장군이 존
경받을 일을 충분히 했기 때문에 가능한 일이었다.

특히 최영희 장군은 국방부장관 시절인 1968년에는 한미동맹의 핵심인 한미연례안보협의회의에 최초로 참석함으로써 오늘날과 같은 굳건한 한미연합방위체제의 기틀을 마련했다. 한미연례안보협의는 매년 양국의 국방장관이 양국의 수도를 번갈아가며 북한의 현존 군사적 위협을 진단하고 이에 대한 대비책을 강구함으로써 한반도에서의 전쟁억제력을 확보함과 동시에 동북아 및 태평양지역에서의 평화유지에 기여했다. 최영희 장군은 이러한 한미연합방위체제의 주춧돌을 국방부장관 시절에 놓음으로써, 어느 한쪽이 요구하면 1년 후 폐기하게 되어 있는 한미상호방위조약의 취약점을 보강하게 됐다. 이를 계기로 한미 양국은 1978년 한미동맹의 핵심전력인 한미연합군사령부를 창설하기에 이르렀다. 여기에는 최영희 장군의 숨은 노력이 있었다고 할 수 있다. 그렇게 볼 때 최영희 장군은 건군 주역으로서의 역할, 6·25전쟁의 영웅, 전후 전력증강과 국가안보에 지대한 영향을 끼친 인물임에 틀림없다.

그러면 최영희 장군은 어떤 인물인가? 최영희 장군은 1921년 서울 돈의동에서 90칸이 넘는 부유한 집안의 둘째 아들로 태어났다. 당시는 일본 제국주의가 지배하는 식민지시대였다. 그는 서울 용산 후암동에 위치한 삼판심상소학교(현재 삼광초등학교)에 들어갔다. 그 학교는 일본인학교로 조선인은 나중에 국방부장관을 역임한 유재흥(劉載興)과 단 두 사람뿐이었다. 초등학교 졸업 후 그는 서울의 명문 사학(私學)인 휘문중학교(당시는 휘문고보)에 들어갔다. 그곳에서 그는 공부뿐만 아니라 유도선수로도 크게 활약했다. 전국대항 유도대회에서 그는 개인전에서 우승과 단체전에서 준우승을 거머쥐었다. 훤칠한 키와 다부진 체격에서 풍겨 나오는 풍채와 어릴 때부터 돋보였던 리더십은 이미 그때 완성되었다고 할 수 있다.

군의 요직 거치며 승승장구

최영희 소년은 초등학교 때부터 골목대장으로서의 보스 기질이 강해 항상 2~3명의 소년들을 부하처럼 데리고 다녔다. 부잣집 도령답게 친구들과의 씀씀이에서도 넉넉함을 잃지 않았다. 그는 항상 주변 사람들에게 베푸는 입장이었고, 그러한 행동은 평생동안 그의 '트레이드마크(trademark)'처럼 계속됐다. 휘문중학교 졸업 후 그는 일본 도쿄에 있는 전수학교(專修學校) 법학부에 들어갔으나, 1944년 조선인 청년이 빗겨갈 수 없는 일본학병으로 강제로 끌려가 일본군에 광복을 맞아 일본의 식민지 굴레에서 벗어났다. 해방공간에서 그는 나라가 독립하면 장차 탄생하게 될 국군의 간부가 되기 위해 군사영어학교에 들어가 장교로 임관했다. 학창시절부터 강한 리더십과 강인한 체력 그리고 명석한 두뇌는 군인으로서 성장할 최상의 조건을 갖추고 있었다. 그가 험난한 군인의 길을 선택한 것도 바로 자신의 장점을 알고 살렸기 때문이었다.

최영희 장군은 전투병과의 꽃이라고 할 수 있는 육군 보병소위로 임관하여 대한민국 군과 최초로 인연을 맺게 된다. 대구에 주둔한 제6연대에서 소대장·중대장·대대장을 역임했다. 6연대 1대대장 시절 인접 대대장으로는 이한림(李翰林)과 백인엽(白仁燁)이 있었다. 대대장을 마친 후 최영희는 제1여단 인사참모를 거쳐 총사령부(현재 육군본부) 초대 인사국장을 지냈다. 이때 정보국장은 백선엽이었고, 작전국장은 강문봉(姜文奉)이었다. 이처럼 건군시절 최영희는 군의 요직을 거치며 승승장구했다. 1949년 7월 15일에는 대령으로 진급했다. 얼마 후에는 '각하(閣下)' 칭호를 받는 육군헌병사령관이 됐다. 당시 각하 칭호는 사단장급 이상 고급장교에게만 붙였는데, 헌병사령관도 사단장급 대우를 받았다.

그렇지만 호사다마(好事多魔)라고 했던가! 전쟁 이전 최영희 장군은 이

한미 국방부장관 회의 당시 미국 클리포드 국방부장관을 만난
최영희 국방부장관(1968년)

미 초대 육군본부 인사국장과 육군헌병사령관을 역임할 정도로 지휘
관 및 참모로서의 능력을 인정받고 있었다. 그리고 누구보다 진급도 빨
랐다. 그렇지만 그에게도 조그마한 아픔과 시련이 있었다. 인사국장에
서 한직인 육군사관학교 대대장으로 강등됐고, 그리고 나중에는 헌병
사령관에서 제5사단 예하의 제15보병연대장으로 직책이 강등됐다. 그
것은 채병덕(蔡秉德) 육군참모총장이 파벌의식을 갖고 최영희가 자기편
이 아니라고 판단하고 총장의 권한을 이용하여 보직상에 불이익을 줬
기 때문이다. 그럼에도 최영희 장군은 그런 것에 연연하지 않고 주어
진 직책에 충실했다. 마치 이순신(李舜臣) 장군이 백의종군(白衣從軍)한 것
처럼 그런 것에 개의치 않았다. 오히려 그는 이것을 묵묵히 받아들이고
군인으로서 맡은 책임을 완수하고자 노력했다. 그의 대범한 자세와 행
동의 일단(一端)을 엿 볼 수 있는 대목이다. 그래서 6·25전쟁이 발발했을
때 최영희 대령은 전북 전주에 주둔하고 있던 제15연대장으로 전쟁을
맞이하게 됐던 것이다. 그 당시 육군본부에서 같이 국장을 지냈던 백선
엽 대령은 1사단장이었고, 초등학교 동창생 유재흥은 준장으로 진급하

여 7사단장을 맡고 있던 때였다.

하지만 전쟁이 발발하자 최영희 대령은 몸속에 꿈틀대던 능력을
밖으로 발산하며 곧 인정을 받게 됐다. 전쟁 발발당시 최영희 대령은
15연대장으로 있으면서 서울에 있는 육군참모학교에서 전술학을 공부
하고 있었다. 육군본부에서는 전주의 15연대를 개성-문산지구를 담당
하는 1사단에 배속시켜 문산 축선으로 투입시켰다. 이때 최영희 연대
장은 북한군 전차에 맞서 의연한 태도로 맞서 그때 전선지역을 방문한
백선엽 사단장과 김홍일 육군본부 전략지도반장 그리고 부하들부터
신뢰를 얻어, 적 전차를 격파하며 북한군의 전진을 막았다. 29세의 나
이에 연대장으로서 적 전차에 맞서는 두려움이 있었으나 그는 연대장
이라는 막중한 책임감으로 이를 버텨내며 전투를 성공적으로 지휘
했다.

'적정탐지·적 유인' 이중 임무 맡아…

최영희 연대장의 전투지휘관으로서 능력은 이후 김포지구전투사령
관과 낙동강의 최대 격전지 328고지에서 여실히 보여줬다. 특히 최후
보루인 낙동강의 328고지에서 보여준 최영희 15연대장의 번쩍이는 기
지(奇智)와 지략은 낙동강전선을 지탱하는 버팀목 역할을 했다. 미리 후
방지역으로 참모들을 미리 보내 확보한 1개 대대 규모의 예비병력은
전선이 뚫릴 때마다 요긴하게 사용되어 국군1사단의 다부동전선을 지
켜내는 데 원동력 역할을 했다. 시체가 산을 이루고 피가 바다를 이루
는 시산혈해(屍山血海)의 참혹한 격전에서 최영희 연대장은 부하들과 함
께 동고동락함으로써 최후의 승리자로 그 이름을 전사(戰史)에 남겼다.
그때마다 의연함을 잃지 않았다. 그가 태산처럼 의연하다는 별호(別號)
인 부동여산(不動汝山)도 이 때문에 생겼다.

봉일천전투와 지연작전 그리고 낙동강 전선에서 보여준 전공으로 최영희 대령은 1950년 10월 장군으로 진급하며 1사단 부사단장으로 있다가 얼마 후 1사단장으로 영전했다. 그러나 1950년 10월, 중공군의 개입으로 국군이 38도선으로 후퇴하여 재정비할 무렵 최영희 준장은 국군 8사단장에 임명됐다. 당시 8사단은 후퇴하는 과정에서 사단장의 부주의한 지휘로 많은 피해를 입게 되자, 이성가(李成佳) 사단장이 보직 해임되면서 그 자리에 최영희 장군이 8사단장으로 가게 됐다. 그때가 1950년 12월이었다. 가장 어려운 상황일 때 가장 어려운 직책을 맡은 것이다. 국군8사단의 지휘를 맡은 최영희 장군은 그곳에서 숱한 영광과 함께 좌절도 맛보았다.

　중공군의 인해전술로 국군과 유엔군은 37도선까지 밀려났다가 전열을 정비한 다음 북진할 계획을 세웠다. 그렇지만 유엔군의 입장에서는 전쟁터에서 가장 중요한 적의 대한 정보가 부족했다. 신임 리지웨이(Matthew B. Ridgway) 미8군사령관의 입장에서는 적을 알아야 그에 대한 적절한 작전을 수립할 수가 있었는데, 중공군의 진출선이나 적의 규모 등에서 정확한 정보가 부족했다. 리지웨이의 당면과제는 수도 서울을 재탈환하고 적을 38도선으로 물리치는 것이었다. 이때 리지웨이 장군은 수도서울을 직접 공격하지 않고, 서울 외곽의 북쪽으로 진출하여 서울에 있는 적이 동측방의 위협을 느끼고 스스로 물러나게 한다는 작전을 고려하고 있었다. 시가전에는 막대한 인적·물적 피해가 따르기 때문이었다. 그래서 나온 것이 바로 미 제10군단으로 하여금 서울 동측방의 횡성-홍천지역으로 진출하도록 했다. 그렇지만 그 방면에 대한 중공군에 대한 정보가 부족했다. 누군가 중공군을 유인할 '희생양'이 필요했다. 미10군단장 알몬드(Edward Almond) 장군은 군단 예하의 최영희 장군이 지휘하는 국군8사단에게 그 임무를 부여했다. 적정탐지와 적을

국립대전현충원 장군묘역에 안장된 최영희 장군의 묘비

유인하는 이중의 임무였다.

1951년 2월, 최영희 장군의 8사단이 횡성–홍천방향으로 진출하자 중공군은 이를 덥석 물고 공격했다. 중공군 청천강의 군우리 지역에서 미2사단에게 궤멸적 타격을 줬던 것 이상의 전력으로 국군8사단을 공격했다. 여기서 최영희 장군의 8사단은 막대한 피해를 입을 수밖에 없었다. 그렇지만 최영희 사단장을 비롯하여 연대장과 사단참모들이 전투현장을 지키며 지휘함으로써 사단의 피해를 최소한 줄이고자 노력했다. 그렇기 때문에 8사단의 피해가 그 정도로 그칠 수 있었다. 이것은 이미 미군에서는 예견된 상황이었다. 미8군사령관 리지웨이 장군나 미10군단장 알몬드 장군의 입장에서는 국군8사단이 매우 잘 싸운 작전이었고, 이로 인해 미8군은 적을 효과적으로 유인하여 그쪽으로 공격해 들어오는 중공군에게 섬멸적(殲滅的) 타격을 가했다. 그 결과 리지웨이가 원한 수도 서울을 탈환할 수 있는 여건도 마련했다. 실제로 서울은 다음 달인 3월 15일에 커다란 전투 없이 재탈환됐다. 최영희 장군과 8사단의 숨은 희생과 노력이 있었기 때문에 가능한 일이었다.

전후방 누비며 '해결사' 역할 수행

　신성모 국방부장관은 국군8사단의 막대한 피해를 보고, 처음에는 최영희 사단장을 군법회의에 재판하려고 했으나 나중에 오해를 풀고 전쟁영웅으로 치켜세웠다. 미군 지휘부에서는 미군의 의도대로 작전을 성공시킨 최영희 장군에게 미국 은성무공훈장을 수여하며 그 공로를 치하했다. 최영희 장군은 이를 영광으로만 받아들이지 않고 영욕(榮辱)이 점철된 작전으로 스스로 평가했다. 자존심이 강하고 유난히 부하를 아꼈던 최영희 장군의 입장에서 사단이 입은 막대한 피해가, 이유야 어떻든 간에 군인으로서 용납이 되지 않았을 것이다. 그런 점에서 8사단의 횡성전투는 다시 재평가되어야 할 것이다. 이는 3개월 뒤에 일어난 국군3군단의 현리전투와 대비되기 때문이다. 부대는 지휘관의 지휘역량에 의해 평가를 받는다.

　이후 최영희 장군은 무적의 사단장 그리고 다른 사단이 해결하지 못한 전투지역을 인계받아 전후방을 누비며 '해결사'로서 역할을 수행했다. 3남지구토벌사령관으로서 후방지역공비토벌, 8사단장으로서 중동부전선의 최대 격전지인 노전평지구 전투, 백석산전투, 크리스마스고지(1090고지)전투, 백야전전투사령부(사령관 백선엽 소장)와 함께 지리산지역 공비토벌작전을 통해 전투지휘관으로서의 역량을 유감없이 발휘했다. 또한 신태영(申泰英) 국방부장관에 의해 장관특별보좌관과 국방부 제2국장을 역임하며 국방부차관과 헌병총사령관 직을 제의받았으나 자신에게 맞지 않다며 고사했다. 그의 장점 중 하나가 해야 될 일과 하지 않을 일을 구분하는 것이었다. 그것은 맡지 않아야 될 직책이었다. 그는 언제나 진퇴를 분명히 했다. 육군총장에서 물러날 때도 과감히 물러날 수 있었던 것도 결국은 그의 소신이 뚜렷했기에 가능했다.

　이후 육군본부의 작전참모부장을 거쳐 미 지휘참모대학을 졸업한 후 휴전을 얼마 남겨 두지 않을 때인 1953년 6월에 동해안의 15사단장에 임명됐다. 이때 15사단은 동부전선 351고지에서 북한군 7군단 예하의 3사단과 7사단과 격전을 벌이고 있었다. 최영희 장군은 창설된 지 얼마 되지 않은 15사단을 지휘하여 지형적으로 불리한 여건 속에서 끈질기게 공격하는 북한군 공세를 특유의 뚝심과 치밀한 전투준비, 그리고 창의적인 부대지휘로 극복해 냈다. 그는 이곳에서 휴전을 맞았다. 그의 15사단이 맡은 책임지역이 오늘날 동해안의 휴전선으로 정해졌다.

휴전 후 최영희 장군은 새로 창설되는 초대 5군단장에 임명되어 군단의 전력증강과 그곳으로 새로 이주해온 정착민들의 생활터전 마련에 진력(盡力)을 다했다. 이후 육군중장으로 진급하여 2군사령관과 교육총본부(현 교육사령부) 총장을 거쳐 1960년 5월 23일 육군참모총장에 임명됐다. 그가 4·19후 유재흥과 김종오 장군 등 선임자들을 물리치고 육군총장에 기용에 된 것도 그의 덕장으로서의 삶이 반영됐기 때문이다. 육군총장에서 물러난 후 그는 다시 합참의장(당시는 연합참모본부총장)으로 영전했다가 그 자리에서 군 생활을 마감했다. 통틀어 14년간의 군 생활이었다. 그때가 1960년 10월 7일로 만 39세의 젊은 나이였다. 전역 후 최영희 장군은 곧바로 터키 대사, 국회의원, 국방부장관, 국회 국방위원장, 외무원장, 외교국방연구소이사장, 성우회고문 등을 차례로 역임하며 군의 전력증강과 국가안보 그리고 국가발전에 도움이 되는 일을 찾아가며 일했다.

그런 최영희 장군도 세월의 무게를 이기지 못하고 2006년 1월 11일, 86세의 나이로 서거했다. 유도로 단련된 다부진 몸매와 배려심이 넘치는 인간관계, 부처님의 온화한 미소와 덕스러운 마음으로 타인을 대하는 장군의 생전의 모습이 사뭇 그립다. 전쟁터에서는 적을 전율케 하는 뛰어난 용장이면서 부하들의 희생에 대해서는 눈물을 보이는 부형(父

兄)과 같은 인간적인 모습이 생생하게 오버랩(overlap) 된다. 자신에게 악하게 대했던 사람에게 조차도 인격적으로 대하며 후하게 평가했던 후덕한 인품(人品)의 소유자였다. 전역 후 야인의 몸이 되어서도 군의 발전과 국가안보를 위해 노심초사하던 장군의 위국헌신(爲國獻身) 정신이 새삼 크게 다가온다. 생전의 부하들과 후배 그리고 그를 익히 아는 지인(知人)들이 장군이 떠난 뒤에도 공덕을 잊지 못하고 장군의 남다른 인품을 목말라하며 추모하는 까닭도 그의 이런 인간적이면서, 군인으로서 소신 있는 삶을 살았기 때문일 것이다. 장군이시여, 부디 조국의 호국신이 되어 평생 염원했던 통일 대한민국이 하루빨리 이루어지도록 굽어 살피소서!

대한해협 해전의 영웅
최용남 함장

최용남 함장

한국 유일 전투함, 백두산함 함장

6·25전쟁 발발 당시 최용남(崔龍男, 1923~1998)은 해군중령으로 대한민국에 단 하나밖에 없는 전투함, 백두산(PC 701)함의 함장이었다. 그는 6·25전쟁 개전초기부터 대한해협 전투를 승리로 이끌고, 6·25전쟁에서 가장 극적인 작전이었던 인천상륙작전에 참가하여 작전 성공에 기여함으로써 태극무공훈장을 받은 해군의 전쟁 영웅이었다. 특히 최용남 함장은 1950년 6월 26일 대한해협 근해에서 게릴라 600명을 태운 북한 해군의 1,000톤급 무장수송선을 격침하여 개전 초기 대한민국을 위기에서 구출한 것으로 널리 알려졌다.

6·25전쟁 때 북한 해군은 남침 공격 계획의 최종 목표인 부산에 게릴라를 상륙시켜 부산을 조기에 점령하여 무력화시키거나 또는 항구로서 기능을 하지 못하도록 할 계획으로 남침과 동시에 해상으로 게릴라를 침투시켰다. 북한의 남침 공격에서 부산은 전략적으로 매우 중요한 곳이었다. 6·25 이전 전쟁 모의 과정에서 소련 수상 스탈린이 북한의

김일성으로부터 남침을 승인해 달라고 했을 때 스탈린이 가장 우려했던 것은 미국의 참전이었다.

이때 김일성은 미군이 개입하기 전에 신속히 전쟁을 종결시키겠다고 했고, 나아가 미국이 개입하고 싶어도 개입할 수 없는 상황을 만들겠다고 했다. 이렇게 해서 김일성은 스탈린으로부터 남침을 승인받았다. 당시 김일성이 미국이 개입하고 싶어도 개입하지 못할 상황을 만들겠다는 것이 바로 미국이 증원하면 병력과 전투 물자를 들여올 부산항을 봉쇄하거나 조기에 점령하겠다는 것이었다.

실제로 6·25전쟁 내내 미국은 한국전에 참전한 이후 부산항을 통해 막대한 병력과 군수물자를 수송하여 전쟁을 수행했다. 북한의 김일성은 미국의 참전을 전쟁 초기부터 봉쇄하기 위해 해상을 통해 특수훈련을 받은 대규모 게릴라부대를 침투시켰던 것이다. 그런데 부산을 노리고 대한해협 근해까지 침투했던 북한 해군의 1,000톤급 무장수송선이 대한민국 해군에 조기에 노출되어 결국, 최용남 해군중령이 지휘하는 당시 대한민국 해군의 유일한 전투함(PC 701함), 백두산함에 의해 1950년 6월 26일 01시 25분에 격침됐다. 이로써 해상을 통해 게릴라부대를 후방지역에 침투시키려던 북한의 작전은 크게 타격을 받게 됐다. 이러한 전공으로 최용남 함장은 1951년 10월 30일 태극무공훈장을 수여받았다.

성금 모금해 구입한 백두산함

그러면 최용남 함장은 어떤 사람이고 어떻게 해군에 입대하게 되었는가? 최용남 함장은 1923년 10월 15일 평안남도 용성군 사기면 심산동에서 출생했다. 그는 1942년 3월 평안북도 신의주동중학교를 졸업한 후 연희전문학교 재학 중 학병(學兵)이라는 명목으로 일본군에 강제

6·25전쟁 개전 당시 대한민국 해군이 보유한 전투함인 PC 701함 백두산함의 모습

징집당해 1944년 1월 20일 일본군에 끌려갔다. 일본군에 끌려간 그는 야마구치(山口) 연대에서 1년 8개월을 근무한 후 8.15광복이 되자 귀국했다.

8.15광복 후 최용남 함장은 손원일 제독이 주축이 되어 창설한 해안 경비대에 입대했다. 그때가 바로 1946년 5월 1일이었다. 학병으로 끌려간 일본군에서의 군대 경력을 인정받아 해군 소위로 임관한 최용남 함장은 진해기지교육대 교관을 시작으로 함정부 부관과 신병교육대장을 거쳐 1950년 4월, 제2함대 백두산 함장으로 부임했다.

백두산함은 대한민국 해군이 보유하고 있던 유일한 전투함이었다. 대한민국 해군이 백두산함을 보유하게 된 데에는 깊은 사연이 있다. 1948년 8월 15일 정부 수립 이후 변변한 전투함 하나 없던 해군의 입장에서 전투함은 희망이었다. 그래서 손원일 해군총장이 주축이 되어 해군 전 장병과 국민들이 해군함정 구입을 위해 성금을 모금하여 구입한 전투함이 바로 백두산함이었다. 국민의 성금과 이승만 대통령의 지원으로 미국에서 구입한 백두산함은 1950년 4월 10일에 진해항에 입항한 후, 국민들의 성원에 보답하기 위해 국내의 주요 항구를 순방하고 전쟁 발발 불과 하루 전인 6월 24일 진해항으로 다시 돌아왔다.

6월 25일, 일요일을 맞아 진해항 제4부두에 정박해 있던 백두산함 대원들은 오랜 해상 생활에서 벗어나 절반 이상이 외출을 했다. 그런데 오전 11시경 진해통제부사령관 김성삼(金省三) 대령으로부터 "701함장은 YMS 512정과 518정을 인수하여 즉시 동해안으로 출동, 제2정대사령관의 협조아래 해상경비를 강화하고 동시에 적함을 포착하는 대로 격침하라"는 명령을 받았다. 이에 최용남 백두산함장 비상소집과 함께 외출 장병에게 귀함 지시를 내리고 출동태세를 갖추었다.

치열한 해상 포격전

출동 준비가 완료되자, 통제부사령관에게 출항 준비 완료 보고를 마치고 YMS 512정과 518정을 지휘하여, 진해항을 출항했다. 이때가 6월 25일 15시경이었다. 백두산함은 최용남 중령의 지휘 아래 항해 중 19시 30분경, 해상에서 괴선박을 발견했다. 백두산함은 최대 속력으로 괴선박에 접근하며 뒤따르던 512정에도 신속히 북진할 것을 명령했다.

최용남 함장은 전투배치를 명령하고 계속 추격했다. 약 5마일 정도의 거리를 유지하며 괴선박에게 정지 신호를 보냈으나 반응이 없었다. 약 3마일로 거리가 좁혀지자 괴선박은 갑자기 동쪽으로 방향을 바꾸더니 달아나기 시작했다. 최용남 함장은 적함(敵船)이 분명하다고 판단하고 바짝 추격했다. 가까이 접근한 백두산함이 서치라이트를 통해 적함을 살펴보자, 국기와 선명(船名)도 표시되지 않은 1,000톤 급으로 보이는 괴선박의 갑판 뒤쪽에는 중기관총 2정과 수병복(水兵服)을 착용한 수많은 무장 세력이 승선해 있었다. 북한 해군의 함정이 분명했다.

최용남 함장은 해군본부에, "확인된 선박은 북한의 1,000톤급 수송함정이며, 약 600명의 북한군이 승선한 채 남하 중에 있음. 상륙을 기도하는 것으로 판단됨"이라고 긴급 보고했다. 해군본부에서는 이 상황을 보고받고 처음에는 적함을 나포하라고 했다가 얼마 후 다시 격침하라고 명령했다. 이렇게 해서 1950년 6월 26일 0시 30분 최용남 함장으로부터 전투 지시를 받은 백두산함 대원들은 함포를 쏘기 시작했다. 포탄은 적함의 마스트를 통과해 해상으로 떨어져 물기둥이 치솟았다. 포격을 받은 적함은 급선회를 시도했다.

이때 백두산함이 적함에 접근하고, YMS 518정이 37밀리포로 사격을 하자, 적함도 57밀리포와 중기관총으로 대응함으로써 치열한 포격전이 전개됐다. 그때 백두산함에서 쏜 포탄이 적함의 메인마스트에 명중시킨데 이어 적함의 신호등을 박살냈다. 이제 적함도 도망가는 것을 포기하고 백두산함에 화력을 집중했다. 캄캄한 해상에서 우리 해군과 적함과의 치열한 해상 포격전이 전개됐다.

국군이 거둔 최초의 승리

마침내 적함이 기울기 시작했다. 이때 무엇인가 번쩍이더니 백두산함도 심하게 흔들렸다. 적탄에 조타실 중앙하부가 명중됐다. 그러나 결국 백두산함의 활약으로 게릴라를 가득 채운 북한 해군 무장수송선은 6월 26일 01시 25분에 뿌연 증기를 내뿜으며 바다 속으로 완전히 가라앉고 말았다. 대한민국 해군 최초의 전투함인 백두산함은 4시간에 걸친 단독해상작전에서 적의 무장수송선을 격침시켰다. 개전 이후 국군이 거둔 최초의 승리였다. 백두산함은 적과의 해상전에서 2명이 전사하고 2명이 부상을 입었을 뿐이다.

이후 백두산함은 4시간에 걸쳐 주변해역을 수색한 후 05시 45분경 포항을 향해 항진했다. 대한민국을 최대의 위기로 몰고 갈 수 있었던 대한해협 해전을 승리로 이끈 데에는 백두산함 대원들과 최용남 함장이 있었다. 그러나 대한해협의 영웅 최용남 함장의 해군 생활을 오래 가지 못했다. 인천상륙작전에 참가한 그는 1950년 12월, 해군통제부 작전부장을 거쳐 해군본부 인사국 기획과장, 해군사관학교 교감을 역임했다.

1952년 10월, 최용남 함장은 육군보병학교에서 교육을 마친 후 해병으로 전과해 해병 발전에 노력했다. 해군의 영웅이 해병의 영웅으로 거듭 태어났다. 최용남 해병중령은 전쟁이 끝나갈 무렵인 1953년 7월 7일, 해병대령으로 진급하여 해병학교장을 거쳐 해병대사령부 작전국장, 참모부장 겸 군수국장, 해병 제1사단 참모장으로 재직 중 장군으로 진급했다.

1955년 11월, 해병준장으로 진급한 최용남 장군은 제1상륙사단 부사단장, 해병 제1여단장, 진해기지사령관을 거쳐 1964년 1월 제1상륙사단 사단장에 보직됐다. 해병사단장을 훌륭히 마친 최용남 장군은 1965년 5월 해병소장으로 전역했다.

전역 후에도 군과 국가발전을 위해 노력을 아끼지 않은 최용남 장군은 1998년 11월 26일 76세의 일기로 타계했다. 매년 6월이 되면 대한해협 전투를 승리로 이끌고 대한민국을 위기에서 구출한 장군의 위대한 업적이 더욱 빛나 보인다.

대한민국 공군의 개척자
최용덕 장군

대한민국 공군참모총장 시절
최용덕 장군

육·해군보다 1년 늦게 창설

최용덕(崔用德, 1898~1969)은 중국 육군군관학교와 공군군관학교 출신
으로 광복군 참모처장을 역임한 독립투사이다. 8·15광복 후에는 어려
운 여건 속에서 공군창설을 위해 노력했고, 정부수립 후에는 초대 국방
부차관과 공군참모총장을 역임하며 공군 발전을 위해 노력했던 장군
이었다. 특히 최용덕의 조국 대한민국과 공군사랑은 남달랐다. 중국공
군으로 있을 때 최용덕은, "내 나라 내 공군에서 내 나라 제복을 입고
나의 상관에게 경례를 붙이는 것이 소원"이라고 늘 말했다고 한다. 그
의 애국심과 공군에 대한 지극한 사랑이 느껴지는 말이다.

최용덕이 그토록 아꼈던 공군은 대한민국 국군 중 가장 늦게 출범했
다. 1945년 11월 11일, 해군의 전신인 해방병단이 창설되었고 1946년
1월 15일에는 육군의 전신인 남조선국방경비대가 창설되었지만, 미 군
정청은 공군의 창설을 허락하지 않았다. 남한의 치안이 목적이었던 미
군정청은 공군의 존재 자체가 필요하지 않았던 것이다. 하지만 항공관

련 지도자들은 미 군정청과 끊임없이 교섭을 한 끝에 1948년 5월 5일, 조선경비대 내에 항공부대를 창설하게 된다. 그리고 대한민국 정부 수립 후인 1949년 10월 1일, 드디어 공군이 창설됐다. 1,600여명의 병력과 연락기 20대로 항공부대가 육군에서 독립한 것이다. 육군과 해군보다 1년 늦었으며, 해병대보다도 6개월이나 늦게 국군 중에서 가장 마지막으로 창설됐다. 이후 정부는 공군의 전력 증강을 위해 애국기(愛國機) 헌납운동을 펼쳐 국민들로부터 3억 5천만 원을 모금, 캐나다에서 T-6 연락기 10대를 구입하여 건국기(建國機)라 이름 붙였다. 타군도 마찬가지였지만, 공군의 창설에는 많은 우여곡절이 있었다. 그리고 그 핵심에는 중국 공군의 창설 멤버이며, 중군공군의 장군으로 활약하다 고국에 돌아와 50세의 고령에 다시 국군 소위로 임관한 '공군의 개척자' 최용덕 장군이 있었다.

중화민국 공군 창설 멤버

최용덕은 1898년 서울에서 출생하여, 1913년 서울 소재의 봉명중학교를 졸업한 후 15세의 어린 나이에 중국으로 망명한다. 중국에 망명한 후 곧바로 북경의 숭실중학교에 들어가 중국어를 공부하고, 1년만인 1914년에 이 학교를 졸업하는데 중국에서 독립운동을 하려면 중국을 알아야 한다는 나름대로의 생각 때문이었다. 1916년, 중국 군관학교를 졸업한 후 최용덕은 중국 육군의 소대장과 중대장으로 근무한다. 이는 최용덕이 무작정 망명한 것이 아니라 처음부터 중국 군관학교 입교할 목적이 있었던 것으로 보인다. 1919년 국내에서 3·1운동이 일어나자 최용덕은 중국군에서 나와 상해, 북경, 봉천, 안동 등지에서 독립군의 무기와 선전문을 운반하는 임무를 수행하다가 일본 경찰에 체포되어 봉천 소재의 중국군 헌병대에 이송되었으나, 중국군사령관 진흥

공군참모총장 시절(왼쪽),
백선엽 육군참모총장(가운데)과
함께 담소를 나누고 있다.

(陳興) 장군의 도움으로 풀려나게 된다.

이후 최용덕은 중국 보정(保定)비행학교에 입교하여 중국군 조종사가
된다. 그가 비행사가 된 데에는 항일 무장 투쟁에 있어서 공군이 훨씬
효율적이라고 깨달았기 때문이다. 그래서 최용덕은 1920년에 북경 근
교에 있는 보정비행학교에서 교육을 받은 후 중국군벌 손정방의 항공
대 소속 조종사로 들어간다. 이후 최용덕은 장제스(蔣介石)이 이끄는 국
민군이 손정방의 항복을 받으면서 최용덕도 국민군 항공대 소속이 되
어 중화민국 공군 창설 멤버로 활동하게 된다. 그때 중국에 망명했던
독립 운동가들은 중국이 적극적으로 일본과 전쟁을 하기를 바라고 있
었으며, 그것을 독립전쟁의 기회로 여기고 있었다. 이에 최용덕을 비롯
하여 이범석, 김홍일 장군 등도 중국군에 입대하게 된다.

이후부터 최용덕은 본격적으로 만주에서 항일 무장독립운동을 전개
하게 된다. 1931년 9월에 일본군이 상해를 침공하는 제1차 상해사변이
발발하자, 한국독립군은 중국군과 연합하여 북만주 일대에서 일본군
과 만주군 연합군을 상대하여 2년여 동안 치열한 전투를 벌이게 된다.

특히 쌍성보전투, 경박호전투, 동경성전투, 대전자령전투 등에서 많은 전과를 올리게 되는데, 이때 최용덕도 지청천(池靑天) 총사령관 휘하에서 활약을 하게 된다. 그러나 인적, 물적으로 지속적인 독립전쟁을 수행하기 어려웠던 독립군은 결국 1933년 10월, 김구의 요청에 의해 남경(南京)으로 철수하게 된다.

광복군 공군 창설 위해 노력

1937년 일본이 중국을 대대적으로 침범하면서 중일전쟁이 발발하게 되자, 최용덕도 중국군으로 참전해서 장제스의 전폭적인 신임을 얻을 정도로 많은 전공을 세우게 된다. 당시 최용덕은 중국 남창에 있는 항공기지의 사령관으로 부임해 일본군과 싸우면서 많은 전공을 세우게 된다. 그는 중국 공군 부사령관까지 지내며 장제스 총통의 두터운 신임을 받게 된다. 한편 최용덕은 중국군으로서 일본군과 싸우면서 대한민국 임시정부 군무부 항공건설위원회 주임, 광복군총사령부 총무처장 및 참모처장 등을 맡아 광복군에 공군창설을 위해 노력한다. 그때 최용덕은 중국군에서 받은 월급 중 70%를 광복군에 헌납해 중국인 아내 호용국 여사가 굉장히 고생했다고 한다.

광복 후 최용덕은 바로 귀국하지 못하고 1946년 7월 26일에야 귀국을 하게 되는데, 이는 미 군정청이 광복군을 단체로 귀국하지 못하게 하면서 개별적으로 귀국하라는 지침 때문에 귀국이 늦어지게 됐다. 최용덕이 귀국하려고 하자 장제스 총통은 "중국에 남아서 중국 공군을 위해 함께 일하자!"며 권유했다고 한다. 그러나 최용덕이 귀국의 뜻을 굽히지 않자 장제스 총통은 "돌아오고 싶으면 언제든지 돌아오라!"고 당부했다고 한다. 이는 장제스 총통의 신임이 아주 두터웠던 것을 의미한다.

제2대 공군 참모총장으로…

최용덕은 국내에 들어오자마자 공군 창설을 위해 백방으로 노력을 하게 된다. 당시 국내에는 공군 창설을 주장하는 여러 항공단체들이 있었는데, 그가 귀국하면서 구심점 역할을 하게 된다. 최용덕은 귀국 다음날인 7월 27일에 '항공단체 통합준비위원회'를 결성한데 이어 8월 10일에는 국내 항공단체를 통합하여 '한국항공건설협회'를 창립하여 회장으로 취임한다. 이후 최용덕은 미 군정청과 끊임없이 교섭을 한 끝에 대한민국 정부 수립을 3개월 앞둔 1948년 5월 5일, 조선경비대 내에 항공부대를 창설하게 된다.

그런데 이때 미 군정청에서는 항공계 지도자들의 과거 경력을 인정할 수 없다며, 육군보병학교에서 훈련병들과 함께 미국식 군사훈련을 받을 것을 요구한다. 이는 당시 항공계 지도자들에게는 치욕적인 요구였다. 당시 공군창설을 주장한 주역들인 최용덕을 비롯한 이영무, 장덕창, 김정렬, 장성환은 2천 시간 이상의 비행경험을 가지고 있는 베테랑들이었다. 하지만 최용덕은 이순신(李舜臣) 장군도 2번이나 백의종군을 했다면서 오히려 공군후배들에게 "나라의 장래를 위해 꼭 참고 훈련을 받을 것"을 설득한다. 이에 최용덕, 김정렬, 이영무, 박범집, 장덕창, 김영환, 이근석 등 7명의 항공지도자들이 1948년 4월 1일, 수색에 있는 육군보병학교에 입교하여 1개월 동안 일반병사와 똑같은 군사훈련을 받은 후, 조선경비사관학교에서 2주 동안의 장교후보생 교육을 받고서야 5월 14일에 육군소위로 임관하게 된다. 그때 최용덕의 나이가 50세였다.

50세의 나이에 육군 소위로 임관했던 최용덕은 그로부터 불과 3달 만에 초대 국방부 차관에 임명되는데 이는 파격적인 인사였다. 최용덕은 1948년 7월 9일에 대위로 진급했는데, 8월 15일 대한민국 정부가 수립되면서 초대 국방부차관에 발탁된다. 대위가 국방부차관이 된 셈이다. 그러니 파격적일 수밖에 없는 일이었다. 그 덕분에 김정렬 장군이 초대 공군참모총장에 임명된다. 하지만 최용덕은 1952년 12월, 제2대 공군참모총장에 임명된다. 취임사에서 최용덕 총장은 '과학하는 공군, 자립하는 공군'을 강조하며 공군의 현대화를 위해 노력한다. 1954년 11월, 최용덕은 김정렬 장군에게 다시 참모총장 직을 넘겨주고 1956년 11월 1일 공군 중장으로 전역할 때까지 참모총장 고문으로 공군 현대화 작업을 위해 노력한다. 최용덕 장군은 태극무공훈장, 충무무공훈장, 을지무공훈장, 화랑무공훈장을 수여받는다. 공군으로서는 받기 힘든 훈장들이다. 그만큼 그의 전공이 컸다는 것을 의미한다. 전역 후 최용덕 장군은 체신부 장관, 자유중국(대만) 대사를 역임하게 된다.

최용덕 장군은 많은 일화를 남겼다. 중국인 부인의 이름을 '나라를 위해 쓴다'는 의미에서 '용국(胡用國)'으로 작명했다. 호요동에서 호용국이 된 것이다. 또 서울을 점령한 후 북한군이 최용덕 장군의 집을 찾았으나 집이 하도 누추하여 정말 이 집이 '대한민국 공군사령관'의 집이 맞느냐며 자기들끼리 고개를 갸우뚱거리며 돌아갔다는 일화가 있을 정도로 그는 청빈(清貧)한 삶을 즐겼다. 공직에서 물러난 그가 얼마나 가난하게 살았던지 집 한 칸을 장만하지 못하고 전셋집을 전전하자, 보다 못한 후배 장성들이, 최용덕 장군이 타계하기 1년 전인인 1968년 12월, 당시 공군참모총장 김성룡 장군을 비롯하여 김정렬, 장덕창, 김창규, 장성환, 장지량 장군 등 역대 참모총장들이 100만 원을 모아 20평짜리 양옥집을 지어줬다고 한다. 그가 1969년 8월 15일 광복절에, 71세의 일기로 타계했을 때 그의 주머니에서 나온 돈은 240원이었다고 한다. 최용덕 장군은 평생을 조국광복을 위해 노력하였고, 광복 후에는 대한민국 공군을 창설하는데 누구보다 앞장서면서 공군 현대화를 위해 노력하였던 위대한 공군인이었다. 최용덕 장군의 공군사랑은 죽으면서까지 이어졌다. 그는 임종을 며칠 앞두고 문병 온 부하들에게 "내가 죽으면 수의(壽衣) 대신 우리 공군복(空軍服)을 입혀 달라"는 유언을 남겼다. 참으로 위대한 공군인의 죽음이다.

중공군 최초 격파한 유엔군 두 용사
프리먼 대령과 몽클라 중령

미 제23연대장 프리먼 대령

미군 연대장과 프랑스군 대대장

중공군의 한국전 개입으로 전쟁은 전혀 새로운 전쟁으로 변했다. 그 뿐만이 아니었다. 인천상륙작전 이후 파죽지세로 압록강과 두만강을 향해 북진하던 유엔군과 국군은 중공군의 개입으로 전략적 후퇴를 하지 않을 수 없었다. 그 과정에서 미 제8군사령관 워커(Walton H. Walker) 중장이 교통사고로 사망하고 리지웨이(Matthew B. Ridgway) 중장이 새로운 사령관으로 부임했으나, 인해전술(人海戰術)을 앞세운 중공군의 야간 기습공격과 우회침투를 통한 퇴로 차단으로 유엔군과 국군은 서울을 포기하고 37도선까지 후퇴하지 않으면 안 되었다. 그 과정에서 유엔군과 국군은 중공군을 신비스러운 존재로까지 여기게 됐다. 그런데 중공군의 '신화적 존재'는 얼마가지 못했다. 중공군의 신비감은 벽안(碧眼)의 두 영웅, 미 제23연대장 프리먼(Paul L. Freeman, 1907~1988) 대령과 프랑스군 대대장 몽클라(Ralph Monclar, 1892~1964) 중령의 지평리 전투에서 산산조각이 났다.

지평리 전투는 1951년 2월 중공군 공세시 미 제2사단 제23연대와 이에 배속된 프랑스 대대가 원주 북방의 지평리에서 중공군 3개 사단 규모의 집중공격을 막아 내고 값진 승리를 일궈 낸 성공적인 방어전투의 백미(白眉)라고 할 수 있다. 이 전투에서 미 제23연대와 프랑스대대는 좌우 인접부대가 중공군의 공격에 밀려 철수하게 됨에 따라 중공군의 사면 포위에 놓이게 됐으나, 미 제8군사령부로부터 지평리를 고수하라는 명령을 받고 전면방어태세로 전환하여 중공군의 파상공격을 완전 고립된 상태에서 4일 동안이나 백병전까지 하며 막아냈던 치열한 전투였다. 그 후 미 제5기병연대가 후방으로부터 중공군의 포위망을 돌파하고 그곳까지 진출함으로써 전선의 연결이 이루어져 중공군의 2월 공세를 저지하는데 중추 역할을 했다.

전략적 요충지 지평리 격전

중공군은 전략적 차원에서 지평리를 노렸다. 이곳은 중부전선의 미 제9군단과 미 제10군단을 연결하는 지점으로서 서울-양평-홍천-횡성-여주를 연결하는 교통의 요지였다. 그래서 이곳을 잃으면 서부전선의 아군 측방이 크게 위협을 받게 된 반면, 미 제8군이 지평리를 확보하면 한강 이남의 미 제1군단과 미 제9군단과 대치하고 있는 적을 포위할 수 있는 전략적 요충지였다.

이러한 전략적 요충지인 지평리를 1951년 2월 3일부터 미 제2사단 제23연대전투단(이하 미 제23연대)이 책임을 맡게 되었다. 미 제23연대에는 프랑스대대를 비롯하여 제1유격중대, 제378포병대대, 제503포병대대 B포대, 제82대공포대대 B포대, 제2공병대대 B중대로 구성됐고 총병력은 5,600명이었다. 하지만 중공군이 지평리를 공격할 때 미 제10군단의 주력은 횡성에서 이미 철수했기 때문에 미 제23연대는 고립된 상태였다. 이에 연대장 프리먼 대령은 여주로 철수할 것을 건의했으나 미 제8군사령관 리지웨이 장군은 이를 받아들이지 않았다. 오히려 그는 지평리를 잘 선정된 전투장으로 판단하고 이곳에서 중공군을 최대한 흡수하여 유엔군의 막강한 화력을 집중하여 격멸한다는 생각을 했다.

결전의 날인 1951년 2월 13일 밤, 3개 사단 규모의 중공군이 공격준비사격을 실시한 후 피리와 나팔을 불며 연대의 전 정면에 걸쳐 공격해 왔다. 이에 미 제23연대는 사전에 매설한 지뢰와 철조망, 그리고 포병 화력으로 적을 저지했으나 적은 끊임없이 공격해 왔다. 그것은 마치 파도가 계속 해안으로 밀려오듯 공격하는 제파식이었다. 중공군의 이런 공격으로 중대 진지가 한 때 돌파됐으나 전차로 증강된 역습을 통해 이를 격퇴했다. 특히 프랑스대대가 방어하는 지역에 대한 중공군의 공격은 집요했다. 전투 개시 다음날인 2월 14일 새벽 2시경 중공군의 제2파가 피리와 나팔을 불면서 공격해 왔을 때 전투는 절정에 달했다. 프랑스군도 중공군의 나팔 소리에 대한 맞불작전으로 수동식 사이렌을 울리며 적의 기세를 제압했는가 하면 적이 진내에 들어와 백병전이 불가피해지자 대대장 몽클라 중령을 비롯한 프랑스군은 철모를 벗어 던지고 머리에 빨간 수건을 둘러매고 총검과 개머리판으로 적을 위협해가며 싸웠다. 이 싸움에서 프랑스군은 결국 중공군을 격퇴했다. 그 공로를 인정받아 프랑스 대대는 한국정부로부터 대통령 부대표창을 받았다.

중공군 공격에도 끝까지 싸워…

전투가 시작되자 미 제8군사령관은 지평리 상황을 주시했다. 그러다 14일 전투가 절정에 이르자 미 제9군단 예비인 미 제5기병연대를 주축

프랑스군 대대장 몽클라 중령(왼쪽)과
리지웨이 미제8군사령관(오른쪽)

으로 한 크롬베즈 특수임무부대를 편성하고 지평리에 투입했으나 중
공군의 완강한 공격으로 그 다음날인 15일에야 미 제23연대와 간신히
연결에 성공했다. 이렇게 되자 미 제23연대를 포위하고 있던 중공군이
퇴각하게 됐다. 중공군과 미 제23연대와의 지평리에서의 치열한 전투
는 2월 15일 아침까지 계속됐다. 전투과정에서 중공군의 계속적인 공
격에 연대장 프리먼 대령은 예비인 돌격중대까지 투입시켜 적과 똑 같
이 함성을 지르고 수류탄을 던지고 총검으로 맞서며 공격해 오는 적이
질릴 정도로 용감하게 싸웠다. 미23연대는 승리에 만족하지 않고 신속
히 공세로 전환하여 16일 오전 악천후임에도 불구하고 적을 추격하며
전과를 확대해 나갔다. 이때 연대장 프리먼은 부상을 입었으나 후송을
거부하며 끝까지 부하들과 함께 싸우며 승리를 쟁취했다. 전투가 끝난
후 미군진지 주변에 흩어진 중공군 시체는 2,000여구에 이르렀다. 이
전투에서 중공군은 4,946명의 피해를 입은 반면, 미 제23연대는 전사
52명, 부상 259명, 실종 42명이라는 비교적 경미한 피해를 입었다.

지평리 전투에서 아군이 승리하는 데는 연대장 프리먼 대령과 프랑스군 대대장으로 참전한 몽클라 중령의 뛰어난 리더십과 활약이 있었다. 몽클라 중령은 제1·2차 세계대전을 다 겪은 프랑스군의 3성장군(중장) 출신의 노장으로, 6·25전쟁이 발발하자 대대 규모를 파견하는 프랑스군을 지휘하기 위해 중령 계급장을 달고 한국전선에 뛰어든 별난 이력의 소유자였다. 그는 대대 규모의 프랑스군을 지휘하면서 그 용맹함을 떨쳐 나폴레옹의 후예임을 우방국 군대에 확실히 각인시켜 주었다.

특히 몽클라의 프랑스군을 포함하여 미 제23연대전투단을 통합 지휘했던 연대장 프리먼 대령도 전투 중 부상을 입고도 후송을 거부하며 끝까지 전투를 지휘하는 투혼을 발휘하며 싸워 미군의 명예를 드높였다. 개인적으로 프리먼 연대장은 지평리 전투의 승리로 제2차 세계대전에 참전하지 못한 전투지휘관으로서의 핸디캡을 극복하고, 장차 4성장군(대장)으로 가는 길을 개척할 수 있게 됐다. 지평리 전투에서 프리먼 연대장은 중공군의 공격에 대비해 밤새도록 진지를 둘러보고 예하부대 장교들을 격려하며 전의를 북돋아 주었다. 전투가 얼마나 치열했던지 프리먼의 지휘소 텐트에까지 적의 박격포탄이 떨어져 연대정보장교인 슈메이커 소령이 전사했고, 프리먼 연대장을 비롯한 다른 장교들도 부상을 입었다. 프리먼은 이때 운이 좋았다. 적의 포탄이 떨어지기 전에 텐트 안의 침대에서 휴식을 취하고 있었는데, 마침 그 무렵 그는 머리가 있던 발을 두며 자세를 고쳐 누웠는데 그 때 텐트 안으로 뚫고 들어온 파편이 그의 왼쪽 종아리에 박혔던 것이다.

그럼에도 불구하고 프리먼은 다리를 절뚝거리며 전방의 직접 현장 지도하며 전투를 지휘해 나갔다. 이때 미 제10군단장 알몬드 장군은 부상당한 프리먼 연대장을 교체하려고 하자, 프리먼은 "제가 우리 부대원들을 이곳으로 끌고 왔으니 마무리도 제 손으로 직접 하겠습니다"라며 전투를 지휘했다. 이처럼 지평리 전투의 승리의 중심에는 명(名) 연대장 프리먼 대령이 있었기 때문에 가능했다. 그는 이 전투를 승리로 끝낸 후 바로 후임연대장에게 지휘권을 인계하고 후송됐다. 지평리 전투는 프리먼 대령이 나중에 4성장군으로 오르게 하는 결정적 요인으로 작용했다.

유엔군, 기세 몰아 38선 진격

특히 미 제8군사령관 리지웨이 장군은 지평리 전투에서 유엔군이 중공군과 싸워 처음으로 승리를 하게 되자 중공군 3차공세시 37도선까지 밀려나며 사기가 떨어질 대로 떨어진 유엔군의 사기를 다시 추슬러 가며 중공군에 대한 공세를 펼치게 됐다. 이에 따라 유엔군은 손에 손을 잡고 서로 어깨를 맞대며 38도선으로 향해 강력한 공격작전을 전개하게 됐다. 그 결과 유엔군은 서울을 재탈환한데 이어 38도선 일대를 다시 확보하게 됐다. 이것은 모두 지평리 전투의 승리를 기점으로 해서 얻어진 값진 결과였다.

지평리 전투는 1950년 10월 25일, 중공군 개입 이래 유엔군이 처음으로 중공군 대규모 공격에 물러서지 않고 진지를 고수하며 싸움으로써 승리한 최초의 전투였다. 이 전투에서 미 제23연대와 프랑스 대대는 고립방어진지를 편성한 후 진지고수 의지와 철저한 야간사격통제, 예비대의 적절한 운용과 역습, 그리고 화력의 우세와 긴밀한 공지합동작전으로 마치 파도처럼 밀려오는 3개 사단 규모의 중공군을 격퇴하며, 적의 2월 공세를 저지하는데 결정적인 역할을 했다. 특히 이 전투로 중공군은 막대한 손실을 입고 그들의 2월 공세에 실패했으며, 유엔군은 중공군이 6·25전쟁에 참전한 이후 최초로 전세를 만회할 수 있게 되어 재 반격의 기틀을 마련하게 됐다. 또한 중공군이 인해전술로 몰아붙이는 공세가 실패한 것도 이번이 처음이었다. 이에 따라 유엔군은 중공군에 대하여 자신을 갖기 시작했으며, 이후 38도선 회복을 위한 작전에 반격을 가할 수 있게 됐다.

지평리 전투를 승리로 이끈 데에는 미 제23연대장 프리먼 대령과 프랑스 대대장 몽클라 중령의 뛰어난 지휘와 투철한 감투정신, 책임의식과 부하사랑이 있었기에 가능한 일이었다. 그런 점에서 지평리 전투를 승리로 이끈 벽안의 두 영웅의 전공에 뜨거운 찬사를 보낸다.

최고의 연대장
한신 장군

한신 장군

강직한 성품의 용장(勇將)

한신(韓信, 1922~1996) 육군대장은 함경남도 영흥(永興) 출신으로 함흥
고보를 졸업하고 일본으로 건너가 주오대학(中央大學) 법학과를 나온 뒤,
귀국해 변호사로 활동하려 했었다. 그러나 1944년 1월 주오대학 법학
과 2학년 때 학병으로 끌려갔다.

그가 학병에 갈 때는 일본의 패색이 짙어갈 무렵이었다. 그래서 다
진 전쟁에 끌려가서 헛된 죽음을 하고 싶지 않았다고 한다. 용산에 집
결한 학병들은 열흘 만인 1월 30일 중지(中支)로 보내졌다. 거기서 그는
간부후보생 시험에 응시해서 합격했다. 처음엔 장제스(蔣介石)의 남경군
관학교 건물에서 장교교육을 받다 곧 일본 아이치현 도요하시시로 가
서 교육 훈련을 마치고 일본 육군 소위가 됐다. 그리고 나서 도야마(富
山) 연대에 배속됐는데, 그는 거기서 해방을 맞았다.

한신 장군은 '월간조선(1986년 10월호)' 인터뷰에서 일본의 학병으로
가게 된 것에 대해 부끄러워했다. 그러나 그는 "첫째는 어떻게든 개죽

음을 하지 말고 살아야 한다는 것, 둘째는 일본 군대에 가서 시간활용을 잘해서 군사지식을 배워오자는 두 가지 생각만 했다"고 털어놨다.

해방 직후 공산당의 준동을 피해 월남했고, 그는 그때까지 쓰던 두 자 이름을 외자 이름 신(信)으로 바꾸었다. 한 장군은 "내가 그 신(信)자를 좋아했거든. 전에 누가 중국 한(漢) 나라의 한신(韓信)이 좋아서 따라 지었느냐고 그래서 그렇다고 그랬지. 하여튼 난 信자를 좋아해. 믿음 없이는 이 세상을 살 수 없거든"이라고 말하곤 했다.

1946년 9월에는 현 육군사관학교의 전신인 국방경비사관학교 제2기생으로 입교하여 80여 일 간의 교육을 받고 12월 14일 군번 10183의 육군참위(소위)로 임관했다. 한신은 박정희 대통령과 같이 육사 2기 동기다. 국방경비사관학교 시절 서로 모르고 지내다 한신 장군이 수도사단장 시절, 박 대통령이 1군 참모장을 하고 있을 때 손발을 맞췄다고 한다.

임관과 동시에 춘천의 제8연대에 배치돼 소대장과 중대장 등 초급장교 생활을 경험한 후 군기사령부 행정관을 거쳐 1948년 11월에 제18연대 작전주임으로 부임했다. 당시 제18연대는 제5연대와 제6연대 일부 병력을 기간으로 11월 20일 포항에서 창설됐으며, 군사영어학교 출신인 최석(崔錫) 중령이 초대 연대장으로 있었다.

연대장대리로 제18연대를 지휘하고 있던 1950년 6월 25일, 전쟁이 발발했다. 18연대가 6·25 직전 발발했던 옹진전투에 참가하고 돌아와 용산에 주둔하고 있을 때 6·25가 일어난 것이다.

한 장군은 "옹진에서 전투를 할 때 포로를 잡아보면 적의 부대가 자꾸 바뀌었다. 그러니까 적이 돌려가며 실전훈련을 하고 우리 군대 전투능력을 테스트했던 것"이라며 "김일성이 남침한다는 걸 알면서도 왜 그렇게 준비가 소홀했는지는 의문이었다"고 했다.

전쟁이 발발하자 그는 북한군의 남하를 저지하기 위해 의정부전투와 한강방어선 전투에 참가했다. 국군의 철수작전이 전개되던 1950년 7월 5일 수도경비사령부가 수도사단으로 개편됨에 따라 수도사단 제18연대로 예속이 변경된 그는 8월 9일 수도사단 제1연대장에 임명되어 안강·기계전투, 38선 북진작전, 대관령방어전투 등 수많은 격전지를 누비며 명지휘관으로 이름을 떨쳤다.

강직한 성품의 용장(勇將)으로 널리 알려진 한신 장군은 수도사단 1연대장으로 1950년 8월 9일부터 9월 4일까지 백인엽(후임 송요찬) 사단장 예하에서 안강·기계 방어전투를 성공적으로 치른다. 특히 낙동강 최후방어선의 요충지였던 안강·기계지구에서는 철수명령에도 불구하고 한신 연대장이 독자적으로 철수지점을 선정한 뒤 진지를 끝까지 사수하며 북한군 제12사단의 공세를 저지했다.

이로써 적의 작전계획 수행에 차질을 가져오게 함은 물론 국군의 방어에 시간을 벌게 해 국군의 방어선 유지와 차후 반격작전의 여건을 마련했다. 중공군의 개입으로 퇴각하는 흥남철수작전에서는 뛰어난 지휘·통솔력으로 병력과 장비의 손실 없이 질서정연하게 철수작전을 전개하는 역량을 발휘했다.

생전 잊지 못한 안강·기계 전투

1951년 5월 동해안의 요지인 대관령 전투에서는 1개 사단 규모의 중공군과의 고지 점령에서 간발의 차로 고지를 선점해 3군단 치욕의 '현리전투' 이후 밀리던 동부전선을 안정시켰다. 제1연대가 중공군 대병력을 맞아 혈전을 반복하면서도 끝까지 대관령을 사수한 것은 보병·포병·공군의 입체적인 작전과 결전방어를 실시한 것이 결정적이었다.

특히 연대장 한신 대령의 작전지도(作戰指導)와 전 장병의 필승의 신념

5·16 기념 리셉션에서 박정희 국가재건최고회의 의장(왼쪽)이 한신 소장, 박태준 당시 의장비서실장(오른쪽)과 담소하고 있다.

도 승리에 한몫을 했다. 1953년 6월 화천 전투에서는 정일권(丁一權) 군 단장의 명령에 따라 5사단 부사단장으로 화천 댐을 사수했다. 화천 전투는 이승만(李承晩) 대통령이 현지에 나와 무전기로 독전하던 전투 였다.

한신 장군은 생전에 안강·기계 전투를 잊지 못했다. 그는 "안강·기 계 지방에서 사흘간 포위당한 채 전투를 할 때, 죽어도 여기서 죽고 살 아도 여기서 산다는 자세로 싸워서 이겼다"며 "일본 학병으로 갈 때는 어떻게든 죽지 말자고 했지만, 6·25 때는 내가 매일 오늘 죽는다는 각 오로 일일일생(一日一生)의 정신으로 싸웠다"고 했다.

이 때문에 한신 장군은 6·25전쟁 중 가장 전투를 잘한 연대장으로 꼽 힌다. 그는 6·25 때 세운 수많은 전공으로 많은 훈장을 받았다. 이러한 전공으로 장군은 1953년 8월 27일 군인으로서는 최고의 영예인 태극무 공훈장을 비롯해 태극무공훈장, 보국훈장 통일장, 미 동성훈장 등을 받 았다. 그는 생전에 "군인이 임무수행한 거야 당연한 것"이라며 "죽은 내 부하들이 받을 걸 내가 대신 받은 건데, 나는 훈장이니 뭐니 그런 거

생각해 본 적이 없다"고 했다.

한편 이 전투를 전환점으로 반격에 나서 38도선을 돌파하고, 1950년 10월 10일 원산을 탈환한 수도사단은 북진을 거듭했다. 제1연대는 연포비행장을 기습작전으로 점령한데 이어 동양 최대의 중공업지대인 흥남을 탈환하고 함흥 좌측으로 부대를 추진시켜 우측 제18연대의 진공을 엄호하면서 함흥에 입성했다.

북쪽을 향해 진격할 때, 한신 장군은 그의 고향 영흥 근처를 지나갔으나 고향땅엔 갈 수가 없었다고 한다. 그의 고향에서 40~50리쯤 떨어진 처가(妻家)에 불행한 일이 벌어진다. 한신 장군은 월간조선 인터뷰에서 이렇게 말했다.

"내가 일선지휘관이란 사실이 적에게 알려져서 철수한 다음에 우리 처가가 다 녹았어. 후에 월남한 사람이 그래요, 장인 장모가 학살당했다고. 우리 집사람에게 젤 미안하게 생각하는 게 그거야. 돌아가신 날짜를 알 수가 없어서 백중날 내가 제사를 받들어요."

연전연승 속에 북진을 계속하던 제1연대는 중공군의 개입으로 부득이 철수를 단행, 1950년 11월 14일부터 12월 18일까지 철수작전에 돌입했다. 청진 이북 각처로 배치된 부대들을 집결시켜 장도의 철수를 시작한 한신 대령은 부대를 먼저 철수시키고 자신은 최후까지 진지에 남아 낙오자 등을 수집하는 등 주도면밀한 철수작전을 지휘했다.

마침내 흥남에 도착한 제1연대는 국군으로는 유일하게 교두보작전에 참가, 연대장의 지휘 아래 전 장병은 철수부대의 엄호임무를 침착하게 수행했으며, 연대의 모든 장비를 하나의 상실없이 철수하는데 성공했다. 한 장군은 "흥남철수작전 때, 배에 탈 때까지는 정신이 없었다가 타고 나서야 집에 두고 온 부모, 처, 자식 생각이 나니까 배에서 막 떨어져 죽는 사람들을 많이 보았다"며 "이걸 보면 우리 민족의 가족애가 대단하고, 김일성이 우리 민족의 최대의 죄인"이라고 했다.

정전협정이 조인될 당시 제5사단 부사단장이었던 한신 준장은 1956년 7월 자신의 분신과도 같은 수도사단의 사단장으로 부임했다. 이후 1959년 12월 육군소장으로 진급한 그는 육군본부 감찰관과 제2훈련소장을 지냈다. 1961년 5·16 후 국가재건최고회의 위원으로서 내무부장관이 되었고, 1963년에 잠시 감사원장을 맡기도 했다.

그가 논산 제2훈련소장으로 있을 때 2군사령부에서 우연히 박정희 2군 부사령관(육군 소장)을 만났다. 박정희는 한신 장군에게 "혁명을 해야겠다"고 했고, 한신은 한참 있다가 "나는 잘 모르겠습니다"라고 했다고 한다. 1961년 5월 16일, 한 장군은 당시 국방연구원에 다니고 있었는데, 그날 새벽 총소리를 듣고 '박 장군이구나!' 하는 생각을 했다고 한다.

5·16이 나자마자 군대끼리 총부리를 겨누는 일이 있어선 안 되겠다는 생각이 들어서 박정희를 찾아갔다. 한 장군이 "지금 뭐가 제일 문젭니까"라고 했더니 박정희는 "1군이 문제"라고 했다. 한신 장군이 "알았습니다. 제가 가겠습니다"라고 하고 1군사령부로 가서 이한림 장군을 만나 "무슨 일이 있든지 서로 싸워서는 안 된다"고 했고, 이한림도 "싸우지는 않겠다"고 했다.

오늘날까지 회자되는 군 지휘방침

그 뒤 군대로 복귀해 군인의 길을 걷는다. 1963년 제6군단장이 됐고, 1966년에 육군중장으로 진급해 육군전투병과 사령관, 1968년 육군참모장, 1968년 제2군사령관과 1969년 제1군사령관 등을 역임했다. 주월 사령부가 귀국해 제3야전군이 되기까지 제1야전군이 전방 전체를 담당하고 있었는데, 그는 이때의 제1야전군사령관이었다. 한신 장군은

1970년 제1군사령관 재직 시 육군대장으로 승진했고, 1972년 합동참모 본부 의장직을 수행하던 중 1975년에 예편했다.

군대의 제반 여건이 좋지 않던 시절에 한신 장군은 "부하들을 잘 먹여라(食), 잘 입혀라(衣), 잘 재워라(住), 교육훈련을 철저히 하라, 근심걱정을 해결해 주라"는 것이었다. 그의 그런 지휘방침은 오늘날까지 군에서 회자되고 있을 정도로 유명하다. 수도사단에서 이등병으로 군복무를 시작한 한신은 사병들의 고충을 잘 알았다. 당시 병사들은 배를 채우는 것이 소원인 상황이었다. 장병들로서는 취사병이 선호보직이던 시절이었다. 장교들의 봉급은 가족의 끼니를 겨우 차릴 수 있을 정도여서 장교들의 부패는 문자 그대로 '생계형 부패'이었다. 그러다보니 전군이 부패고리로 연결됐다.

한신은 이를 바로잡기 위해 단호한 숙정(肅正)에 나섰다. 한신은 헬기를 타고 가다가 아무 부대라도 불시에 내려앉아 1종 보급품(주·부식류를 포함한 전투 식량 등 전투 상황 및 지리적인 차이에 구애 받지 않고 매일 일정한 율로 소모되는 품목)을 검열해 부족량이 발견되면 바로 지휘관을 체포해 압송하는 초강경 방법을 썼다. 1960년대에 군의 부패는 이런 방법으로 잡혀간 것이다. 베트남전 참전이 시작되자 장병들의 생활도 피어나기 시작했다. 베트남전은 국가경제에도 큰 뒤받침이 되었지만, 군인들도 활로를 틔우는 한 방법이었던 것이다.

정군(整軍) 과정에서 한신은 '안일한 불의의 길보다 험난한 정의의 길을 걷는다'는 신조로 길러진 육사 출신에 기대를 걸고 이들을 '사단장의 분신'으로 활용, 사단장의 지휘력을 물샐 틈 없이 침투시켰다. 휴전 후 흐트러진 교육훈련을 바로잡는데 이들 원칙대로 배운 정규육사 출신들은 교범이 됐다. 한신은 육사 출신 가운데 장재(將材)를 특별히 선발하여 부관으로 두고 철저히 훈련시켰는데, 조성태(趙成台) 전 국방부장관도 그중 하나다.

오늘 죽어도 책임을 다하는 '1일1생'을 좌우명으로 국가와 군 발전을 위해 헌신해 온 한신 대장은 군의 전투준비, 군기 확립, 정군(整軍) 정책, 청렴 결백성의 대명사로 지칭됐다. 내무부 장관 시절에 있었던 한 일화는 그가 강조하는 '깨끗함'의 표본이기도 하다. 사업을 하는 친구가 자기가 가지고 있는 시장에 도로를 뚫어 주면 "앞으로 내 돈으로 자네 뒷바라지를 해주겠다"고 했다. 그 소리를 들은 그는 "이 나쁜 놈아, 돈으로 친구를 농락해!" 하고 소리치면서 따귀를 갈기고 발길질을 해서 친구를 내쫓았다고 한다.

그는 군 내외의 많은 이들로부터 존경을 받았던 강직한 군인이었다. 한신 장군은 인터뷰에서 "난 군에서는 내 부하 목을 한 사람도 자르지 않았다"며 "5분 동안 야단치면 반드시 10분 동안 좋은 말로 타일렀는데, 군대의 지휘관은 엄한 아버지와 형님, 인자한 어머니와 누님의 성정을 함께 갖고 부하를 대해야 한다"고 했다.

한신 장군의 부관출신들은 훗날 '참군인 한신 장군'을 출간한다. 1군사령관 전속부관 조성태 대위가 "춘천호에 치중차(식기등을 운반하는 차량)가 빠졌는데 인양시간이 3~4시간 걸릴 것 같습니다"라고 보고하자, 한신 장군은 "춘천호의 깊이가 얼마냐"고 물었다. 제대로 답을 못한 부관은 얼굴이 붉어졌다.

일처리에 철두철미한 한신 장군은 "군인은 하나라도 철저히, 면밀히, 체계적으로 파악하고 있어야 된다"고 가르쳤다. 항상 전투를 생각하고 준비하는 군인은 당연히 교육 제1주의, 장병 제1주의로 나갈 수밖에 없다. 한신은 누구도 이의를 달 수 없는 '참 군인'이었다.

6·25전쟁, 연대장 최초 전사자
함준호 대령(준장 추서)

연대장 시절 함준호 대령

함준호의 성장환경과 6·25 이전 군 경력

6·25전쟁시 국군 연대장 중 최초로 전사한 함준호(咸俊鎬, 1921~1950) 대령(1951년 육군준장 추서)에 대해서 일반 국민들은 생소할 것이다. 함준호 대령은 1921년에 서울 종로에서 태어나 재동초등학교를 다니다가, 가족이 만주 봉천으로 이주함에 따라 만주에서 보통학교(현 초등학교)를 마쳤다. 그러나 자식의 장래를 염려했던 함준호의 아버지는 다시 서울로 돌아왔다.

이에 함준호도 서울에서 경기도립상업학교(京畿道立商業學校, 5년제)를 다닐 수 있게 되었다. 함준호는 학창시절 수재로 소문이 났다. 초등학교 때부터 줄곧 수석을 놓치지 않았을 뿐만 아니라, 반에서 급장(級長)을 놓치지 않음으로써 리더십도 인정받았다. 특히 경기도립상업학교 때는 줄곧 일본인이 맡았던 학생대대장을 맡았다. 함준호가 학생대대장을 맡게 되는 과정에서 일본교장을 비롯하여 조선총독부의 학무과장의 반대가 있었으나, 결국 성적이 우수하고 리더십이 뛰어났던 함준호가 조선임에도 불구하고 1500명의 학생들을 지휘하는 학생대대장이 되었다. 당시에는 중학교 이상의 학교에 군사교련이 실시되었기 때문에 학생들을 군사훈련을 받았다.

특히 어렸을 때부터 서도에 능했던 함준호는 경기도립상업학교 재학 시절, 전국학생서화전람회(全國學生書畵展覽會)에서 최우수상을 받을 정도로 뛰어났다. 함준호의 서체는 중국 서도의 대가인 구양순(歐陽詢)의 필치를 능가한다는 찬사를 받기까지 하였다.

경기도립상업학교를 졸업한 함준호는 현재 서울대학교 법대의 전신인 경성법전(京城法專)에 들어갔으나 1944년 일본의 학도병 강제징집으로 일본군에 끌려가 있다가 8·15광복이 되면서 귀국하게 되었다. 미군정기 함준호는 건군 주역들이 거쳤던 군사영어학교를 졸업하고 소위로 임관하여 군과 인연을 맺게 되었다. 이후 함준호는 3연대장으로 여수 주둔 14연대 반란사건 진압과 이어 지리산공비토벌사령관으로 공비토벌에 나섰다. 공비토벌과정에서 함준호 연대장은 14연대 반란 주모자였던 김지회와 홍순석을 사살하는 전공을 세워 표창장을 받기도 했다. 이후 함준호 대령은 5사단 부사단장을 거쳐 6·25전쟁 2개월 전인 1950년 4월에 동두천-의정부 축선을 담당하는 국군 제7사단 제1연대장에 보직되었다.

6·25전쟁과 함준호 연대장 그리고 전사

북한이 기습 남침한 1950년 6월 25일 함준호 대령은 동두천-의정부-서울 축선으로 연결되는 3번 국도를 맡고 있는 국군 제7사단 제1연대장 직책을 수행하고 있었다. 서울에 이르는 동두천-의정부 축선은 38도선을 방어하고 있던 국군 방어진지 중 가장 중요한 지역이었다. 따라서 전쟁 이후 채병덕 총참모장은 수차례에 걸쳐 의정부 지역의 제1

공비토벌 작전에서 김지회와 홍순석을 사살하고
표창을 받고 있는 제3연대장 함준호 중령

연대을 방문하며 국군을 독려했다.

국군은 1950년 국군방어계획을 수립할 때 북한군의 주공이 제1연대 방어정면인 동두천–의정부 축선으로 지향될 것으로 판단했다. 실제로 북한군은 남침을 개시할 때 함준호 대령의 제1연대 지역으로 북한군 정예사단으로 알려진 제4사단과 소련제 T-34전차로 무장한 제105전차여단을 투입하여 전쟁개시 2일 만인 6월 26일 수도 서울을 점령하고자 했다.

소련군사고문단이 작성한 남침공격계획에는 서울에 이르는 동두천–의정부축선의 기동로가 양호했기 때문에 서울의 북쪽 관문인 의정부에 주공을 지향했던 것이다. 당시 서울과 의정부의 직선거리는 17km에 불과했기 때문에 남침공격계획을 작성했던 소련군사고문단은 이점을 고려했던 것이다.

따라서 전쟁 당일부터 동두천–의정부 축선에서는 치열한 격전이 벌어질 수밖에 없었다. 소련데 T-34전차를 앞세운 북한군에게 제1연대는 속수무책이었다. 적 전차 앞에 국군은 역부족이었다. 그러나 이처럼 불리한 상황에서도 함준호 제1연대장은 사단에서 지원된 1개 포병중대(포대)로 적 전차에 대한 포격으로 적의 공격을 격퇴하며 적에게 빼앗겼던 동두천을 탈환했다. 하지만 제1연대로서는 전력상의 열세를 만회할 수가 없었다.

결국 의정부-포천 축선을 담당했던 제7사단은 6월 26일 13:00시에 북한군에게 서울의 관문인 의정부를 내주게 되었다. 이때 제1연대도 북한군의 남진을 결사항전 하다가 우이동 계곡으로 철수하게 되었다. 이무렵 채병덕 총참모장은 제7사단장 유재흥 준장을 의정부지구전투사령관에 임명하고 의정부 탈환을 시도했으나 실패하자, 결국 창동 선에서 적과 대치하게 되었다.

의정부지구전투사령관 유재흥 장군은 채병덕 총참모장의 명령에 따라 창동선에서 병력을 규합하여 방어진지를 구축했으나 실제병력은 1개 연대에 불과했다. 이때 함준호 제1연대장은 유재흥 사령관의 작전명령에 따라 창동 우측에 예비로 있다가 여건이 조성되면 역습에 참가할 계획이었다. 이에 함준호 연대장은 우이동 계곡에 있는 1개 대대는 수유리 남쪽의 새로운 진지로 이동시켰으나, 오봉산에 배치된 1개 대대는 적의 신속한 남진으로 새로운 방어진지로 이동하지 못했을 뿐만 아니라 연대와 통신마저 두절된 상태였다.

이에 함준호 연대장은 오봉산에 배치된 대대를 새로운 진지로 이동시키기 위해 연대작전주임과 통신장교 그리고 호위헌병을 자신의 지프차에 태우고 오봉산으로 가기 위해 수유리에서 우이동으로 가는 도중에 침투해 있던 북한군 정찰대의 기습적인 총격을 받고 함준호 연대장과 호위헌병은 현장에서 전사하였다. 굳이 연대장이 가지 않고 작전주임이나 통신장교를 보내 임무를 수행해도 되는 일이었으나, 책임감이 강했던 함준호 연대장은 부하들을 안전하게 철수시키기 위해 직접 가던 중 전사를 하게 된 것이다.

태극무공훈장 수여와 장군 추서

함준호 연대장이 전사할 때 나이는 29세의 젊은 나이였다. 정부에서는 함준호 대령의 전공을 기려 1951년 7월 16일 태극무공훈장을 수여하고, 육군준장으로 추서하였다. 함준호 장군은 북한군 남침 이후 국군 장교 중 가장 높은 계급이었고, 가장 높은 직책이었다. 연대장으로서 최초의 전사자가 된 함준호 장군은 전쟁초기 모든 불리함을 딛고 수도 서울을 사수하고자 결사의 각오로 싸운 지휘관이었다. 그의 이러한 임전무퇴의 감투정신은 모든 지휘관의 귀감이 되었다. 정부는 장군의 이러한 공로를 인정하여 태극무공훈장 수여와 함께 장군추서로 보답했다.

함준호 장군은 평소 온화한 성품으로 부하들을 관대하게 대했던 지휘관이었다. 그는 자애로운 지휘관의 면모를 잃지 않았다. 이에 따라 부하장병들은 장군의 말에 순응하며 죽음도 불사했다. 이처럼 인자하고 관대한 장군의 성품은 지리산공비토벌작전에서 공비들을 자수시키는 결과를 가져오게 했다. 지리산공비토벌과정에서 함준호 장군은 공비들과 내통했다는 혐의를 받던 병사가 찾아와 "이틀만 석방해 주면 국군이 탈취당한 무기를 찾아오겠다"고 하여 풀어주자, 이틀 후 그는 탈취한 무기와 함께 공비 16명을 연대지휘소로 데리고 왔다. 그 병사는 "연대장님의 말씀과 어진 성품에 감복하여 자수를 결정하게 되었다"며 그 간의 경위를 보고했다.

이렇듯 함준호 장군은 부하는 물론이고 심지어는 적으로부터도 존경을 받는 덕장(德將)이자, 전투에 임해서는 한 치의 물러섬도 없는 용장(勇

將)의 모습을 잃지 않았다. 진다. 장군이시여, 그대가 수호한 조국의 자유로운 푸른 하늘에서 부디 영면(永眠)하시라!

노병은 죽지 않는다. 다만 사라질 뿐이다.
Old soldiers never die. They just fade away.
맥아더 장군

맥아더 장군

맥아더의 6·25전쟁 출진

1950년 6월 25일 북한군 남침, 긴급 보고 받다

1950년 6월 25일(일본시간) 아침 도쿄 주일대사관 맥아더 장군의 숙소 침실로 걸려온 미 극동군사령부 당직 장교의 긴급전화로 북한군의 남침 사실을 보고받았다. 그는 그날 저녁 합참과 텔레타이프 회의를 통해 한국의 전황을 보고했다. 맥아더는 26일 새벽 워싱턴으로부터 미 군사 고문단원의 가족과 유엔 직원들을 일본으로 소개시키고 무기와 장비를 즉각 한국군에 지원하라는 최초의 명령을 받고 놀라움과 동시에 트루먼 행정부가 선전포고권을 가진 의회의 승인을 얻지 않았고 작전을 수행할 야전군사령관과도 협의하지 않았다는 것에 .불만을 느꼈다.

동시에 그는 한국군에 무기와 장비 수송을 개시하고 27일에는 처치(John H. Church) 준장을 단장으로 하는 현지조사반을 한국에 파견했다. 이 조사반의 도착은 한국 정부의 사기를 크게 진작시켰다. 처치는 맥아

272

더에게 지상군 파견을 건의하고 전방사령부(Advance Command and Liaison Group in Korea, ADCOM)를 수원에 설치했다.

그는 공군력과 해군력만으로 북한군의 남침을 저지하는 것이 비현실적이라고 판단했다.

'해·공군만으로는 한국을 구출할 수 없다' 결론-지상군 파견 결정

맥아더는 29일 오전 도쿄 극동군사령부로부터 전용기로 수원에 도착해 호위 병력도 없이 지프차를 타고 한강변 노량진 언덕까지 북상해 쌍안경으로 북한군 수중에 들어간 한강 건너편 서울의 모습을 쌍안경을 통해 관찰했다. 맥아더는 불타고 있는 서울 시가지 연기가 마치 높은 탑처럼 솟아오르는 것을 보았다. 한편으로는 언덕 아래 노량진 쪽에서 후퇴하는 부상병들을 실은 적십자 마크가 붙은 앰뷸런스가 지나가고 있었다.

약 1시간 동안 이 광경을 지켜본 그는 한국의 방어능력은 이제 끝장났다는 결론에 도달했다. 이제 미국 지상군 이외에는 아무 것도 탱크를 앞세우고 남진하는 북한군이 부산까지 밀고 내려가는 것을 멈출 수 없을 것으로 보였다. 워싱턴 당국이 결정한 공군력과 해군력으로는 한국을 구할 수 없다는 확신이 생겼다.

그는 이 자리에서 전투태세가 갖추어진 대대 규모 병력을 일본에서 차출해 한국에 급파하라고 그를 수행한 참모들에게 지시했다. 그는 이때 2차 대전 당시 일본군에 의한 마닐라 대학살사건을 이야기했다. 필리핀에서 미군에 밀려 후퇴한 일본군이 그곳의 민간인 10만 명을 무차별 학살한 사건이다. 한강을 나룻배로 건너 서울을 탈출하는 피란민들을 본 맥아더는 한국에서도 북한군의 남침이 저지되지 않으면 대량학살이 자행될 가능성을 생각한 것이다.

한국군 중사의 결연한 의지에 감동

맥아더는 이어 부근 참호에서 근무 중이던 한국군 일등중사 앞에 섰다. 그는 그 병사에게 물었다.

"하사관, 자네는 언제까지 그 호 속에 있을 셈인가?"

맥아더를 안내해온 시흥지구 전투사령부 참모장 김종갑(金鍾甲) 대령이 통역을 했다. 일등중사는 부동자세로 또박또박 대답했다.

"예, 각하께서도 군인이시고 저 또한 대한민국 군인입니다. 군인이란 모름지기 명령에 따를 뿐입니다. 저의 상관으로부터 철수 명령이 내려지든지 아니면 제가 죽는 순간까지 이곳을 지킬 것입니다."

감격한 맥아더는 "장하다. 자네 같은 군인을 만날 줄은 몰랐다. 자네 말고 다른 병사들도 다 같은 생각인가?"라고 물었다.

그는 "그렇습니다. 각하."

맥아더는 다시 물었다.

"지금 소원은 무엇인가?"

병사는 대답했다.

"우리는 지금 맨주먹으로 싸우고 있습니다. 무기와 탄약을 주십시오. 그뿐입니다."

맥아더는 병사의 흙 묻은 손을 꼭 쥐고는 김종갑 대령에게 말했다.

"이 씩씩한 용사에게 전해주시오. 내가 도쿄로 돌아가는 즉시 미국의 지원군을 보내주겠다고 말이오. 그리고 그 동안 용기를 갖고 싸워주기 바란다고…"

이 소식을 전해들은 채병덕 육군총참모장은 그 병사가 소속된 부대를 찾아가 제8연대장 서종철(徐鐘喆) 중령에게 물었다.

"어제의 그 하사관, 지금 어디 있는가?"

잠시 후 그 병사가 달려왔다. 채 총장은 그의 어깨를 툭툭 치면서 격려했다.

"오 자네였지. 어제는 훌륭했어"

맥아더에게는 현지시찰 못지않게 비록 후퇴를 거듭하지만 국군의 사기가 높다는 사실을 파악하는 성과를 거두었다.

트루먼에게 지상군 파견 건의

맥아더는 노량진에서 돌아와 수원에서 이승만 대통령과도 회담했다. 그의 전선 시찰은 한국 정부를 크게 고무시켰다. 맥아더는 즉시 워싱턴에 긴급 전문을 보내 지상군 파견을 건의했다. 그는 "만약 적의 전진이 계속된다면 대한민국의 존립을 위협할 것이다. 현 전선을 유지해 나중에 실지를 회복하는 유일한 보장은 한국의 전투지역에 미 지상군 전투부대를 투입하는 방법 외에는 없다"고 강조했다.

그는 이어 "만일 승인해준다면 1개 연대 전투단을 절대적으로 필요한 지역에 즉시 파견하고 조기 반격을 위해 일본에서 2개 사단 규모를 가능한 대로 증파할 예정"이라고 덧붙였다. 합참은 30일 새벽 3시 40분부터 맥아더사령부와 텔레타이프 원격회의를 가졌다. 이 자리에서 맥아더는 "지체 없는 명확한 결정이 시급하다"고 강조하면서 2개 사단의 즉각 파견을 요구했다.

트루먼은 맥아더에게 그의 휘하 육군에 대한 전권을 부여했다. 해군력에 의한 북한 해안 전역에 대한 봉쇄도 아울러 지시했다. 트루먼은 맥아더에게 육군 병력 사용에 관련된 기왕의 제한조치를 모두 해제했다. 이렇게 해서 미국의 지상군 파견이 북한의 남침 5일 만에 결정되었다.

이후 상륙작전 구상은 비밀리에 계속 추진되고 있었다. 합동전략기획단은 인천, 군산, 해주, 진남포, 원산, 주문진 등 가능한 모든 해안지역을 대상으로 검토하고 있었다. 결국 이들이 마련한 크로마이트

(CHROMITE) 작전계획 초안이 7월 23일 완성되어 극동군사령부 관계자들에게 회람되었다.

6·25전쟁 당시 자신의 전용기 바탄호에 선 맥아더

인천상륙작전 당시 쌍안경을 든 채 작전 성공을 바라보는 맥아더(1950).

인천상륙작전

맥아더 사령관은 대한민국을 살리는 길이 한반도의 허리를 차단하여 적들의 보급통로를 차단하고 화력결집을 분산시키는 것이라 판단하여 인천상륙작전을 감행키로 하여 잠정적인 D-데이를 9월16일로 잡았다. 1950년 가을 인천 해안에서 상륙작전이 가능한 만조일은 9월 15일, 10월 11일, 11월 3일과 이 날짜를 포함한 전후 2~3일 뿐이었기 때문이기에 그 날짜를 택한 것이다.

맥아더는 상륙작전의 기본 계획을 확정한 후 8월 26일 제10군단을 상륙작전 주력부대로 공식편성하였다. 미 제10군단의 주요 부대는 미 제1해병사단과 미 제7보병사단이었다. 미 제7보병사단은 한국에 파병된 다른 부대에 많은 장교 및 기간요원들을 차출당하여 그 병력이 부족하자 한국청년 8,000여 명을 선발하여 일본에서 훈련시킨 후 배치시켰다.

이들이 바로 카투사(KATUSA)의 시초였다. 한편 국군으로서 인천상륙작전에 참가한 부대는 제주도에서 모집된 해병3,4기들을 주력으로 한 제1해병연대와 국군 제17연대였다.

인천상륙작전을 개시하기에 앞서 상륙부대는 양동작전을 전개하였다. 즉 9월 5일부터 북으로는 평양에서부터 남으로는 군산까지, 인천을 포함한 서해안의 상륙작전 가능지역에 폭격을 실시하였다.

9월 12일부터는 미국과 영국의 혼성 기습부대가 군산을 공격하고, 동해안 전대는 9월 14일과 15일 삼척 일대에 맹포격을 가하며 인천상륙작전이 시작되었다. 한편 9월 12일부터 관문인 월미도를 제압하기 위한 폭격이 시작되었다.

상륙작전은 월미도 점령과 인천 해안의 교두보 확보였고 미 해군이 함포사격을 가하는 동안 미 해병연대가 상륙하였고 후속 부대들이 해안 교두보를 확보하여 인천시가지 작전을 전개해 나가면서 김포지역을 점령하고 서울 연희 104고지를 점령한후 드디어 1950년 9월28일 서울 중앙청에 태극기를 휘날리는 승전의 기쁨을 대한민국 국민들에게 안겨줬다.

서울 수복 후 행정권 이양, 그리고 중공군 개입

맥아더는 서울 수복 다음 날인 29일, 예정대로 중앙청에서 서울을 대한민국 정부의 수도로 공식 회복시키는 의식을 거행했다. 이 자리에는 이승만 이하 한국 정부 요인들과 중무장한 한국군 및 유엔군 고급장교들이 철모를 쓴 채 참석했다. 행사가 끝날 무렵 중앙청 탈환전투 때 부서진 회의장 천정에서 유리 파편이 아래로 떨어지기도 했다.

그 이후 파죽지세로 38선을 돌파한 유엔군은 크리스마스 날을 한반도 통일의 날로 잡고 진격하던 중 중공군이 10월 중순부터 압록강을 넘어 평북 적유령 산맥에 잠입해 있다가 유엔군을 기습했다. 그것은 맥아더의 큰 오점으로 남았고 사령관직을 떠나는 운명을 맞았다.

맥아더의 생각은 이러했다.

"현재 이미 군사적으로 승리한 이 전쟁을 끝낼 황금의 순간에 와 있다. … 전쟁에서의 성공은 군사적 승리 못지 않게 정치적 활용을 가능하게 한다. 군사적 승리를 얻기 위해 치른 희생은 만약 평화라는 정치적 이득으로 신속히 이행되지 않으면 무의미하다. 나는 전쟁을 종결하고 태평양지역에서 더 지속적인 평화를 향해 결정적으로 나아갈 빛나는 기회를 잡지 못한 엄청난 정치적 실패를 두려워하기 시작했다."

그런데 크리스마스 공세 이전에 중공군은 이미 북한에 대거 잠입해 들어와 있었다. 이 사실을 사전에 제대로 파악하지 못한 점은 워싱턴과 맥아더의 공동책임이자 양자 간의 대표적인 보조 불일치의 예이다. 맥아더는 웨이크섬 회담 때 트루먼에게 만약 중공군이 한국에 들어오면 미 공군기가 모조리 쓸어버릴 것이라고 말해 트루먼의 중국 개입 우려를 안심시켰다.

따라서 중공군이 대거 잠입해 있는 사실을 모른 채 무모하게 크리스마스 공세를 취해 참패를 당하자 그 책임이 맥아더의 정보 부족에 있었다는 비난이 쏟아진 것은 당연한 것이다.

한국 국방부 산하 전사편찬위원회 연구실은 1981년 8월, 맥아더의 중국 대륙 봉쇄 주장, 만주 폭격 주장, 타이완의 국민당 정부 군대 활용 주장, 중국 대륙에서의 국민당 정부 군대의 견제작전 주장을 불가피한 결정으로 평가했다. 적의 병력이 우세하고 계속 증강될 가능성이 있는 상황에서 전략 목표의 달성과 병사들의 안전을 책임진 현지 사령관으로서 생각할 수 있는 당연한 조치라는 결론이었다. 이러한 조치들, 특히 한소 국경지역이 아닌 만주에 대한 폭격이 소련의 참전을 유발할 지 여부는 가상적인 문제일 뿐이라고 판단했다.

맥아더의 일생

군인 집안

맥아더(1880. 1. 26~1964. 4. 5)는 역사에 이름을 남긴 미국의 걸출한 군인들 중 두 가지 상(像)을 함께 갖춘 출중한 인물이다. 그는 첫째, 전선에서 용맹을 떨친 일선 지휘관 상과 둘째, 조직과 전략의 재능이 뛰어난 군의 지도자 상을 겸비한 5성 장군이다.

맥아더는 1차 세계대전 때 프랑스 전선에서 혁혁한 무공을 세워 38세의 젊은 나이에 무지개사단(Rainbow Division) 사단장으로 진급하고 종전 후 귀국해서는 탁월한 군사조직의 관리자로서 최연소 웨스트포인트 사관학교 교장과 최연소 육군참모총장 기록을 남겼다.

부친이 육군 중장을 지낸 군인 집안 출신인 그는 아버지 아더 2세 (Arthur MacArthur Jr.)가 대위 시절 아칸소주 리틀록(Little Rock)시 군 기지 내 장교 숙소에서 어머니 핑크니(Mary Pinkney Hardy) 사이의 세 아들 중 막내로 태어났다.

핑크니(별명 핑키) 여사는 버지니아주 노퍽크(Norfolk) 근처의 리버리지 (Riveredge)에 살던 명문가의 딸이었다. 어린 시절을 아버지의 근무지에서 보낸 맥아더는 책을 읽고 글씨를 쓰기 전부터 말을 타고 총을 쏘는 법을 배우면서 자라났다. 그

의 친구들은 모두 아버지 부대의 군인 자제들이었으며 놀이터는 부대 병영 안이었다. 그는 어릴 때부터 아버지로부터 군인들의 용맹성에 관해, 그 중에서도 남북전쟁과 인디언과의 전투에 관한 이야기를 많이 듣고 자랐기 때문에 군인 이외의 직업은 생각할 겨를이 없었다. 맥아더는 "긴 회색 줄이 있는 웨스트포인트 육군사관학교 생도 유니폼을 입어보는 것이 나의 모든 희망의 십자성 같은 꿈이었다"고 늘 말했다.

어린 맥아더는 아버지의 근무지가 워싱턴 D.C로 옮긴 후, 그 곳 공립 초등학교에 다녔다. 그는 아버지의 임지가 다시 남부지방인 텍사스주 샌안토니오(San Antonio)로 바뀌자 그곳 사관학교(West Texas Military Academy)에 들어가 최종학년 평균 97.33점이라는 우수한 성적으로 금메달을 수여받고 졸업식에서 졸업생 대표로 연설을 했다.

맥아더는 19세 때 뉴욕시 북방 허드슨강 중류지역에 위치한 웨스트포인트 사관학교에 입학했다. 입학 전 지능시험에서 93.3점을 받아 차점자보다 16점이나 앞섰다. 맥아더가 웨스트포인트 생도일 당시 아버지는 필리핀에서 육군 준장으로 스페인과의 전쟁에서 이름을 날렸다. 바로 이점 때문에 웨스트포인트의 상급생들이 신입생인 맥아더를 괴롭히기 시작해 여름 캠핑장에서 그에게 강제로 힘든 운동을 시켜 경련

으로 의식을 잃게 했다. 그를 괴롭힌 상급생들은 겁을 먹었지만 맥아더는 의회 진상조사팀에게 이 일을 진술하지 않았다.

그는 4년 후 전 학년 평균 98.14점이라는 이 학교 101년 간 역사상 최우수 성적으로 졸업했다. 그는 졸업 당시 관례대로 최우수 졸업생을 배치하던 육군 공병대에 소위로 배속되었다. 이때가 그의 나이 23세로 1차 세계대전 발발 1년 전인 1903년이었다. 그는 초급장교 시절인 그해에 제3공병대대 소속으로 필리핀에 파견되어 부두건설 작업을 감독했다. 당시 아버지는 육군 중장으로 필리핀 총독이었다.

맥아더는 필리핀에 근무하는 동안 산적 두 명의 매복 기습을 받았다. 그의 옆에 서있던 상사 한 명이 총에 맞아 맥아더가 쓰러지는 그를 붙잡으려는 순간 이번에는 총탄이 그의 모자를 관통했다. 그러나 맥아더는 다른 상사의 도움을 받아 산적들을 퇴치해 목숨을 건졌다.

그는 1905년 아버지의 전속 부관으로 부친을 따라 만주로 가 러시아 군대를 물리친 일본군의 전투 상황을 시찰했다. 만주 묵단(牧丹)전투에서 맥아더는 포탄이 떨어지는 전선에서 아버지를 통해 일본군으로부터 미국 시찰단 자리로 돌아가라는 요청을 들었으나 이를 무시하고 일본군을 따라 산꼭대기로 진군하기도 했다.

그 후 두 부자는 도고(東鄕平八郞) 등 일본 장군들과 나가사키 등 해군기지를 시찰한 다음 상해, 홍콩, 자바, 싱가포르를 거쳐 이듬해 인도 캘커타, 카라치와 북서전선 및 키버 통로(Khyber Pass)를 시찰했다. 부자 일행은 다시 방콕, 사이공, 광동, 칭타오, 베이징, 티엔친, 항커우, 상해를 거쳐 다시 일본으로 돌아온 다음 1906년 미국으로 귀국했다.

그는 1912년 아버지가 별세한 후, 대위로 진급해 당시 육군참모총장이던 우드(Leonard Wood) 장군의 보좌관으로 임명되어 워싱턴에서 근무했다.

미국 육군 대위 시절의 맥아더

1차 세계대전 참전, 프랑스 전선으로

참모총장실에 근무하는 동안 맥아더는 1914년 4월 윌슨 대통령의 지시로 잠시 혁명의 와중에 있던 멕시코의 항구인 베라크루즈(Vera Cruz) 점령 작전에 투입되었다. 그는 거기서 단 3명의 멕시코인 안내원만 대동하고 30마일 이상 내륙으로 침투해 들어갔다가 과거 필리핀에서처럼 멕시코군 순찰병에게 들키는 바람에 교전이 벌어져 적을 6명이나 사살하고 무사히 항구로 되돌아오기도 했다.

이 사건으로 상급장교들이 맥아더의 용기를 인정해 훈장을 품신했으나 원정군사령관의 허가 없이 독단으로 행동했다는 이유로 훈장 품신이 기각되었다. 1916년 6월에는 소령 계급으로 신임 베이커(Newton D. Baker) 전쟁장관에 의해 전쟁부 공보국장 겸 검열관으로 임명되어 미 육군 최초로 공보장교가 된다.

맥아더는 당시 홍보를 배워 공보국 직원들로 하여금 정부에 유리한 자료는 가능한 한 많이 내고 그렇지 않은 것은 보류하도록 훈련시켰다. 이 무렵 유럽에서 일어난 1차 세계대전의 여파로 미국 여객선이 독일 해군의 공격으로 124명의 미국인이 사망하는 사건이 일어났다. 1917년 4월 윌슨 행정부는 독일에 선전포고하게 되고 이로써 미국은 1차 세계대전에 참전하게 되었다. 당연히 맥아더에게도 유럽 서부전선에서 싸울 기회가 왔다. 그는 1918년 2월 대령으로 진급해 각주 주방위군 병사들로 신규 편성된 제42사단(무지개 사단) 참모장으로 임명되어 프랑스 전선에 배치되었다. 무지개 사단은 맥아더가 직접 고안한 부대의 무지개 마크 때문에 붙여진 이름이다.

그런데 무지개 사단은 프랑스 전선에서 미처 본격적으로 전투도 해보기 도 전에 전체 미군의 효율적인 작전상 필요 때문에 신규 사단을 해체해 다른 사단에 편입시킬 위기를 맞았다. 화가 난 참모장 맥아더가 기민하게 움직여 무지개 사단을 살렸다.

이에 힘을 입은 이 사단 병사들은 독일군 참호를 세 차례나 공격해 독일군 포로를 사로잡는 전과를 올렸다. 용감한 맥아더는 2월 26일 무장도 안하고 부하 몇 명만 거느리고 적의 철조망을 끊고 적 진지로 돌진해 지팡이로 독일군 대령의 등을 쳐 포로로 사로잡는 놀라운 전과를 올렸다. 이에 감탄한 프랑스군 측은 맥아더에게 훈장을 수여했다. 신문을 통해 맥아더의 혁혁한 전과를 알게 된 그의 어머니는 그녀의 옛 친구인 유럽 주둔 미원정군(AEF) 사령관 퍼싱(John J. Pershing)장군에게 편지를 썼다.

그녀는 "나는 내 아들이 장군이 되는 것을 볼 수 있도록 오래 사는 것이 인생의 희망이요 야심이라는 점을 당신에게 스스럼없이 고백한다"라고 썼다. 맥아더는 약 한 달 후 준장으로 진급해 사단 예하 보병연대장에 임명되었다.

혁혁한 전공을 세운 맥아더는 드디어 1차 세계대전 휴전 하루 전날 무지개 사단장으로 진급했다. 무지개 사단은 전 전투병력의 절반에 해당하는 5,000명의 전사, 실종, 부상 등 큰 인명손실이 날 정도로 용감하고 무모하고 성급하고 치열한 전투를 했다.

결국 독일군은 프랑스로부터 라인강 너머로 퇴각하지 않을 수 없었다. 그동안 맥아더가 받은 훈장은 7개 은성무공훈장을 비롯해 미국과 프랑스의 최고 훈장들이었다.

개혁적 웨스트포인트 육사 교장

1차 세계대전이 끝나고 귀국한 맥아더는 1919년 5월, 39세의 나이에 웨스트포인트 육군사관학교 교장으로 임명되었다. 이 자리는 맥아더에게 큰 혜택을 주었다. 그의 많은 동료들은 전쟁이 끝나자 전통에 따라 전쟁 전 원래 계급으로 강등되었으나 맥아더는 사관학교 교장에 임명됨으로써 전쟁전 계급인 소령으로 강등되지 않고 준장 계급을 그대로 유지할 수 있었다.

맥아더는 '웨스트포인트의 아버지'로 불린 데이어(Sylvanus Thayer) 교장 이래 최연소 교장이었다. 32세의 대령으로 먼로 대통령에 의해 교장에 임명되어 16년 간 웨스트포인트 교장을 지낸 데이어는 이 학교를 미국 최초의 공과대학으로 만들었다. 미국 동부의 명문 다트머스대학을 나와 웨스트포인트에 들어간 지 1년 만에 졸업하고 육군 소위에 임관된 특이한 경력을 지닌 데이어의 경우는 교장 임명에 반대가 많았다.

그러나 맥아더의 경우는 그렇지 않았다. 맥아더는 프랑스 전선에서 독일군 진지에 접근한 방식으로 웨스트포인트 교장직을 수행했다. 그는 돌연 우선 신임 교장 환영 사열식을 갖지 않겠다고 부관에게 일렀다. 맥아더는 과거 웨스트포인트, 프랑스 전선 그리고 다른 배속 부대에서 수많은 사열식을 보면서 그런 행사가 병사들을 괴롭히는 일이라고 생각했기 때문이다.

맥아더는 먼저 1차 세계대전 중 2년 과정에 5개 반을 졸업시켜 장교양성소 비슷하게 된 웨스트포인트의 학제를 4년제로 바꾸었다. 그는 전쟁이 끝난 다음, 독일 라인란트 지역을 점령한 미 군정청 장교들에게 정치, 경제, 사회문제에 관한 많은 지식이 필요함에도 불구하고 이곳에 배치된 웨스트포인트 출신 장교들조차 군사학 이외 분야의 지식이 전무하거나 거의 없다는 것을 알게 되었다.

맥아더에게는 당시까지 '전인'(whole man)교육이라는 전통적인 교육목표에 사로잡혀 있던 웨스트포인트의 교육 내용을 근대화시키는 것이 큰 과업이었다. 그는 '의무-명예-국가'라는 웨스트포인트의 모토를 실현하기 위해 보수적인 편협성으로부터 자유주의적 진보주의로 학교정신을 개혁하려는 목표를 세웠다.

완전주의자인 맥아더는 또한 생도들의 사기를 떨어뜨리는 비민주적인 생도교육 방식의 혁파 그리고 그때까지 구두로만 읽었던 생도의 '명예 규정'을 성문화하는 등 각종 학교 개혁안을 제시해 일부 반발을 사기도 했지만 점차 채택되었다.

맥아더는 명예 규정을 실시하기 위해 생도들의 행동을 심사하는 사관생도 명예규정위원회를 설립해 생도 자신들을 배심원으로 참여시켰다. 맥아더는 선배 생도가 후배 생도를 괴롭히는 관행을 없애기 위해 상급반 사관생도 대신 장교들에게 신입 사관생도들의 훈련을 맡겼다.

맥아더는 1922년 사교계 여성이자 두 아이까지 있는 수백만 달러 소유의 재벌 미망인이자 당시 육군참모총장이던 존 J. 퍼싱 장군의 여자

친구인 26세의 브룩스(Louise Cromwell Brooks)와 결혼해 화제가 되었다. 맥아더는 웨스트포인트 교장을 마친 다음 부인과 함께 필리핀의 군사고문으로 미국을 떠났다. 그러나 부인과는 결혼 7년 만에 이혼하고 1937년에 페어클로스(Jean Faircloth)와 재혼하게 된다.

그는 45세인 1925년에는 미국 역사상 세 번째 최연소 육군 소장으로 진급해 본국에서 4군단장과 3군단장을 차례로 역임하고 1927년에는 미국 올림픽위원장에 선출되었다. 맥아더는 이듬해 암스테르담에서 열린 하계올림픽에서 미국 선수들이 24개 금메달을 따고 17개 올림픽 신기록과 7개 세계신기록을 수립하는 데 기여해 일약 대중적인 스타가 되기도 했다.

육군 예산 삭감 문제로 루스벨트 대통령과 충돌

후버(Herbert Hoover) 대통령은 1930년 8월 당시 육군 소장 가운데서 가장 젊은 50세의 맥아더를 육군참모총장에 임명한다고 발표했다. 맥아더의 나이가 너무 젊어 군과 언론에서 말들이 나왔다. 『뉴욕 타임스』는 사설에서 후버 대통령이 현역 소장 가운데 육군에서 충분한 경력을 쌓은 소장 가운데 퇴역하지 않고 4년 더 일할 수 있는 유일한 인물이라고 말한 것은 잘못된 정보 때문이라고 지적했다.

즉 맥아더 이외에도 10명이나 되는 다른 소장의 임기를 계산하는 데 오류가 생겼다고 지적한 다음 이들의 명단까지 전부 열거하면서 후버를 공격했다. 이 사설은 맥아더 발탁 인사가 군의 사기에 지장을 준다고 지적하고 육군이 타인을 배려하기를 잊은 것은 큰 실수라고 주장했다.

맥아더는 그해 10월 미국 역사상 최연소 참모총장으로 취임하고 계급도 육군 대장으로 올랐다. 마침내 그의 오랜 야망이 이루어진 것이다. 맥아더는 참모총장 재임 시절 국방비 축소와 징집 반대를 주장하면서 군을 매도하고 군부의 소위 '군사주의'를 공격한 기독교계 지도자들과 그를 '전쟁 도발자'라고 비난한 공산주의자들에 대해 참지 못했다. 맥아더가 피츠버그대에서 강연할 때는 청년공산주의연맹 회원들이 피켓을 들고 그에게 항의해 경찰까지 동원되기도 했다.

그의 반공주의는 이 무렵부터 확고한 신념이 되었다. 그는 또 모 종교신문(The World Tomorrow)에 공개 서한 형식의 기고문을 싣고 '교역자 예복을 입고 공공연히 국가의 법 위반을 옹호하는 사람들'이 미국의 안보역량을 증대시키기보다 축소시키고 있다고 비난했다.

맥아더의 육군참모총장 재임 시절 일어난 사건이 소위 '보너스 원정군'(Bonus Expeditionary Forces) 사건이다. 이 사건은 1차 세계대전 참전용사들에 대한 전투수당 지급을 둘러싼 시위 사건이다. 공산주의자들도 시위에 가담해 데모가 격렬해졌다.

원래 전쟁이 끝난 후인 1924년 미국 연방의회는 참전용사들에게 참전수당을 지급하는 법안을 통과시켰으나 쿨리지(Calvin Coolidge) 대통령이 거부권을 행사했다. 그는 "돈을 주고받는 애국심은 애국심이 아니다"라는 단호한 입장을 밝혔다. 그러나 의회는 이 법안을 다시 2/3의 다수결로 통과시킴으로써 '세계대전 적응보상법'이라는 법안이 확정되었다.

참전수당은 국내에서 군 복무한 경우 하루 1달러씩 지급하되 상한액을 500달러로 정하고 해외에서 전투한 경우 하루 1달러 15센트씩으로 하되 상한액을 625달러로 정했다. 여기에 수령 총액이 50달러 이하일 경우 즉시 지급하고 그 이상에 대해서는 20년 만기 때 지급하는 증서를 발행했다.

지급이 연기된 당사자가 무려 360만 명에 달했는데 의회는 지급준비

금으로 기금을 만들어 당사자들에게 일정액을 미리 대출해주도록 했다. 그러나 1930년대 들어 대공황이 일어나자 의회가 대부액을 다시 대폭 증액하는 법안을 추진했다. 후버 대통령과 공화당은 이를 강행할 경우 재원부족으로 증세가 불가피하다는 이유로 이를 견제했다. 그러나 이에 맞서 1932년 5월 하원은 참전용사들에게 참전수당을 즉시 지급하는 법안을 통과시켰다. 하지만 그 다음 달 17일 공화당이 지배하던 상원이 이를 부결시키고 말았다.

이에 불만을 품은 1만 5,000명의 참전용사들과 그의 가족 그리고 지지자 등 모두 4만 3,000명이 워싱턴 D.C에 집결해 시위를 벌였다. 전투수당을 둘러싸고 데모가 일어난 것은 19세기 중반 남북전쟁 이후 두 번째였다.

이 시위 사건의 주동자는 일개 사병이었지만 해병대 예비역 소장이 이들의 농성 천막을 방문해 격려하는 등 일반 여론이 이들에게 동정적으로 돌아 큰 사회문제로 비화했다. 법무부가 나서 이들에게 해산을 종용하고 경찰이 발포까지 하면서 해산하려고 했으나 듣지 않자 마침내 후버 대통령은 7월 28일 강제해산 명령을 내렸다.

육군참모총장이던 맥아더가 시위대 해산 명령을 집행하게 되어 기병대가 출동하고 전쟁 영웅 패튼(George S. Patton) 장군이 탱크 5대를 끌고 나와 진압작전을 폈다. 이 사건의 여파로 1932년 11월 실시된 대통령선거에서 후버 대통령은 민주당의 루스벨트(Franklin D. Roosevelt) 후보에게 압도적인 표차로 낙선했다. 이듬해 봄에는 참가 인원이 적은 제2차 보너스 원정군 시위 사건이 일어나자 하원이 이들에게 굴복해 보너스를 지급하는 법안을 통과시켰다.

그러나 이번에는 루스벨트가 이 법안에 거부권을 행사하고 이들에게 보너스 지급 대신 취업 알선 쪽으로 해결을 시도했다. 이에 대해 의회는 루스벨트가 거부한 법안을 2/3 찬성으로 재의결함으로써 결국 참전 용사들의 의사가 관철되었다.

맥아더는 자신보다 두 살 아래인 루스벨트(1882~1945) 대통령을 좋아하지 않고 뉴딜정책에 반감을 가진 것으로 알려졌으나 20세기 중엽 미국의 대표적인 언론인 존 건서(John Gunther)에 의하면 사실은 정반대였다고 한다.

1차 세계대전 발발 당시 육군참모총장실에서 소령으로 근무하던 맥아더는 당시 해군차관이던 루스벨트와 처음 알게 된 후로 서로 존경하는 사이가 되었다. 이들 사이에는 서로 성을 붙이지 않고 이름만 부르는 친밀한 관계가 오랫동안 지속되었다.

루스벨트는 맥아더의 경력에도 많은 도움을 주었다. 루스벨트는 1933년 대통령에 당선되자 육군참모총장이던 맥아더의 총장직 임기를 전례없이 연장시켜가면서 그를 그 자리에 유임시켰다. 루스벨트는 맥아더로 하여금 마닐라로 날아가 필리핀 정부의 군사고문직과 원수직에 취임하도록 강력히 권유했다.

루스벨트는 또한 일본군의 진주만 기습사건 이전에 맥아더를 본국으로 불러 현역에 복귀시키고 극동지역 미 육군사령관에 임명했다. 루스벨트는 태평양전쟁 발발 후 1944년 호놀룰루 작전회의에서는 해군 측이 주장한 중국 해안 상륙작전 대신 맥아더의 필리핀 상륙 계획을 밀어주었다. 루스벨트는 이때 즉각 전선으로 떠나려는 맥아더를 붙잡아 하와이에서 하룻밤을 함께 보냈다고 한다. 이 기간동안의 활동을 좀 더 자세히 살펴보자.

맥아더는 미국이 대공황을 맞아 육군 병력 수가 2년 새 세계 60위에서 70위로 떨어진 데 불만을 품고 1933년 웨스트포인트 졸업생들 앞에서 "유화주의자들의 버릇은 평화도 보장하지 못하고 국가적 모욕이나 침략 방지도 못한다"라고 비난하면서 '평화병자들의 뻔뻔한 선전'에 속아서는 안된다고 주장했다.

맥아더는 루스벨트의 뉴딜정책을 지지했지만 그의 강력한 군대 양성 주장과 유화주의와 고립주의에 대한 그의 공개적 비난 때문에 루스벨트 행정부 수뇌들에게 인기가 없었다.

그는 루스벨트의 육군 예산 51% 삭감 계획으로 대통령과 격돌했다. 맥아더는 "만약 우리가 다음 전쟁에 져 미국 청년이 그의 배가 적의 총검에 찔리고 그의 목이 적의 군화에 짓밟힌 채 진흙 속에 누워 죽어간다고 가정하고 그 미국 청년이 마지막 저주를 내뱉는다면 그 상대방의 이름은 맥아더가 아니라 루스벨트이기를 바랍니다"라고 강의조로 말했다.

루스벨트는 답변으로 "귀관은 대통령에게 그런 식으로 말해서는 안돼요!"라고 외쳤다. 그러자 맥아더는 자신이 사직하겠다고 말했다. 그러나 루스벨트가 거부하자 맥아더는 백악관에서 비틀거리며 밖으로 나오면서 앞 계단에서 먹은 음식물을 토했다고 한다.

결국 던(George H. Dern) 국방장관의 도움으로 맥아더는 의회로부터 1억 7천만 달러의 군 현대화 예산을 따낼 수 있었다. 이에 따라 그해 국방 예산은 7억 달러로 증액되고 맥아더의 참모총장 임기도 1935년 10월까지 1년 더 연장되었다.

성공적인 일본 군정 실시

참모총장직을 마지막으로 군에서 예편한 맥아더는 1937년 말 루스벨트의 재가를 받아 원수 계급의 필리핀 정부 군사고문으로 초빙되었다. 1935년 미국의 보호령으로 반독립국의 지위를 얻은 필리핀은 1946년 완전 독립국이 되기로 결정되어 있었다.

루스벨트는 1941년 7월 26일, 미국과 일본 간 전운이 감돌기 시작하자 태평양 지역 방위 태세 강화를 위해 맥아더를 다시 현역으로 복귀시켜 육군 소장 계급의 극동지역 육군사령관에 임명했다. 맥아더는 바로 이튿날 자로 중장으로 진급하고 태평양전쟁이 발발한 그해 12월에 대장으로 진급했다.

　맥아더는 바로 이 무렵(12월 8일) 일본군이 필리핀을 침공하는 바람에 마닐라에서 필리핀 북부지방인 바타안(Bataan) 반도로 후퇴했다가 이듬해 3월 그의 가족 및 참모들과 함께 오스트레일리아로 철수했다. 그곳에서 맥아더는 남태평양지역 연합군 최고사령관에 임명되어 2년 이상의 전투 끝에 필리핀을 되찾는 데 성공했다.

　그가 필리핀에서 철수했을 때 다시 돌아오겠다고 말한 약속을 지킨 셈이다. 맥아더는 1944년 정년인 64세를 맞았으나 그의 나이나 건강은 그를 군사령관에 유임시키는 데 아무 장애도 되지 않았다. 그는 1945년 8월 연합군 최고사령관에 임명되어 그해 9월 2일 일본 도쿄만에 정박한 미주리함상에서 일본으로부터 정식 항복을 받고 6년 간 점령군 최고사령관으로 일본 점령 정책을 감독했다.

　맥아더는 일본에서 점령군 최고사령관으로 한줌 밖에 안되는 병력과 민간인 고문들을 데리고 어떤 종류든지 무력을 사용하겠다는 위협 없이 새로운 일본을 '창조' 했다. 맥아더에 의하면 일본은 그가 통치한 5년 간 한 민족이 시도한 개혁 중 최대 규모의 개혁을 단행해 '민주주의 개념의 요새' 가 되었다는 것이다. 맥아더 스스로 일본 점령정책이 세계가 아는 가장 위대한 정신혁명이었다고 주장했다.

　맥아더는 1946년 초 트루먼 행정부가 일본 천황 히로히토(裕仁)를 전범으로 처벌할 것을 심각히 검토했을 때 육군참모총장인 아이젠하워 장군을 통해 합참에 강력한 어조의 반대 의사를 표명했다. 만약 히로히토를 전범으로 낙인찍으면 일본 사회는 큰 혼란에 빠져 미국은 최소한 백만 명의 병력과 수십만 명의 민간인 행정관을 현지에 파견해야 하고 미군의 일본 점령 기간도 무기한 연수를 필요로 할 것이라고 주장했다.

합참과 국무부 고위관리들은 맥아더가 주장한 '무서운 결과'에 거의 만장일치로 히로히토 처벌 문제를 조용하고 신속히 처리하는 데 동의했다. 맥아더가 미국 내에서 정치적 영향력을 가진 것은 '차이나 로비'로 불린 미국 보수세력의 지도자들 덕분이다. 이들은 장제스 뿐만 아니라 한국, 일본, 필리핀의 보수적인 정권을 지지했다. 맥아더는 미국이 이 국가들을 지원해야 한다고 주저없이 공개적으로 주장했다.

그는 그 대신 타이완의 장제스, 일본의 요시다(吉田茂), 한국의 이승만, 필리핀의 록사스(Manuel Roxas)와 퀴리노(Elpidio Quirino) 두 대통령으로부터 강력한 지지를 받았다. 맥아더의 대중적 이미지는 그를 이 지역의 국가 지도자들의 눈에 단순한 미국 장군 이상으로 보이게 했다. 즉 맥아더는 이 지역에서 미국의 세계전략을 상징하는 인물로 보였다.

맥아더는 일본에 부임한 1945년 9월부터 6·25전쟁이 일어난 1950년 6월까지 정확히 두 번-1946년 7월 4일 필리핀 독립기념일에 참석하기 위해 마닐라에 당일치기로 다녀오고 1948년 8월 한국의 건국 선포식 참석차 서울에 역시 당일치기로 다녀온 -외에는 도쿄를 떠나지 않았다.

그는 일본 국내에서도 관저로 사용한 일본 대사관저와 집무실인 다이이지생명 빌딩을 왕복하고 일본을 방문하는 미국 정부 요인들을 위해 하네다 공항에 가끔 나가는 정도 외는 동경을 떠나지 않았다. 그는 도쿄 시내와 지방 미군기지 시찰도 별로 하지 않았다.

동양인의 심리를 파악한 맥아더는 일본인들을 자주 만나지 않아야 그들의 존경을 받는 것을 알았기 때문에 일본인의 경우 천황, 수상, 외상, 국회 양원 의장, 최고재판소장 정도만 공무상 접견하고 다른 사람은 만나지 않았다. 사실상 일본의 천황과 같은 그의 막중한 임무가 '신성하다'고 생각했기 때문에 그는 죽을 때까지 그곳에 머물러 있어야 한다고 생각했다. 6·25전쟁 발발 후에는 한국 전선을 시찰할 때도 반드시 당일 도쿄로 귀환했다. 그는 항공기로 한국에 가기 위해 도쿄와

제2차 세계대전 당시 일본의 항복문서에 사인하는 맥아더(1945).

시카고 솔저필드에서 연설하는 맥아더(1951).

가까운 요코스카 해군기지에 들렀으나 해군기지사령부를 방문한 적은 없다.

맥아더의 두 가지 성격

1950년 6월 6·25전쟁이 일어나 유엔 안보이사회의 결의로 유엔군이 한국에 파견되자 맥아더는 71세의 나이로 초대 유엔군사령관에 임명되었다. 트루먼은 맥아더를 5년 전 도쿄 주둔 연합군 최고사령관에 임명한 데 이어 이 해 두 번째로 그에게 막중한 임무를 부여했다.

이에 특별한 고마움을 느낀 맥아더는 트루먼에게 보낸 감사 전보에서 "이번에 두 번째로 본인에게 큰 영광을 주신 데 대해〔1945년 당시의〕 생생한 기억과 함께 거듭 감사드리며 본인은 오직 세계평화와 친선을 위해 애쓰시는 각하의 기념비적 투쟁에 절대적으로 헌신할 것과 아울러 각하에 대한 본인의 완전한 개인적 충성을 드린다는 맹세를 반복하는 바입니다"라고 썼다. 트루먼은 이에 대해 "귀관의 편지는 본인이 귀관을 선발하는 데 완전한 지혜를 발휘했다는 확신을 확인시켜 주었습니다-만약 어떤 확인이 필요하다면 말입니다"라고 답했다.

이 무렵 뉴욕 타임스 명기자 레스턴은 "외교와 다른 사람들의 의견과 감성을 배려하는 많은 관심이 그의 새로운 보직 수행에 긴요한 정치적 자질이다. 이 점은 정확히 맥아더 장군이 과거에 결여되었다고 비난받은 자질이다"라고 논평했다.

레스턴은 이어 맥아더가 과거 일처리를 자기 멋대로 하고 워싱턴의 지시를 기다리지 않는 오랜 습성이 있다고 상기시켰다. 그는 구체적으로 6·25전쟁 개전 초 맥아더가 유엔군사령관에 임명되기 전, 미국 극동군사령관 자격으로 대통령 승인이 나기도 전에 평양을 폭격하라고 지시한 사실을 지적했다.

레스턴은 결론적으로 맥아더는 자신의 판단에서 고집스런 자신감을 갖고 스스로 군주와 같은 권력을 행사했다고 비판했다. 불행히도 레스턴의 지적은 몇 달 못 되어 정당한 비판이었음이 판명되었다.

맥아더는 천재적인 두뇌의 소유자이기 때문에 성격도 복합적이었다. 이 때문에 맥아더에 대한 평가도 다양해 어느 것이 '진짜 맥아더'인지 의문을 표하는 사람도 있다. 맥아더 연구의 권위자 D. 클레이튼 제임스 교수에 의하면 그는 능숙한 정치가인 루스벨트처럼 특정 시간과 특정 청중에 맞춰 그의 목적에 따라 서로 상치되는 모습을 보였다.

수백 명에 달하는 그의 동시대인들이 그의 성격을 수백 가지 다르게 묘사했다는 것이다. 맥아더는 진보주의자처럼 보이기도 보수주의자처럼 보이기도 했고 공격적인 사람으로 보이는가 하면 조심스런 사람으로 보이기도 했고 독립심 강한 사람으로 보이는가 하면 남에게 추종하는 사람으로 보이기도 했고 이상주의적으로 보이는가 하면 현실주의적으로 보이기도 했고 조용한 성품으로 보이는가 하면 남을 잘 놀라게 하는 사람으로 보이기도 했다.

또한 맥아더는 그를 조금만 알거나 언론보도를 통해 아는 사람들에게는 자부심 강하고 거만하고 도도하고 허세 부리는 위인으로 보였지만 직업적으로 또는 개인적으로 가까운 사람들은 그를 자기희생적이며 겸손하고 매력적이며 검소한 사람으로 보았다.

이처럼 상호 모순된 맥아더의 성격은 6·25전쟁 중에도 잘 나타났다. 그는 어떤 때는 현지 사령관이 원하지 않는데도 신변 위험을 무릅쓰고 한국 전투지역을 방문하는가 하면 어떤 때는 장기간 전투지역에 가는 것을 거부했다. 또 어떤 때는 자신의 전략적 탁월함을 과시하기를 좋아했고 어떤 때는 망설임과 무모함을 나타내기도 했다.

맥아더의 성격은 상호 모순되는 양면성 때문에 심리학자들조차 그의 성격을 묘사하기 위한 모순어법(oxymoron)을 구사하는 데 골몰했다고 한다. 맥아더는 천재적인 독서와 공부로 다져진 1급의 정신력을 소유한 최상급의 눈부신 자질을 가졌으나 그 대신 겸허함이나 유머감각은 부족했으며 자신의 잘못이나 패배를 절대로 인정하지 않고 이를 변명하고 은폐하려고 유치한 트릭을 쓰기도 했다는 것이 그의 측근 참모이자 훗날 위스콘신 주지사가 된 라폴레트(Philip LaFollette)의 회고다.

2차 세계대전 기간 그를 취재한 뉴욕 타임스의 캐틀리지(Turner Catledge)도 "맥아더는 군사전문가이고 정치적 인물이고 운명적인 남성이며 우리가 취재한 인물들 중 가장 멋진 인터뷰였다"라고 하면서도 "그처럼 자기중심적이고 그것을 행동으로 보여주는 유능하고 결단력 있는 사람을 못 보았다"라고 평가했다. 맥아더는 그의 자기중심벽과 이상할 정도의 고립적인 생활방식 때문에 아첨꾼 부하들에 둘러싸여 정보판단에 어두웠다는 것이 제임스의 분석이다.

맥아더가 중국이 6·25전쟁에 개입하지 않을 것이라는 근거 없는 낙관론에 사로잡힌 것도 그의 생활방식과 결코 무관하지 않다. 참으로 애석한 일이지만 그가 만약 중공군의 대규모 참전 사실을 미리 알았더라면 6·25전쟁의 전개 양상도 분명히 달라졌을 것이다.

출처 : 《6·25전쟁과 미국−트루먼·애치슨·맥아더의 역할》(서울, 청미디어) 남시욱, 2015

참고문헌

Ⅰ. 국문 문헌

정부 공간사

국방군사연구소, 『한국전쟁』(상) (서울: 국방군사연구소, 1995).

국방군사연구소, 『한국전쟁』(중) (서울: 국방군사연구소, 1996).

국방군사연구소, 『한국전쟁』(하) (서울: 국방군사연구소, 1997).

국방군사연구소, 『한국전쟁지원사』(서울: 신오성, 1995).

국방부 군사편찬연구소, 『6·25전쟁사』 제1권(서울: 국방부, 2004).

국방부 군사편찬연구소, 『6·25전쟁사』 제2권(서울: 국방부, 2005).

국방부 군사편찬연구소, 『6·25전쟁사』 제3권(서울: 국방부, 2006).

국방부 군사편찬연구소, 『6·25전쟁사』 제4권(서울: 국방부, 2008).

국방부 군사편찬연구소, 『6·25전쟁사』 제5권(서울: 국방부, 2008).

국방부 군사편찬연구소, 『6·25전쟁사』 제6권(서울: 국방부, 2009).

국방부 군사편찬연구소, 『6·25전쟁사』 제7권(서울: 국방부, 2010).

국방부 군사편찬연구소, 『6·25전쟁사』 제8권(서울: 국방부, 2011).

국방부 군사편찬연구소, 『6·25전쟁사』 제9권(서울: 국방부, 2012).

국방부 군사편찬연구소, 『6·25전쟁사』 제10권(서울: 국방부, 2012).

국방부 군사편찬연구소, 『6·25전쟁사』 제11권(서울: 국방부, 2013).

국방부 군사편찬연구소, 연세대학교 이승만연구원, 『사진으로 보는 6·25전쟁과 이승만 대
통령』(서울: 국방부 군사편찬연구소, 2011).

국방부 전사편찬위원회, 『한국전쟁사』 제1권(서울: 국방부, 1977).

국방부 전사편찬위원회, 『한국전쟁사』 제2권(서울: 국방부, 1979).

국방부 전사편찬위원회, 『한국전쟁사』 제3권(서울: 국방부, 1970).

국방부 전사편찬위원회, 『한국전쟁사』 제4권(서울: 국방부, 1971).

국방부 전사편찬위원회, 『한국전쟁사』 제5권(서울: 국방부, 1972).

국방부 전사편찬위원회, 『한국전쟁사』 제6권(서울: 국방부, 1973).

국방부 전사편찬위원회, 『한국전쟁사』 제7권(서울: 국방부, 1974).

국방부 전사편찬위원회, 『한국전쟁사』 제8권(서울: 국방부, 1975).

국방부 전사편찬위원회, 『한국전쟁사』 제9권(서울: 국방부, 1976).

국방부 전사편찬위원회, 『한국전쟁사』 제10권(서울: 국방부, 1980).

국방부 전사편찬위원회, 『한국전쟁사』 제11권(서울: 국방부, 1981).

단행본

강성재, 『참군인 이종찬 장군』(서울: 동아일보사, 1986).

강영훈, 『나라를 사랑한 벽창우』(서울: 동아일보사, 2008).

공정식, 『바다의 사나이 영원한 해병』(서울: 해병대전략연구소, 2009).

김병형, 『장철부 전기: 끝없이 가는 길』(미간행).

김성은, 『회고록: 나의 잔이 넘치나이다』(서울: 아이템플코리아, 2008).

김정렬, 『김정렬회고록』(서울: 을유문화사, 1993).

김정렬, 『항공의 경종: 김정렬 회고록』(서울: 대희, 2010).

김주환 편, 『미국의 세계전략과 한국전쟁』(서울: 청사, 1989).

김중생, 『조선의용군의 밀입북과 6·25전쟁』(서울: 명지출판사, 2000).

김홍일, 『대륙의 분노』(서울: 문조사, 1972).

남시욱, 『6·25전쟁과 미국』(서울: 청미디어, 2015).

남정옥, 『한미군사관계사』(서울: 군사편찬연구소, 2002).

남정옥, 『6·25전쟁시 예비전력과 국민방위군』(경기 파주: 한국학술정보, 2010).

남정옥, 『미국은 왜 한국전쟁에서 휴전할 수밖에 없었을까』(경기 파주: 한국학술정보, 2010).

남정옥, 『이승만 대통령과 6·25전쟁』(경기 파주: 이담 북스, 2010).

남정옥, 『백선엽』(서울: 백년동안, 2015).

남정옥, 『밴플리트 대한민국의 영원한 동반자』(서울: 백년동안, 2015).

남정옥, 『북한남침 이후 3일간 이승만 대통령의 행적』(경기파주: 살림, 2015).

남정옥, 『군사전문가 기록으로 살펴본 차일혁의 삶과 꿈』(서울: 후아이엠, 2019).

데이비드 햅버스탬 지음, 정윤미, 이은진 옮김, 『The Coldest Winter : 한국전쟁의 감추어진 역사』(서울: 살림출판사, 2009).

로버트 T. 올리버 저, 박일영 역, 『대한민국 건국의 비화 : 이승만과 한미관계』(서울: 계명사, 1990).

마이클 살러 지음, 유강은 옮김, 『더글라스 맥아더』(서울: 이매진, 2004).

매튜 B. 리지웨이, 김재관 역, 『한국전쟁』(서울: 정우사, 1984).

모스맨 지음, 백선진 옮김, 『밀물과 썰물』(서울: 대륙연구소 출판부, 1995).

박 실, 『6·25전쟁과 중공군』(서울: 청미디어, 2013).

박정인, 『박정인 회고록, 풍운의 별』(서울: 홍익출판사, 1994).

백기인, 『건군사』(서울: 군사편찬연구소, 2002).

백선엽, 『6·25전쟁 회고록 : 군과 나』(서울: 재단법인 대륙연구소, 1989).

복거일, 『대한민국을 구한 지휘관 리지웨이』(서울: 백년동안, 2015).

신현준, 『노해병의 회고록』(서울: 기톨릭출판사, 1989).

신형식 역, 『한국전쟁 해전사』(서울: 21세기군사연구소, 2003).

안재철, 『생명의 항해』(자운각, 2008).

오진근, 임성채 공저, 『손원일 제독』(서울: 한국해양전략연구소, 2006).

온창일 외, 『6·25전쟁 60대전투』(서울: 황금알, 2010).

온창일, 『한민족전쟁사』(서울: 집문당, 2007).

와다 하루끼 지음, 서동만 옮김, 『한국전쟁』(서울: 창작과비평사, 1999).

유병현, 『한미연합사창설의 주역 유병현 회고록:노장의 마지막 전투』(서울: 조갑제닷컴, 2013).

유영익 외, 『한국과 6·25전쟁』 (서울: 연세대학교출판부, 2003).

유영익 편, 『이승만 대통령 재평가』 (서울: 연세대학교출판부, 1995).

유재흥, 『격동의 세월』 (서울: 을유문화사, 1994).

이대용, 『6·25와 베트남전 두 사선을 넘다』 (서울: 기파랑, 2010).

이상호, 『맥아더와 한국전쟁』 (서울: 푸른역사, 2012).

이주영, 『이승만 평전』 (서울: 살림, 2014).

이윤식, 『창석 최용덕의 생애와 사상』 (충남 계룡: 공군본부, 2007).

이한림, 『세기의 격랑』 (서울: 팔복원, 1994).

이형근, 『군번1번의 외길 인생: 이형근 회고록』 (서울: 중앙일보사, 1993).

임부택, 『임부택의 한국전쟁비록 : 낙동강에서 초산까지』 (서울: 그루터기, 1996).

장도영, 『망향 : 전 육군참모총장 장도영 회고록』 (서울: 숲속의 꿈, 2001).

장성환, 『나의 항공생활』 (서울: 공군본부 정훈감실, 1954).

장창국, 『육사졸업생』 (서울: 중앙일보사, 1984).

정일권, 『정일권 회고록: 6·25비록, 전쟁과 휴전』 (서울: 동아일보사, 1986).

조성훈, 『한국전쟁과 포로』 (서울: 선인, 2010).

주영복, 『내가 겪은 조선전쟁』 제1권 (서울: 고려원, 1991).

주영복, 『내가 겪은 조선전쟁』 제2권 (서울: 고려원, 1991).

차길진, 『빨치산 토벌대장 차일혁의 수기』 (개정증보판) (서울: 후아이엠, 2011).

차길진, 『빨치산 토벌대장 차일혁의 기록 : 또 하나의 전쟁』 (서울: 후아이엠, 2014).

채명신, 『사선을 넘고 넘어』 (서울: 매일경제신문사, 1994).

채명신, 『베트남전쟁과 나』 (서울: 팔복원, 2013).

최영희, 『戰爭의 現場』 (서울: 결게이트, 2009).

프란체스카 저, 조혜자 역, 『프란체스카의 난중일기: 6·25와 이승만』 (서울: 기파랑, 2010).

한　신, 『신념의 삶속에서』 (서울: 명성출판사, 1994).

한표욱, 『韓美外交 요람기』 (서울: 중앙일보사, 1984).

한표욱, 『이승만과 한미외교』 (서울: 중앙일보사, 1996).

II. 외국어 문헌

영문 자료

Acheson, Dean. *Present At the Creation : My Years in the State Department*(New York : W. W. Norton & Company, Inc., 1969).

Appleman, Roy E. *Disaster in Korea, The Chinese Confront Macarthur*(Texas : A&M University Press, 1989).

Appleman, Roy E. *Escaping the Trap, The US Army X Corps in Northeast Korea, 1950*, Texas : A&M University Press, 1988.

Barros, James. *Trygve Lie and the Cold War*, Northern Illinois University Press, 1989.

Cagle, Malcolm W. and Manson, Frank A. *The Sea War in Korea, Annapolis* : U.S. Naval Institute, 1957.

Cowart, Glenn C. *Miracle in Korea*(Columbia, 1992).

Crane, Conrad C. *American Airpower Strategy in Korea, 1950–1953*(Lawrence, Kansas : University Press of Kansas, 2000).

Goodrich, Leland M. *Korea: A Study of U. S. Policy in the United Nations*(New York: Council on Foreign Relations, 1956).

Hammel, Eric M. *Chosin : Heroic Ordeal of Korean War*(CA Novato : Presidio Press, 1990).

Kennan, George F. *Memoirs, II, 1950–63*(Boston, Tronto: Little, Brown and Company, 1972).

Kesaris, Paul. *Records of the Joint Chiefs of Staff, Part II : 1946–1953 The Far East*, Washington, A Microfilm Project of University Pub. of America, Inc., 1979, No. 9.

Leary, William M. *Anything, Anywhere, Anytime Combat Cargo in the Korean War*, 2000.

MacArthur, Douglas. *Reminiscence*(New York : McGraw–Hill Book Company, 1964).

Matray, James A. *Historical Dictionary of the Korean War*(Westport, CT: Greenwood Press, 1991).

Mossman, Billy C. *United States Army in Korea War : Ebb and Flow November 1950–July 1951*(Washington, D.C. : Center of Military History United States Army, 1990).

Myers, Kenneth W. *U.S. Military Advisor Group to the ROK : KMAG' s Wartime Experiences, 11 July 1951 to 27 July 1953*, (Undated), RG 338, Military Historians Files, Boxes 12–13.

Panikkar, K. M. *In two Chinas : Memoirs of Diplomat*(London : George Allen & Unwin LTD., 1955).

Paterson, Thomas G. Clifford Gary, and Hagan Kenneth J. *American Foreign Policy : A History 1990 to Present*(Lexington, Massachusetts Toronto : D.C. Heath and Company, 1988).

Rees, David. *Korea : The Limited War*(London : Macmilan, 1964).

Robert K. Sawyer. *Military Advisors in Korea KMAG in Peace and War*(Univ. Press of the Pacific Honolulu, 1988).

Schnabel, James F., and Watson Robert J. *History of the Joint Chiefs of Staff: The Joint Chiefs of Staff and National Policy*, Vol. III 1951–1953, The Korean War, Part One(Washington, D.C.: Office of Joint History, Office of the Chairman of the Joint Chiefs of Staff, 1998).

Schnabel, James F. *Policy and Direction : The First Year*(Washington, D.C. : Center of Military History United States Army, 1988).

Shrader, Chares R. *Communist Logistics in the Korean War*(London Westport : Greenwood Press, 1995).

Stratemeyer, George E. *The Three Wars of Lt. Gen. George E. Stratemeyer His Korean War Diary*(Washington : Air Force History and Museums Program, 1999), Edited by Blood, William T. Y.

Stueck, William. *The Korean War : An International History*(New Jersey, Princeton : Princeton University Press, 1995).

The Air University of USAF. *United States Air Force Operations in The Korean Conflict 1 November 1950–30 June 1952*, 1955.

Truman, Harry S. *Memoirs : Years of Trial and Hope*(Garden City, New York : Double day & Co., Inc., 1956).

소련 자료

국방부 군사편찬연구소 역, 『소련군사고문단장 라주바예프의 6 · 25전쟁 보고서』 제1권, 2001년.

국방부 군사편찬연구소 역, 『소련군사고문단장 라주바예프의 6 · 25전쟁 보고서』 제2권, 2001년.

국방부 군사편찬연구소 역, 『소련군사고문단장 라주바예프의 6 · 25전쟁 보고서』 제3권, 2001년.

러시아 국방부 편, 김종국 역, 『러시아가 본 한국전쟁』(대전 : 오비기획, 2002).

소련군 총참모부 저, 국방부 군사편찬연구소 역, 「소련군 총참모부 전투일지 : 1950년 6월 25일~1951년 12월 31일」 (미발간).

아바쿠모프 보리스 세르게예비치 저, 공군본부 역, 『소련 MiG-15 조종사의 한국전쟁 회고』(계룡: 공군본부, 2004).

예프게니 바자노프, 나딸리아 바자노프 저, 김광린 역, 『소련의 자료로 본 한국전쟁의 전말』(서울: 열림, 1998).

토르쿠노프 저, 구종서 역, 『한국전쟁의 진실과 수수께끼』(서울: 에디터, 2003).

중국 자료

국방부 군사편찬연구소 역, 『중국군의 한국전쟁사』 제1권, 2002.

국방부 군사편찬연구소 역, 『중국군의 한국전쟁사』 제2권, 2005.

국방부 군사편찬연구소 역, 『중국군의 한국전쟁사』 제3권, 2005.

한국전략문제연구소 역, 『중공군의 한국전쟁사』(서울: 세경사, 1991).

홍학지 저, 홍인표 역, 『중국이 본 한국전쟁』(서울: 고려원, 1992).

북한 자료

북한사회과학원 역사연구소, 『조선전사』 제25권(평양: 북한 과학, 백과사전출판사, 1981).

북한사회과학원 역사연구소, 『조선전사』 제26권(평양: 북한 과학, 백과사전출판사, 1981).

북한사회과학원 역사연구소, 『조선 전사』 제27권(평양: 북한 과학, 백과사전출판사, 1981).

찾아보기